莺琼盆地高温高压固井技术

李　中　张　勇　李炎军　罗宇维　著

科学出版社

北　京

内 容 简 介

莺琼盆地高温高压气井固井具有钻探深度大、井下温度高、地层压力高、尾管的环空间隙小、高压流体层与易漏失层常处于同一预封固裸眼井段的突出特点。经过“十五”至“十二五”一系列的固井研究，开发出了一批具有海洋高温高压固井的特色技术；实现了在东方区块8口高温高压探井固井合格率100%，首个自营高温高压气田即东方某气田全部7口井连续5年“环空零带压”的良好业绩。本书较为系统地介绍南海莺琼盆地高温高压固井的特色化验技术、水泥浆技术、前置液技术及配套工艺技术。

本书可供钻井、固井技术人员参考阅读，也可供高等院校相关专业教师、学生参考。

图书在版编目（CIP）数据

莺琼盆地高温高压固井技术/李中等著. —北京：科学出版社，2017.10

ISBN 978-7-03-051607-7

Ⅰ. ①莺… Ⅱ. ①李… Ⅲ. ①南海-含油气盆地-固井-技术 Ⅳ. ①TE256

中国版本图书馆CIP数据核字（2017）第003538号

责任编辑：罗 莉 / 责任校对：王 翔
责任印制：罗 科 / 封面设计：墨创文化

科 学 出 版 社 出版
北京东黄城根北街16号
邮政编码：100717
http：//www.sciencep.com
四川煤田地质制图印刷厂印刷
科学出版社发行 各地新华书店经销
*
2017年10月第 一 版 开本：787×1092 1/16
2017年10月第一次印刷 印张：16 1/4
字数：385 320

定价：118.00元

（如有印装质量问题，我社负责调换）

前　言

I 地质概括

目前全世界三大海上高温高压地区分别是英国北海谢尔瓦特地区、美国墨西哥湾以及中国南海莺琼盆地。由于高温高压、天然气和井深的特点，加之海上的特殊环境，出现作业周期长、非生产时间长（30%～67%）、达不到地质目的、井眼报废、成本高等一系列问题。因此，高温高压天然气井的钻井技术，一直是国际性的难题。

莺琼盆地的高温高压，主要集中在莺歌海盆地和琼东南盆地（简称莺琼盆地），它们是快速沉降、快速沉积的新生代沉积盆地。在莺歌海盆地中部普遍发育泥底辟，由于泥底辟的作用，热流体的上升使得盆地中部的地层压力及温度较盆地边缘高，也就是说，地层压力的大小及温度的高低，与泥底辟的发育部位有关；同时，形成一批面积大、前景好的含气构造。异常地层在1000m以下、新近系的上部可能出现。琼东南盆地不发育泥底辟，异常压力出现较深，一般在3000m以下；地层年代也较老，一般到新近系的中部才出现异常；温度梯度较高，一般在4℃/100m以上。地层压力体系多是另一个特点，常常出现4个或5个压力体系，有从常压到高压，又到低压，再到高压的，也有压力逐步增加的。实践证明，我国海上油气田同陆地油气田一样，不仅普遍存在着异常高压和高温高压的问题，而且同样具有分布范围广、变化范围大的特点。迄今在莺琼盆地已钻的高温高压井中，实际温度压力的绝对值都非常高，如地层的最高压力达104.7MPa；最高压力系数为2.31g/cm^3（压力梯度最高可达到或超过理论推算的上覆地层压力梯度）；最高地层温度达251℃；最高地温梯度为5.51℃/100m。

据不完全资料统计，1984～2013年，莺琼盆地共钻高温高压探井近28口。从已钻井情况看，大部分井集中在4000～5000m。在已完成的28口井中，温度超过200℃，泥浆密度超过2.20g/cm^{3}的超高温高压井有4口。1984～2004年，莺琼盆地15口高温高压井，中外作业者的作业过程都异常艰辛，固井成功率不高，特别是尾管固井，成功率仅47%。2013～2015年，中国海上首个高温高压调整井气田在莺歌海盆地的东方区块进行作业，该气田位于大陆架西区，处于莺歌海盆地中央泥底辟背斜构造带的西北部，储层平均温度为141℃，压力系数为1.90～1.94，储层压力为53.5～54.1MPa，属于异常高温高压气藏。

根据已钻井情况，莺琼盆地高温高压气藏具有独特的地质特征，主要表现在以下几个方面：

（1）储层温度高：莺琼盆地中深层温度分布范围为150～249℃，温度分布范围广。

（2）地层压力高：莺琼盆地中深层普遍存在高压，已钻井中最大地层压力系数达2.38g/cm^3。

（3）高含二氧化碳气体：地层具有酸性气体，且分布不均衡，部分区域高达 90%以上，具有潜在硫化氢风险。

（4）巨厚盖层：储层顶部分布着巨厚致密盖层，是影响机械钻速的关键因素。

（5）底辟地带：地层具有独特的底辟构造特征，使地层产生较强的构造应力。

II 固井的主要技术挑战

前期海洋高温高压井的固井成功率较低，固井质量不理想，在海洋高温高压固井中存在诸多方面的技术难点：

1. 高温导致的问题

1）高温会使水泥浆稠化时间发生突变

在高温条件下，温度的少量增减将导致稠化时间的大幅度变化。大量的研究结果表明，温度相差 5℃，在相同的水泥配方下，稠化时间可能会产生 150～200min 的增加或缩短。这种变化的结果就是水泥浆早凝或长时间不凝固，因此准确地把握井底循环温度已成为海洋高温高压井固井设计的关键问题。

2）高温会使水泥强度衰退

在高温条件下，水泥强度衰退得很快，大量的实验数据表明：温度超过 150℃时，硅酸盐水泥的强度就会随温度的增加而衰退，有现场实验数据显示 200℃下普通 G 级水泥强度衰退的速率达 5MPa/d。

3）高温会导致材料混合水延迟使用时失效

高温材料混合水延迟使用老化的现象是普遍存在的，多数高温缓凝剂是一些木质素和糖类缓凝剂及原酸组成的材料，很不稳定，一旦配制成水溶液，在短期内就会失效，甚至还会降低一些诸如纤维类降失水剂的作用。这种事故多出现在不能及时固井的情况下，如等到事故处理完后，仍用早已配制的混合液固井，水泥浆的稠化时间就大大缩短，导致固井失败。

2. 高压导致的问题

1）固井压稳困难

随着开采周期的延长，部分开发井存在井口环空带压现象。

导致油气水窜槽的原因，主要是固井过程中，水泥凝固并达到防止气窜的胶凝强度前，环空液柱压力无法平衡地层气流体压力所致。在莺琼盆地高温高压固井作业中，平衡压力固井技术的研究和应用较早，每次固井都通过计算，并利用各种措施设法实现平衡压力固井，但在莺琼盆地高温高压气井中要完全做到压力平衡固井较为困难，一方面，由于高温高压井中的地层压力高，压力体系较复杂，要准确预测各地层压力也较为困难；另一方面，由于地层的孔隙压力和破裂压力非常接近，容易出现喷漏同层的情况，给平衡压力固井带来困难，一旦地层的高压气体较为活跃时，就会引起气窜，莺歌海的地层压力体系就属于这种类型。

2）水泥环应力破坏严重

随着开采周期的延长，部分开发井存在井口环空带压现象。这一问题造成安全、环保隐患，严重影响产能建设，大大降低勘探开发效益。这一问题属于固井后的长期气窜问题，在目前技术条件下，常常发生在井下工况条件复杂的高温高压气井中。造成井口带压的原因主要是井下地层条件变化和后期作业引起的套管-水泥环-地层系统的受力状态发生改变，导致环空水泥环应力-应变发生改变，水泥环发生了破坏丧失水力密封性，高压气体通过失效水泥环内部的微裂缝界面逐渐窜移至井口，这是目前高温高压井开发的一个世界性难题。

3）压力窗口窄

莺琼盆地的固井作业中，在同尺寸井眼中存在多套压力系统，在固井作业时要同时满足多套压力系统是非常困难的。高密度固井时环空流动阻力大，施工压力高，对固井设备要求高，施工参数控制极为重要，否则就会发生固井作业中的漏失，现有的固井设备不能保证水泥浆密度控制在压力窗口内，易造成气窜和井漏。

钻井期间防窜、防漏问题。莺琼盆地地质情况复杂，套管层序多，经常要进行超长封固段小间隙尾管作业。超长封固段小间隙固井作业时环空流动阻力大，使得加在井底的压力大，极易压漏地层，导致水泥浆返高不够。

长裸眼段堵漏技术上存在不足，不能有效提高地层承压能力。多套不同压力系统往往是“上吐下泻”或“下吐上泻”，为解决这个问题，常用的方法是对低压层进行堵漏作业，提高低压层的承压能力，一方面是防止高压层流体进入低压层，另一方面是防止下套管作业中压漏低压层。但常规的堵漏作业存在许多不足，有些井用桥堵钻井液堵漏时能承受较高的压力但通井到堵漏井段后又漏失，有些井在堵漏后提高承压值很少，有些井则揭开一段新地层堵一段，有些井用钻井液根本无法堵，只能用水泥浆堵，这类井进行过堵漏作业后能提高一些地层承压能力，但有的井，上部钻进时钻井液密度较低，到下部钻井时发生了渗漏，根本无法判断漏失层段，也就无法进行堵漏作业，下套管产生的激动压力、注水泥浆产生的高流动阻力，往往引发井漏，造成无法作业或作业失败。

4）高密度水泥浆沉淀

海洋高温高压井段固井常采用高密度水泥浆，以往高密度水泥浆体系的沉降稳定性差，容易出现加重材料固相颗粒下沉、水泥浆明显分层等现象。大体原因如下：

（1）体系中水泥含量相对减少，加重材料比例大，水泥浆的悬浮力低。

（2）高密度水泥浆黏度的热稀释强。

（3）加重材料本身细度不高，没有吸水能力。

（4）加重材料、颗粒级匹材料及水泥密度差别大。

（5）高密度水泥浆对加重材料要求高，对于加重材料的化学惰性、密度、颗粒级配要求严格，满足这些性能要求的材料选择困难。

5）顶替效率低

在高温高压气井固井中，前置液由冲洗型清洗液和双作用隔离液组成，由于前置液密度高、用量较少或与地层接触时间短等原因，前置液中表面活性剂会同高含量的固体粒子难以完全冲刷井壁高温钻井液形成的泥饼，致使水泥-套管界面和水泥-井壁界面的胶结强度差，甚至会引发水泥塞胶结力差而上行。另外，前置液与钻井液混浆后失水大、滤液多、悬浮性差、沉淀稳定性差，易使高温钻井液中重晶石产生离析沉淀堵塞，阻止环空液柱压力传递以平衡地层压力，加剧水泥候凝失重时气窜产生。气窜现象在莺歌海的高温高压固井中经常出现，前置液清洗效果不理想是一个重要的原因。

3. 二氧化碳含量高导致的问题

高温下二氧化碳对水泥石腐蚀严重，导致水泥石无强度，易破碎。据资料介绍，莺琼盆地东方气田二氧化碳含量为14.3%～72%，储层温度高。因此，需要研究新型防腐材料，提高硅酸盐水泥浆体系的防腐能力。

III 完成的主要科研课题

“十五”期间以来，针对莺琼盆地高温高压固井存在的问题，中海油与国内科研院校合作，先后进行了如下固井课题研究：

2001～2003年，《南海莺琼盆地高温超压地层固井工艺技术研究》；2011～2012年，《高密度水泥浆颗粒级配技术研究》；2012～2013年，《中高温长封固段水泥浆体系研究与应用》；2012～2014年，《东方某气田开发固井技术研究》。

IV 莺琼盆地高温高压固井主要技术成果

统计1984～2016年在莺琼盆地高温高压探井及调整井固井作业碰到的难题及经验总结，在分析和总结以往高温高压固井的基础上，与科研单位或国内外大学机构开展了有针对性的研究工作，中海油取得了显著的成果。“十五”期间，中国海洋石油总公司（中海油）通过科研项目，压缩了进口材料的成本和采办周期，一步步实现了固井材料的国产化；“十一五”期间，中海油进入基础理论研究联合现场实际作业，建立了压稳防窜模型，升级了防窜水泥浆体系，实现了固井材料的100%国产化，提高了高温高压固井技术；“十二五”期间，中海油在东方区块钻探的8口高温高压探井固井作业合格率达到了100%，“十二五”期末、“十三五期”初，中海油首个高温高压调整井气田，即东方某气田的7口大位移调整井实现了“环空零带压”的国内纪录，形成了一套莺琼盆地高温高压大位移调整井气田固井技术。

1）室内试验评价技术

研发出了三套行业先进的评价仪器：①发明了裂缝宽度随压差变化而变化的动态裂缝堵漏仪，用于评价固井隔离液和水泥浆提高砂泥岩的承压能力；②开发出第三代稠化仪，发明了行业体积最小、重量最轻、造操维护最方便的无电位计式便携式稠化仪，方便现场进行复核实验；③发明了一套水泥石应力破坏模拟评价装置，用于模拟评价生产期间温度和压力变化对水泥环的伤害程度。

2）高温高压水泥环完整性固井技术

开发出了三套关键固井技术，着力解决高密度钻井液顶替效率低和固井水泥浆失返、气窜、腐蚀、应力破坏等影响水泥环完整性的难题。

（1）顶替效率提高技术。研发出了一套黏度受温度变化影响小的平流变高效加重清洗液。温差 150℃下，YP 变化小于 3Pa，PV 变化小于 0.02Pa·s。

（2）水力尖劈堵漏固井技术。发明了裂缝宽度随压差变化而变化的堵漏评价仪，研发出了水溶纤维 PC-B62 和颗粒级配硬性材料 PC-B66，砂泥岩地层承压可提高 3.5MPa 以上。

（3）四防水泥浆技术。发明了水泥石应力破坏模拟评价装置，研发出一套防漏、防窜、防腐、防应力变的四防水泥浆体系。体系抗温井底静止温度 230℃，现场应用的最高水泥浆密度达 2.45g/cm^3，机械静胶凝强度 48～240Pa 过渡时间小于 20min，3 个月腐蚀深度小于 0.5mm，弹性模量 3～6GPa，自修复水泥石通过带压有机气体 60min 后，气体通过量减少 95%以上。

本技术体系在南海东方某气田 7 口井应用，固井全部质量优良，实现了双高、定向井 100%环空零带压，解决了开发井井口带压难题；在印尼 BD 区块的高温高压高含硫气田应用，1.98g/cm^3 水泥石在 150℃×40MPa、复合分压 280kPa 的 H_2S 和 3.71MPa 的 CO_2 的水相腐蚀环境下，30 天后抗压强度增加，3 个月腐蚀深度小于 0.5mm。第三方测试结果表明，该防腐性能优于竞标的其他国际先进的服务公司。

3）关键水泥添加剂技术

开发出了 4 大类 10 种水泥添加剂材料，初步构建出从低温到高温的 COCEM 体系。这些添加剂基本是合成材料，与以前的添加剂相比，广谱性、稳定性和经济性更好。

（1）缓凝剂：耐温 260℃的 PC-H50、耐温 176℃的 PC-H100、大温差缓凝剂 PC-H100L、高温缓凝增效剂 PC-H20。

（2）降失水剂：耐温 260℃的 PC-G90L。

（3）多功能防气窜剂：防窜降失水剂 PC-G86L、防腐防气窜剂 PC-RS10L、防窜增强剂 PC-GS12L、低弹模自修复防气窜剂 PC-SH1。

（4）高效分散剂：抗盐、弱缓凝的高效分散剂 PC-F46L。

目　　录

第1章　高温高压固井化验技术

1.1　便携式高温高压稠化仪技术

稠化仪是在特定温度和压力条件下测定水泥浆稠化时间的仪器。水泥浆的稠化时间是衡量固井施工是否安全的最重要的技术参数，是保证固井施工质量的重要参数之一。

20世纪70～80年代的稠化仪，由于体积大、重量大、操作维护复杂，稠化试验仅在专门的实验室中进行；90年代开发出的便携式稠化仪，虽然可以到作业现场做固井配方复核试验，但由于当时的技术水平限制，仪器的重量不够轻、体积不够小、承压不够高、操作不够方便，不能成为真正的便携式高温高压稠化仪，现场稠化试验仍需派化验工程师操作。为了提高稠化仪性能的可靠性和操作便利性，降低仪器使用对场地和人员的要求，需要进行相关的技术研究。

1.1.1　传统稠化仪的工作原理

传统稠化仪的工作原理为模拟固井水泥浆从井口到井下预定位置期间所经历的温度、压力和流动状态的变化过程，测量和记录水泥浆从流动到不能流动的稠化曲线。

如图1-1所示，水泥浆杯定速旋转，带动杯内水泥浆转动，把水泥浆的内摩擦力转化为桨叶的扭矩，以扭矩的大小来衡量水泥浆的流动能力。连接桨叶和弹簧的可变电阻指针，随着水泥浆的稠化而偏转，当可变电压达到5V（稠度50Bc）时，水泥浆处于不能泵送状态；达到10V（稠度100Bc）时，水泥浆完全不能流动。

1.1.2　稠化仪的发展历史

我国在20世纪70年代引进美国API标准，开始进口美国生产的7型增压稠化仪并仿制，它的发展历史大概可分为四个阶段。

1. 20世纪70年代，中温中压稠化仪

某建材厂20世纪80年代中期开始仿制美国生产的7型增压稠化仪，其特点如下：

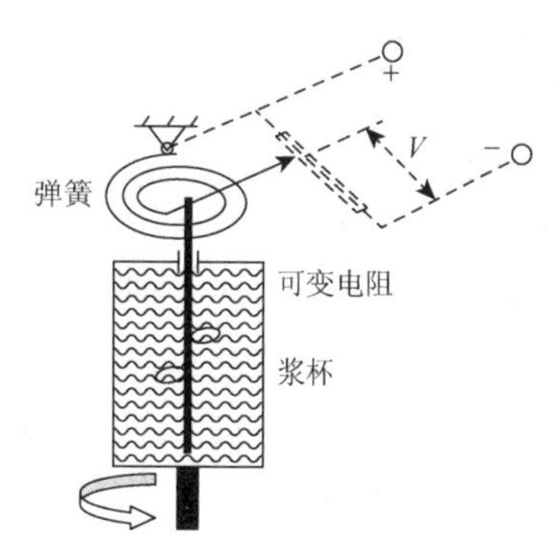

图1-1　稠化仪工作原理示意图

（1）模拟PID控制器控制温度，控温精度不够，不能程序控温；

（2）齿轮传动，盘根密封。由于使用盘根密封方式，最高温度200℃，最高压力175MPa，实际应用中很难达到压力指标，一般只能达到100MPa，并且维修非常困难；

（3）稠度测量采用釜内电位计方法。

2. 20世纪80年代，高温高压稠化仪

20世纪80年代，国内开始进口美国生产的8型高温高压增压稠化仪，其特点如下：
（1）采用磁力驱动的传动装置，最高温度315℃，最高压力275MPa；
（2）采用数字温度控制器，程序控温；
（3）浆杯加装了上盖，用来防止溢出的水泥浆直接污染釜内；
（4）稠度测量采用釜内电位计方法。

中国公司1987年开始研制仿造美国生产的8型高温高压增压稠化仪并于1989年研制成功，开始没有合适的国内外数字控温器，而采用个人电脑实现数字程序控温，并实现计算机数据采集。由于个人电脑在现场使用的局限性，在1992年有了进口温控器之后，采用了英国生产的818温控器，从此国产稠化仪的技术指标基本达到美国生产的8型高温高压增压稠化仪要求。

3. 20世纪90年代，准便携式稠化仪

20世纪90年代初，国内外相继生产了改进型稠化仪。它在原稠化仪的基础上加装了高压可控泄压泵，在原有温度程序控制的基础上，实现压力程序控制。

20世纪90年代同期出现了便携式稠化仪，它们的结构原理与增压稠化仪基本相似，主要是压缩了釜体和框架等尺寸，但牺牲了温度和压力指标，目的是便于携带，适于现场实验。但由于结构原理限制，重量、体积和操作方便性依然达不到便携的要求。某公司的便携式稠化仪，仪器体积为660mm×360mm×500mm，质量100kg，电位计稠度测量机构，易损件多，需要经常修理及校正。同时，结构紧凑后，拆装十分困难，一旦需要维修，现场很难解决。

4. 21世纪初，高温高压便携式稠化仪

一种新型的无电位计便携式稠化仪的问世打破了瓶颈，釜外的稠度测量方法解决了传统电位计的弊端。取消电位计的同时，缩小了釜体内腔尺寸，使得釜体高度及壁厚大大地缩小，减轻了釜体质量。同时，新稠化仪的结构尺寸最大限度地缩小，人性化的结构设计使得维护更方便。新型稠化仪体积为500mm×330mm×470mm，质量60kg，成为真正意义上的便携式稠化仪。

1.1.3　稠化仪的划代标准

根据增压稠化仪的温度与压力的控制方式、动力传动与密封方式、水泥浆稠度的采集与维保操作的便利性等发展过程，可把增压稠化仪的技术级别划分为“中温中压”1代、“高温高压”2代和“高温高压便携”3代，主要技术特征见表1-1，第3代稠化仪结构如图1-2所示。

表 1-1　增压稠化仪的技术级别表

型号	技术级别	温压控制	传动与密封	稠度采集	体积与重量	典型稠化仪
1	第 1 代	模拟控制	齿轮/填料	内置电位计	大	Chandler 7010
2	第 2 代	程序控制	磁力/O 圈	内置电位计	大	Chandler 8025
3	第 2.5 代	程序控制	磁力/O 圈	内置电位计	中	Chandler 7720
4	第 3 代	程序控制	磁力/O 圈	外置扭矩器	小	COSL 2010

第 1 代，第 2 代增压稠化仪具有以下特点：

（1）质量、体积偏大，不利于搬运。因为釜体内要放置电位计，所以釜体的直径、高度和壁厚都需要做得比较大，大大增加了仪器的体积和质量。

（2）管路式高压油滤器装在紧凑的箱体内，拆装、清洗滤芯困难，且在拆装过程中，容易松动连接管线，造成密封问题。

（3）结构过于紧凑，复杂，故障率高，现场难于维修。

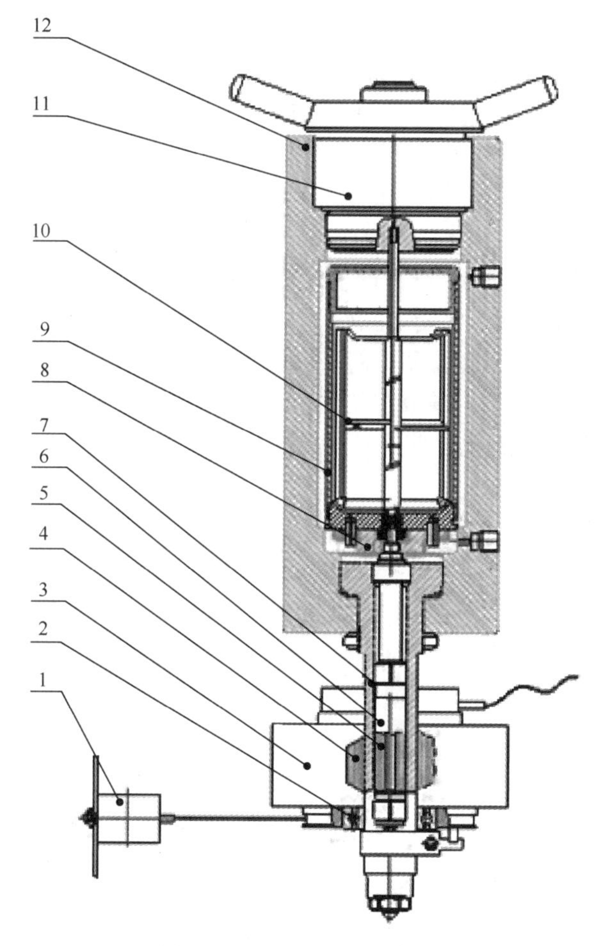

图 1-2　第 3 代稠化仪结构图

1. 拉力传感器；2. 轴承；3. 磁力驱动电机；4. 外磁铁；5. 内磁铁；6. 磁力驱动器芯轴；7. 磁力驱动器体；8. 驱动盘；9. 浆杯；10. 桨叶；11. 高压釜盖；12. 高压釜体；

1.1.4　第3代稠化仪的关键技术

（1）取消传统的电位计测量稠度模式，采用高压釜体外部稠度测量机构，提高测量系统的稳定性。对比不同的水泥浆体系配方的第2代、第3代稠化仪的稠化实验，结果表明两者的稠化时间基本相同、稠化曲线相仿。

（2）采用新型超细铠装耐高压加热器，同高压釜体外部稠度测量机构一起，缩小了釜体内径、高度及壁厚，使釜体的质量减少了一半以上。

（3）采用新型自动定位联轴器结构，使得浆杯轴顶部非常容易进入釜盖滑套内。

（4）采用面板安装超高压油滤器。方便经常要进行的油滤芯清洗工作。设计面板注油口油箱，方便注油。

（5）设计高压釜盖密封结构，采用V型自密封结构，方便操作，容易密封。

上述设备的出现，提高了设备的可靠性，大大减少了现有便携式稠化仪易损件多、维修频度高、操作维护不便等问题。

第3代高温高压稠化仪按照现有行业标准要求进行设计，通过采用釜体外置稠度测量机构、超细铠装耐高压加热器、力矩电机、面板安装式超高压油滤器、新型高压釜釜盖密封结构、新型自动定位联轴器结构等有别于传统方式的新型结构，在完全实现稠化仪各项功能的前提下，使仪器的结构更趋合理，体积更小、质量比现用便携式稠化仪减少40%，操作更方便。

为确保水泥浆性能的稳定和施工的安全，与常规固井相比，高温高压井段的水泥浆需要按照循环温度±5℃复查稠化时间。然而，由于海上平台远离陆上基地，并且平台固井工作间有限，陆上室内大型的高温高压稠化仪体积大、质量大、不方便携带。为此，业界研制出适用于远离油田基地的现场或在仪器车上做实验的便携式高温高压稠化仪。目前，开发的DFC-0730型便携式稠化仪使用最为便捷。

1.1.5　DFC-0730型便携式稠化仪介绍

DFC-0730型便携式稠化仪（图1-3）是严格按API标准规范10设计制造的，由中海油田服务股份有限公司与沈阳金欧科石油仪器技术开发有限公司联合开发，具有世界领先水平的第3代稠化仪。DFC-0730型便携式稠化仪获得新型便携式稠化仪、新型水泥浆稠度测量装置、新型高压釜釜盖密封结构、磁力驱动器电机等七项国家发明专利。

1. 仪器结构特点

（1）首创无电位计测量稠度的设计，操作更简便，测量更准确。

（2）采用英国欧陆3504温控器、进口压力传感器。

（3）美国原装气驱增压泵、美国原装高压阀门。

（4）国内外同类产品中最轻的质量、最小的体积、最高的技术指标。

（5）人性化设计，结构新颖、牢固，更方便操作。

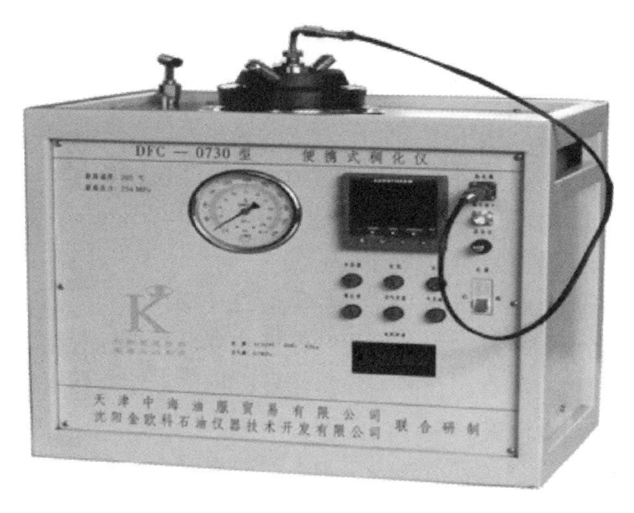

图 1-3　DFC-0730 型便携式稠化仪

（6）仪器外包装为铝合金箱，内有减震设计，适合搬运携带。

（7）笔记本电脑、RS-232 通信接口、数据采集软件，实现曲线、数据处理功能。

2. 仪器的主要技术参数

（1）电源：AC220V（±10%）2.2kW；

（2）空气源压力：0.3～0.7MPa；

（3）水源：0.1～0.4MPa；

（4）最高压力：154MPa，最高温度 205℃；

（5）多段程序控制温度，温度控制精度＜±1℃；

（6）电机转速：150±15r/min；

（7）体积：50cm×33cm×50cm；

（8）质量：60kg。

3. 实验的操作流程

（1）准备：关闭稠化仪所有开关。

（2）接通电源开关，检查并确保温控器程序复位。

（3）编辑温度控制程序。

（4）按照 GB10238-1998 或 API 规范 10 中要求制浆，组合好浆杯。

（5）使用专用夹子，把浆杯放入釜内，转动浆杯，使杯体平稳落座在釜内驱动盘上，然后接通电机开关，浆杯应转动平稳。

（6）稠度校零。方法：当电机转速升至 150r/min 左右，接通再断开自动开关，用户显示页的稠度值被调为零左右。稠度校零操作可重复进行。操作后要确保自动开关关闭。

（7）旋上釜盖。

（8）旋入热电偶，留有适当气隙。

（9）关闭高压释放阀，接通气至油箱开关。直到内热电偶锁紧螺丝处溢出油，釜内油满。这时要快速将内热电偶螺丝锁紧。

（10）接通增压泵开关，增压到初始压力后，关闭增压泵开关。

（11）运行升温程序。具体方法如下：①按 AUTO/MAN（自动/手动转换键）（MAN 显示）；②按动二次 RUN/HOLD（运行/暂停键）（RUN 显示）；③再次按 AUTO/MAN（自动/手动转换键）（MAN 消失）；④温控器控制程序开始运行。

（12）接通加热开关，接通自动开关。实验正式开始。

（13）当稠度达到报警点时，控制系统发出报警声，并自动关闭电机、加热器。

（14）首先关闭面板上所有操作开关，然后复位控制程序（按 RUN/HOLD 即运行/暂停键持续 3 秒以上，RUN 消失）。

（15）缓慢开启高压释放阀释放釜内压力，接通空气至釜开关，釜内油排净时，会发出排气声。这时关闭空气至釜开关。

（16）排气声消失后，方可旋出热电偶。旋出釜盖（必要时可借助胶锤），钩出浆杯。

（17）将浆杯内的水泥倒掉，清洗浆杯、桨叶、隔膜片、铜衬套及小 O 型圈，重新涂油脂备用。

（18）开启冷却水阀，开始冷却。

（19）关闭电源总开关。

（20）高温实验操作在试验温度高于 100℃时，试验进行完第（14）步后，应及时开启冷却水阀使釜体降温，待温度低于 90℃后，方可进行第（15）步以后操作。

1.2 地层裂缝动态漏失评价技术

莺琼盆地油气资源丰富，地层以砂泥岩为主，固井存在压力窗口窄，容易漏失，造成水泥浆低返甚至失返。砂泥岩固井，当环空液柱压力大于破裂压力时，会发生水力尖劈，导致裂缝漏失。固井失返后容易造成油气层漏封、油气水窜，危害油气井甚至人身安全等。

传统的固井水泥浆堵漏能力评价手段主要包括割缝板法和砂盘法，如图 1-4 所示。该堵漏评价装置的特点是缝宽或孔吼直径固定，与环空液柱压力大小无关。而实际地层破裂后，液柱压力越大，裂缝宽度越大，反之则越小，即裂缝宽度是动态变化的。动态裂缝内的水泥浆随着井内压力的波动会反复“吞吐”动态漏失。因此，传统法评价水泥浆的堵漏能力，虽有一定的参考价值，但不能真实模拟地层的堵漏效果。时常发生室内评价堵漏效果很好的堵漏水泥浆，施工后地层漏失依旧。

传统的水泥浆堵漏材料主要是坚硬的大粒径架桥材料和软性缠绕纤维的复合材料（图 1-5）。其缺点是颗粒大，容易堵塞窄环空间隙；水泥浆黏稠，摩阻大，容易憋漏地层；大颗粒复合材料附着在裂缝口附近，在裂缝“一张一合”的“吞吐”作用下容易反吐出来，尖劈裂缝的堵漏可靠性差。

因此，需要开发动态裂缝堵漏评价技术和相应的堵漏材料，以提高窄环空间隙、窄安全压力窗口的固井质量。

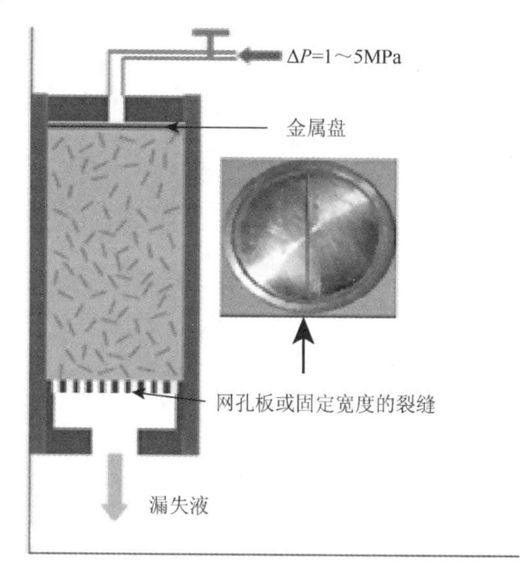

图 1-4　常规堵漏评价示意图

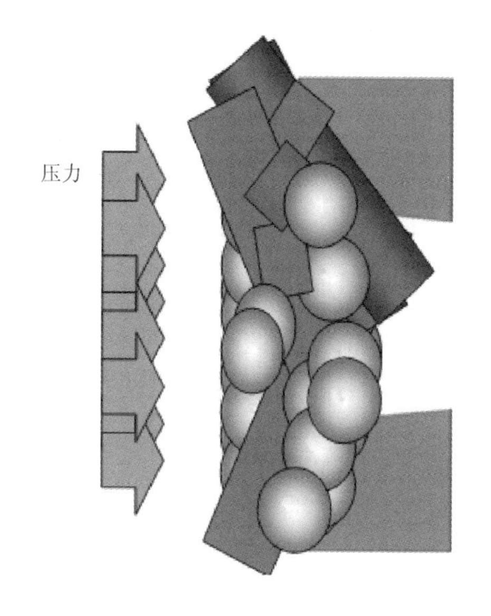

图 1-5　传统水泥浆堵漏示意图

1.2.1　动态裂缝堵漏评价仪

通过科学研究，研发出了具有中海油知识产权的动态裂缝堵漏评价仪。

1. 结构图

图 1-6 是模拟地层裂缝大小随井内液柱压力动态变化的动态裂缝堵漏评价仪的结构图。主要由堵漏浆腔体 1、漏失腔体 2、驱动腔体 3 组成。

传动装置：由锥塞 10、连杆 11、活塞 12 组成，上部锥塞 10 位于漏失腔体 2 内，通过能够上下运动的连杆 11 将活塞 12 伸入驱动腔体 3 中。

供压装置：由氮气源、调压阀、压力表组成。将压力源通过驱动压入口 8 输入至驱动腔体 3，作为活塞 12 向上运动的驱动压，模拟地层破裂压力；将压力源经由测试压力阀 6 和节流器 7，连通堵漏浆腔体 1，模拟液柱压力。

调节机构：螺杆 4，上端位于驱动腔体 3 中，在供压装置 5 未供压情况下，与联动机构的活塞 12 下部接触。通过调节活塞运动行程的下限，模拟尖劈裂缝吼道最大间隙，获得裂缝张开后的最大环形漏隙。

计量装置：量筒 9，测量由漏失腔体 2 的漏失液出口流出的液体体积。

2. 工作原理

1）水力尖劈裂缝封堵原理

如图 1-7 所示，当井内液柱压力 P_1 大于地层破裂压力 P_0 时，发生水力尖劈裂缝，如堵漏材料封堵良好，则封堵材料后面的缝尖处压力 P_2 因液柱压力无法补充而降低。当 $P_2 < P_1 < P_0$，尖劈作用停止；如封堵失败，则 $P_1=P_2$，尖劈作用继续，漏失不止。

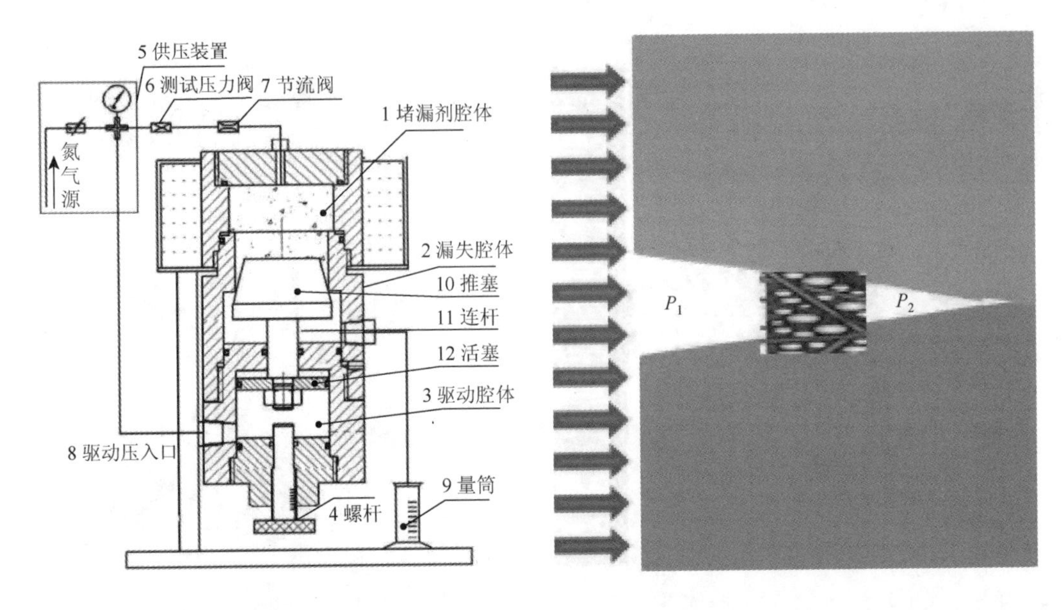

图 1-6　动态裂缝堵漏仪结构图

图 1-7　水力尖劈裂缝封堵示意图

2）动态裂缝堵漏评价仪工作原理

堵漏浆腔体 1 压力大于驱动腔体 3 压力时，联动机构在压差下向下运动，环形漏隙打开；漏浆后，压差变小，联动机构向上运动，漏失缝宽变窄；变窄后压差变大，联动机构又向下运动，环形漏隙如此"一张一合"直至堵漏浆完全堵住或完全漏完。如果堵漏浆的堵漏效果好，则堵漏浆腔体 1 和漏失腔体 2 的压差大，漏失量少。反之，则压差为零，浆体全部漏失。

3. 实验程序

水力尖劈裂缝吼道设定：根据测试要求的最大环形漏隙调动 4 来调节联动机构运动行程的下限，通常设定漏浆缝宽 0.5～1.0mm。

灌浆：断开 6，调节 5，模拟破裂压力 1MPa，使联动机构在驱动压的作用下向上运动，漏隙宽度为零；将 1 的上盖卸下，注入堵漏浆后，安装上盖。

测试：接通 6，使来自 5 的测试压在 7 的限速作用下逐渐输入 1 中，模拟液柱压力。逐渐加大液柱压力，分别测试相同体积的堵漏浆在不同缝宽下的压差。

1.2.2　水力尖劈裂缝堵漏固井材料

水泥浆中常用的堵漏材料颗粒状包括硬沥青、珍珠岩、核桃壳、炭黑；薄片状包括赛璐玢；纤维状包括尼龙（短纤维）。但是，在实际使用时存在各种问题，如使用硬沥青时，井下温度不能超过 100℃；而核桃壳类材料容易造成套管内堵塞等。随着水泥浆漏失控制技术的发展，长纤维作为水泥浆堵漏材料逐渐崭露头角，并大量应用于现场。

常规的水泥浆通过与长纤维混合，就转变成了堵漏水泥浆体系。该体系有如下几大特点：①在漏失地层中，长纤维有利于形成一种惰性纤维网状物，使循环恢复正常；在井底的裂缝处形成网状桥堵，有助于产生所需的滤网和相应滤饼。②纤维水泥浆适用于所有温度和泥浆密度条件，与所有水泥浆添加剂和大多数水泥浆配方配伍。③纤维属于惰性材料，在混浆槽中将纤维材料连续地添加到水泥浆中，容易分散，不会堵塞泥浆槽和流通管线。

通过动态裂缝堵漏仪的反复模拟测试，研选出白色集束型纤维 B62 和颗粒级配堵漏材料 B66。B62 和 B66 封堵能力见表 1-2，推荐 B62 加量 0.4%～0.5%，B66 加量 2%～3%。

表 1-2　堵漏材料 B62 和 B66 的动态裂缝堵漏效果

最大裂缝/mm	600mL 浆中 B62 加量/g	600mL 浆中 B66 加量/g	承压压差△P/MPa	结论
0.25	0	0	0	堵漏失败
	4.0	0	5	堵漏成功
	0	24	0	堵漏失败
	2.4	12	>7	堵漏成功
0.5	4.0	0	3	堵漏失败
	2.4	12	6.5	堵漏成功
	4.0	24	>7	堵漏成功
1.0	4.0	24	6.5	堵漏成功

注：实验温度 90℃，水泥浆配方 2.20g/cm^3，钻井水+API G 级水泥+0.5%消泡剂+6%降失水剂+1%分散剂+1.7%缓凝剂+90%加重材料+35%硅粉+堵漏材料，BWOC。

实验结果表明：混有 B62 和 B66 的堵漏水泥浆体系，能有效封堵 1.0mm 以下的动态裂缝，使得井筒承压能提高 7MPa 以上。由于颗粒级配的 B66 中最大粒径小于 1.0mm，通过封堵水力尖劈裂缝的根部达到提高地层承压的目的，与传统的堵漏材料相比，不易堵塞窄环空，不易从裂缝中反吐，堵漏效果更可靠，有利于窄安全压力窗口的泥砂岩地层固井。

1.2.3　水力尖劈裂缝堵漏技术应用

1. 井下基本情况

莺琼盆地 A 井设计井深 3975m，主要目的层压力系数为 2.19～2.22g/cm^3，井底静止温度 158℃，采用“Φ762mm 套管+Φ508mm 套管+Φ355.6mm 套管+Φ298.45mm 尾管+Φ273.05mm×Φ250.83mm 复合套管+Φ177.8mm 备用尾管+Φ149.23mm 备用井眼”的井身结构，如图 1-8 所示。其中 Φ273.05mm×Φ250.83mm 复合套管井段与上层尾管 Φ298.45mm 尾管重叠段长 726m，底部压力系数 2.04g/cm^3，本井段压力窗口仅为 0.18g/cm^3。套管下入后，0.29m^3/min 的排量循环失返。

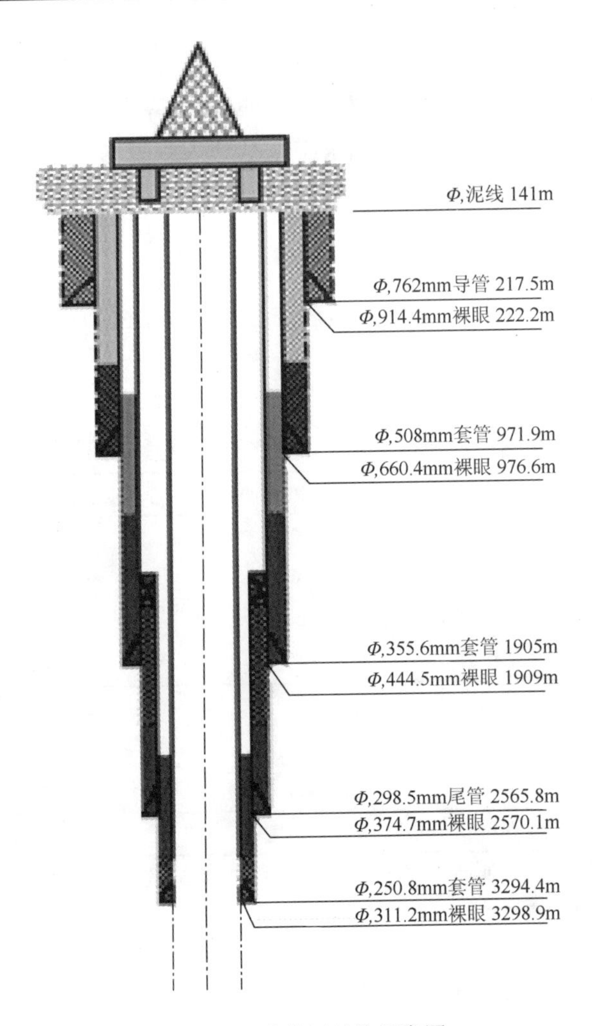

图 1-8　A 井井深结构示意图

2. 固井主要难点

本井采用高密度高温油基钻井液钻进，环空间隙小，安全压力窗口窄。面临的主要固井难点是套管居中难、提高顶替效率难、井壁润湿反转难、易堵、易漏。

3. 关键固井措施

（1）使用堵漏水泥浆，提高地层承压能力。

实验选取密度为 2.2g/cm^3 的水泥浆为基本配方。在温度 90℃时，不同压力调节下，利用动态堵漏仪测定不同品种堵漏材料对裂缝堵漏的效果。

堵漏材料 B66 与同硅粉、水泥一起干混；B62 在混浆池边混边泵。

（2）使用一体式扶正器，提高套管居中度。

（3）控制下套管速度，防止恶性漏失。

表 1-3 为 LANMARK 下套管软件模拟的安全下套管速度表。

表 1-3　LANMARK 下套管速度与钻井液密度关系

钻井液密度/(g/cm^3)	安全下套管速度/(m/min)
2.01	3.04
2.04	2.13
2.06	0.36

（4）套管双胶塞固井，泵入高效油基冲洗液和隔离液，低速混注水泥浆，主要工艺参数见表 1-4。

表 1-4　施工主要工艺参数

泵注速度/(m^3/min)	总体积/m^3	流体密度/(g/cm^3)	程序
0.29～0.3	0.5	2.04	0.32m^3/min 循环，总共循环约 40nim
—	0.5	2.04	固井作业管线试压
0.25～0.372	8	1.98	泵注冲洗液
0.25～0.372	13	2.04	泵注隔离液
—	—	0.00	释放底套管胶塞
0.22	18.3	2.20	混泵首浆
0.23	6.0	2.20	混泵尾浆
—	—	0.00	释放顶套管胶塞
0.25～0.372	1.6	2.04	泵注压塞液
0.254～0.43	126.3	2.04	顶替钻井液
—	—	—	最大管内外压差 6.1MPa，碰压 22.75MPa
—	—	—	检查回流

4. 现场应用效果

监测结果表明：堵漏水泥浆出管鞋前，漏失速度 7.15m^3/min；1.3m^3 堵漏水泥浆出管鞋后，漏失停止。胶塞碰压前泵压 6.05MPa，与设计值 6.1MPa 基本一致，水泥浆返至设计位置。

固井后，地漏实验当量 2.27g/cm^3，与地质预测一致；环空套压为零；试压 7MPa，环空液柱压力超出上层管鞋漏失压力 3.5MPa，稳压不漏，环空水泥封固质量良好。

5. 结论

（1）新型动态裂缝堵漏评价仪，能有效评价堵漏浆在水力尖劈裂缝宽度动态变化下的堵漏能力。

（2）研选出的尖劈裂缝复合堵漏材料 B62 和 B66，通过封堵水力尖劈裂缝的根部，有效提高泥砂岩地层的承压能力。与传统的堵漏材料相比，不易堵塞窄环空，不易从裂缝中反吐，堵漏效果更可靠。

（3）本书结合了新型堵漏水泥浆技术及配套的固井工艺技术，成功解决了中国南海莺琼盆地高温高压 A 井环空易堵、易漏的固井难题。

1.3 水泥环应力-应变破坏模拟装置技术

1.3.1 技术背景

在固井中，水泥环对地层的封隔性能对油气井的生产安全、寿命和油田开发效益具有重要意义，具有较高封窜能力的水泥环是安全、环保地开发油层，实现勘探开发效益最大化的重要基础。实际生产经验表明，水泥浆顶替到位后，CBL/VDL 测试显示固井质量良好的井，在经历后续的钻进、钻井液密度增加、地层完整性试验、射孔、压裂、温度变化、求产、关井求压等作业后，会导致水泥环与套管、水泥环与地层的胶结面产生微缝隙，造成油气井井口窜流、井口环空带压等问题。这一问题造成安全、环保隐患，严重影响产能建设，大大降低勘探开发效益。

这一问题属于固井后的长期气窜问题，在目前技术条件下，常常发生在井下工况条件复杂的高温高压油气井中。造成井口带压的原因主要是井下地层条件变化和后期作业引起的套管-水泥环-地层系统的受力状态发生改变，环空水泥环应力-应变发生改变，水泥环发生了破坏丧失水力密封性，高压气体通过失效水泥环内部的微裂缝界面逐渐窜移至井口。

分析高温高压油气井的工况特征，温度变化是引起水泥环与套管产生微环隙的重要因素之一，设计一种模拟 6″井眼，4-1/2″尾管因温度变化引起固井胶结失效的装置，通过室内实验研究温度变化对水泥环应力-应变状态的影响，了解其胶结失效机理，揭示不同水泥环力学特性在不同温度下对其胶结失效的影响规律，有针对性地设计适用的韧弹性水泥配方，制定合理的固井技术措施和正确选择作业参数具有重要意义。

现有的模拟温度变化引起固井胶结失效的装置存在如下特点：

（1）没有按照实际使用的套管加工实验装置。实验设备在外径和壁厚上与实际套管的尺寸不一致。实验设备在设计加工时，没有采用具有实际使用外径和壁厚的套管，而是在几何尺寸上按照一定的比例缩小，这与实际工况不同。

（2）胶结过程与验窜实验过程分离。由水泥环胶结到模拟温度-胶结失效实验时的环境发生了改变，具体包括水泥浆的养护环境是否为高温高压、在模拟温度-胶结失效实验时是否加了围压、胶结环境与实验环境是否相互独立。现在设备普遍不能保证水泥浆能在同一套设备内完成胶结并开展温度-胶结失效的实验，这与实际工况不符。

（3）不能定量评价气窜。在模拟温度等因素改变导致水泥环胶结失效，引起气窜的过程中，只是定性检验气窜有无发生，并没有定量检验一定工况改变时造成气窜的量。

（4）水泥环长度偏小。在模拟的水泥环长度方面，普遍小于 50cm，长度偏小，在实验中不能较为全面反映实际工况存在的问题。

（5）实验成本高。与水泥环胶结的内层套管、外层人造地层或套管在一次实验后均报废，造成实验研究成本过高。

（6）实验条件参数较低，不能同时模拟高温高压井最高 160℃，最高工作压力 10000psi 的工况。

1.3.2　设备功能设计

1. 设备应具备的功能

（1）内层套管采用现场使用的 4-1/2″尾管加工；

（2）在同一台设备内完成水泥浆胶结并开展温度-水泥环胶结失效实验，从水泥浆养护到开始试验前所受压力不能发生改变；

（3）水泥环上部留有伸缩空间；

（4）能够模拟水泥环因现场试压放压引起的状态改变；

（5）能够模拟水泥环因现场温差大引起的状态改变；

（6）能够模拟水泥环因注水造成围压变化而引起的状态改变；

（7）电脑采集信号，实时记录套管内压力、围压、温度和气窜检测结果。

2. 设备应达到的要求

（1）水泥环内腔高 1000mm；

（2）模拟固完井后，水泥环厚度 15mm、20mm 和 30mm 可调，考虑不同水泥环厚度对声波测井的影响；

（3）配 20mm 厚水泥环的胶套 15 个，配 15mm 厚水泥环的胶套 4 个，配 30mm 厚水泥环的胶套 4 个，胶套长久耐温 160℃；

（4）水泥环外围压腔温度和套管内温度分别可升降控制，实现内外部分独立升温和降温（两套升温和降温系统，最大化区别温差影响）；

（5）实验组件放入釜体时，加辅助引导机构，不需要轨道或沟槽；

（6）考虑安全性，结合现场实际，套管内最大压力为 70MPa，最大围压为 40MPa，釜体设计压力为 40MPa；

（7）温度控制精度为±1.5℃，压力控制精度为±1MPa；

（8）测量流量精度为 0.01g，排水取气法，天平计量；

（9）测量气窜采用量程 40MPa 高压氮气瓶；

（10）加工一套专用拆卸工具；

（11）水泥浆加围压养护，等压养护，外层套管与釜体间环空压力、水泥环上部压力与套管内压均为 21MPa（釜体内环空与水泥环上部通过管路在釜体外连通）；

（12）养护介质全部为高温液压油。

1.3.3　设备结构设计

在对现有设备调研、明确该设备设计目的和技术指标的基础上，可以初步确定设备应具备的主要组成部分。从设备安全性和可操作性角度考虑，认为设备应当包括工作台、控制面板、信号采集系统、辅助起吊系统、油箱总成、泄压泵总成和高压泵等部分。据此，确定了设备的整体结构，如图 1-9～图 1-12 所示。

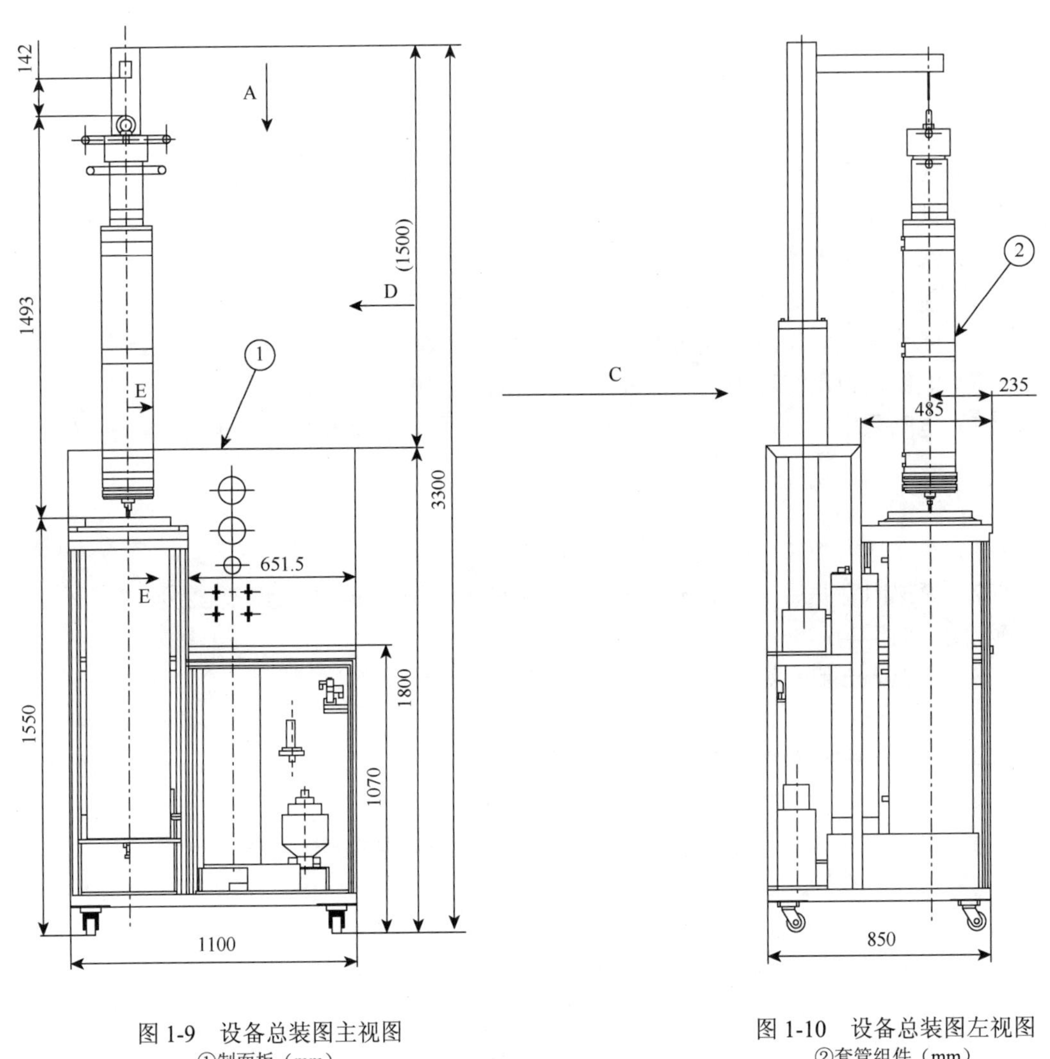

图 1-9　设备总装图主视图
①制面板（mm）

图 1-10　设备总装图左视图
②套管组件（mm）

1.3.4　设备系统设计

设备系统中包含的各个部件主要实现以下 4 个功能：水泥带压养护、对套管内液压油实现带压循环、模拟井下压力和温度变化、测量气窜。

在系统设计方面，采用内加热的形式，如图 1-13 所示。

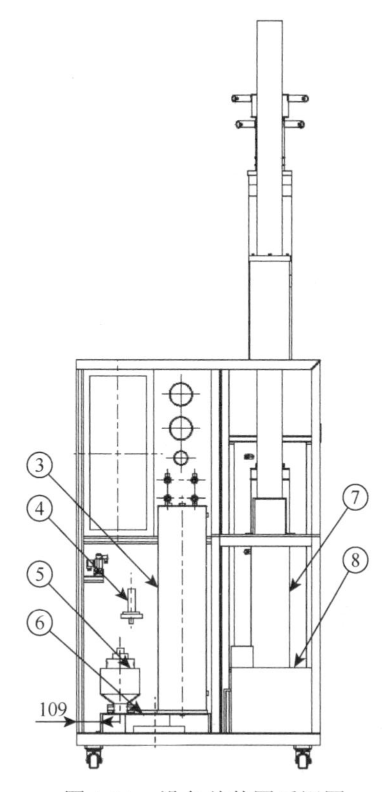

图 1-11　设备总装图后视图

③油箱总成；④泄压泵总成；⑤高压泵；⑥承载板；⑦循环釜组件；⑧内循环叶片泵组件

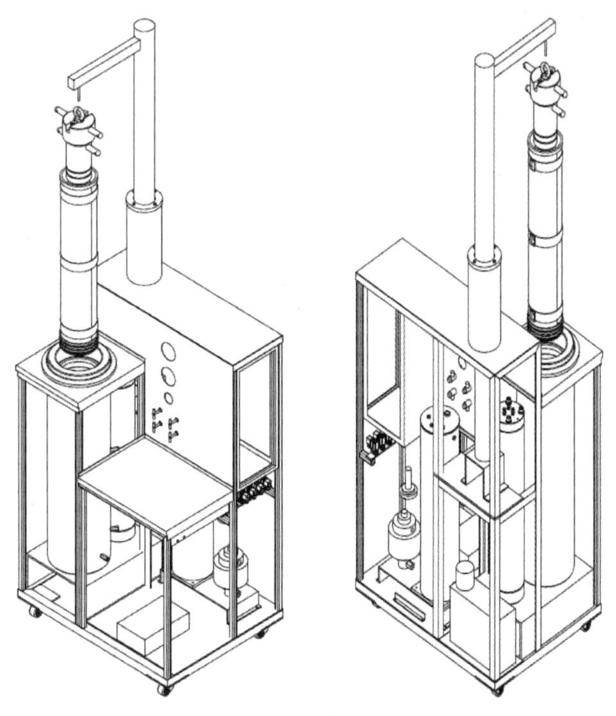

图 1-12　设备装配立体图

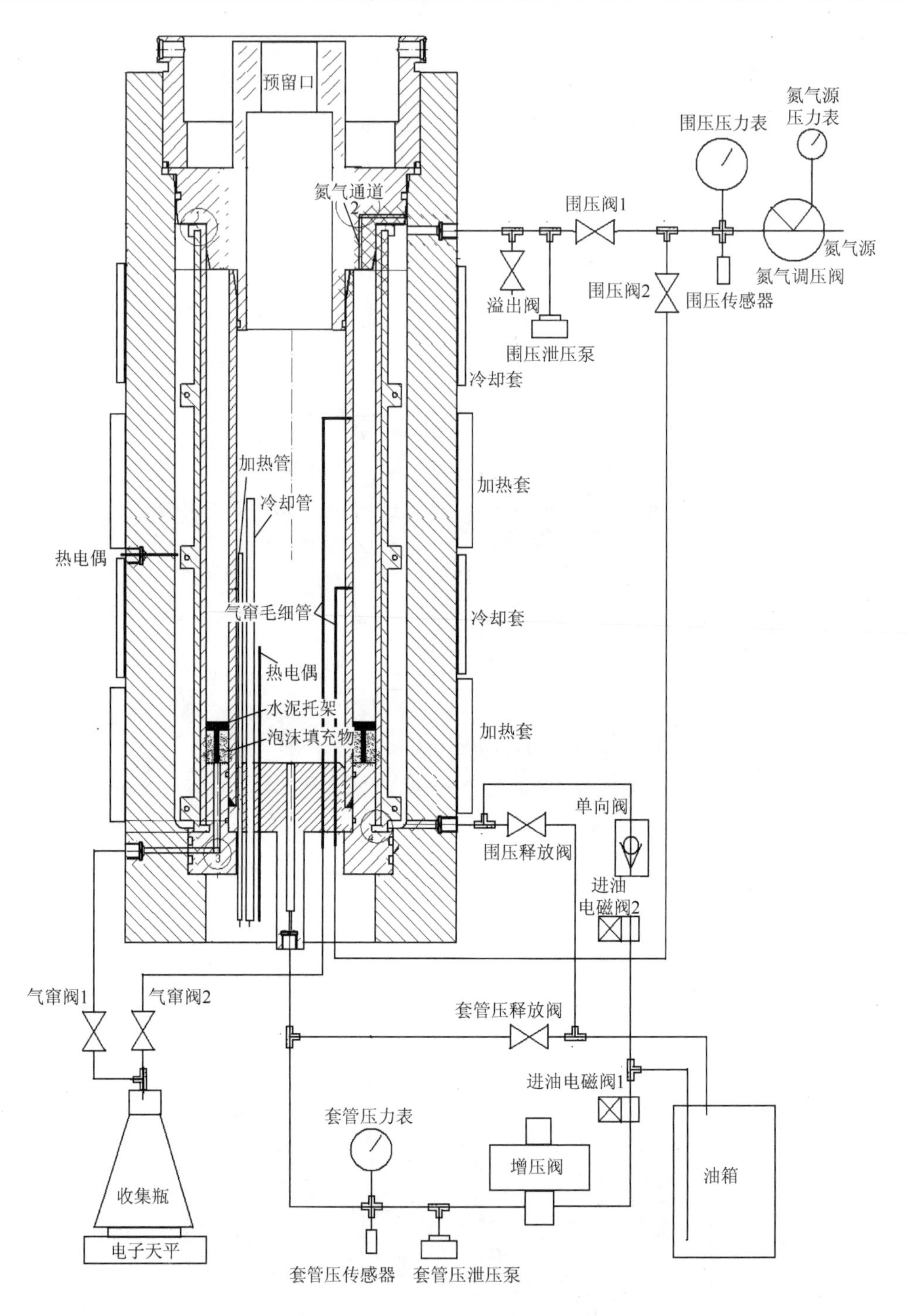

图 1-13　采用内加热的设备系统图

为了解决在 4-1/2″钢管内布置电加热设备影响声波测井装置工作的问题，引入了等压循环系统，即在外部放置一个与 4-1/2″钢管相同尺寸的容器，在该容器内对高温液压油进行升温、降温操作。通过等压循环泵将与釜体内 4-1/2″钢管内的液压油循环，实现升温、降温，同时达到了在与水泥环胶结的套管内不放置加热装置的目的，确保了声波测井装置的正常工作。

1.3.5　设备操作规程

（1）安装。在外部备有安装支座，首先把套管安装在底盘上，套上水泥支架，填充泡沫，套上胶套，再安装钢套，最后把胶套上端套好，整体吊入釜内。

（2）注浆。先注入少量水，浸湿泡沫，然后注入水泥浆，可以不注满。

（3）旋入釜盖和超声检测装置。连接套筒底部的管线接头和电路接线插头。

（4）水箱注满水，安装天平，连接电脑采集，摆好收集瓶，开启验窜通气阀。

（5）回油：套管回路，释放压力后开启套管上盖，油经套管压释放阀回油箱，围压回路，释放压力后开启溢出阀，油经围压释放阀回油箱。

（6）压力控制：套管回路由增压泵和泄压泵制定程序自动控制压力，围压回路由调压阀和泄压泵组成压力稳定控制。

（7）温度控制：釜体外部加热器（15000W）及冷却套、套管内部加热器（2000W）及冷却管，双温双控，套管内部可实现程序控温。

（8）压变、温变由英国欧陆 3504 控制器编辑程序，程序控制。测窜操作：开启围压阀 1 和气窜阀 1，对水泥环上下两端验窜，开启围压阀 1 和气窜阀 1，对水泥环中段验窜。

（9）结束：回油后，旋出釜盖和超声装置，整体吊出釜内套管等，安放在安装支座上。

第2章　压力过渡带长封固低密度充填水泥浆技术

由绪论可知，莺琼盆地高温高压生产井表层套管、技术套管固井压力系数小，存在泥沙地质薄弱层，且需要水泥浆返至泥线，易漏问题严重；9-5/8″套管固井封固段长，从井底到井口温差大，且属于压力过渡带，对固井技术的要求更高，高温大温差固井要求水泥浆既要保证高温下安全泵送，又要满足顶部水泥石早期强度发展较快给水泥浆设计带来的严峻挑战，这就促成了这一特色的长封固低密度充填水泥浆技术的诞生。

2.1　低密度水泥浆发展现状

20世纪60年代初期，在美国墨西哥湾、苏联、中东等地区已广泛成功地使用了以硅质充填物、水玻璃、膨胀珍珠岩、硅藻土等材料配置的低密度水泥浆，用这类材料配制具有满足实际固井应用强度的水泥浆最低密度是1.36g/cm^3。1976年以后，国外油田固井已研究出了两种超低密度水泥浆体系，一种是泡沫水泥浆，另一种是高强度空心微珠即漂珠水泥浆；后者密度最低可以到0.71g/cm^3，前者密度可低达0.91g/cm^3。1980年美国在西得克萨斯油田，使用泡沫水泥浆（失水＜310mL，密度为0.79～1.21g/cm^3），解决了该地区几个漏失层并混有硫化氢腐蚀水层和丙烷气层的水泥浆返高问题。但是低密度水泥浆由于外掺料和水灰比较大，一般具有较高的渗透性和较低的抗压强度，其应用受到了很大的限制。

20世纪末，在紧密堆积理论基础之上，设计出了一种高性能低密度水泥浆的配浆方法，这种方法基于干混合组分的正确选择，并优化配料的配比和粒度，使水泥浆的抗压强度、稳定性、流变性等性能受到水泥浆密度的限制很小，利用此方法配制出的低密度水泥浆的性能与常规密度水泥浆的各项性能指标基本一致。目前美国一些服务公司，采用密度为0.41g/cm^{3}的具有抗压缩高强度的空心玻璃微珠（即漂珠），称为可替代泡沫水泥的高强度低密度水泥浆，可降低水泥浆密度至1.01g/cm^3，其各种性能都能与常规水泥浆相当，渗透率也比常规水泥浆低数倍，并且成功在几大油田生产中应用，成为该领域的领先者。

20世纪80年代以来，长庆油气田的低压易漏层、辽河油田的低压稠油热采井，以及中原油田、克拉玛依油田的低压浅层易漏油气井，相继使用了粉煤灰低密度水泥浆、白土低密度水泥浆和漂珠低密度水泥浆等。随后又开发了化学泡沫低密度水泥浆和低密度高强水泥浆技术。

1. 低密度水泥浆分类

对于低密度水泥浆，国内外进行过较多研究，归纳起来有如下四类。

第一类：加入自身密度较大的减轻料，主要靠增大水灰比（水固比）来降低密度的低密度水泥。这类减轻材料有粉煤灰、硅藻土、膨胀珍珠岩、火山灰、水玻璃等，这一类减轻材料一般为一些吸水或增黏物质，其本身密度并不低，水泥浆密度取决于水灰比大小，也就是说以水做减轻材料，相同密度下，这类低密度水泥浆水灰比较大，可导致游离液增大、失水量难以控制、强度低、渗透率高，其优点是成本较低。这类减轻剂配制的低密度水泥浆的密度一般在 1.50g/cm^3 以上。

第二类：加入自身密度小于水的中空玻璃球或漂珠做减轻料而配制的低密度水泥。用这类材料作减轻料，可配制出比第一类密度更低（可低至 1.08g/cm^3）的低密度水泥浆，而且所用水灰比（水固比）较低，从而可使水泥石的强度较高，几乎达到了正常密度水泥浆的性能水平，但是成本较高。

第三类：钻井液转化为水泥浆技术（MTC），MTC 浆的密度可调至 1.32～1.6g/cm^3。目前 MTC 浆较多的是用作非产层部位的充填浆。

第四类：泡沫水泥。泡沫水泥是一种超低密度水泥，配制时采用机械的或化学的方法在水泥浆中充入气体（氮气或空气等），并加入表面活性剂以稳定泡沫。泡沫水泥的密度可低于 1.0g/cm^3，泡沫水泥用于地层承压能力非常低的情况。

2. 低密度减轻材料

1）漂珠

漂珠是一种能浮于水面的粉煤灰空心球，呈灰白色，壁薄中空，质量很轻，容重为 720kg/m^3（重质）、418.8kg/m^3（轻质），粒径约 0.1mm，表面封闭而光滑，热导率小，耐火度≥1610℃，是优良的保温耐火材料，广泛用于轻质浇注料的生产和石油钻井方面。漂珠的化学成分以二氧化硅和 Al_2O_3 为主，具有颗粒细、中空、质轻、高强、耐磨、耐高温、保温绝缘、绝缘阻燃等多种功能，现已广泛作为耐火材料原料之一。

漂珠的主要化学成分为硅、铝的氧化物，其中二氧化硅为 50%～65%，Al_2O_3 为 25%～35%。因为二氧化硅的熔点高达 1725℃，Al_2O_3 的熔点为 2050℃，均为高耐火物质。因此，漂珠具有极高的耐火度，一般达 1600～1700℃，使其成为优异的高性能耐火材料。①质轻、保温隔热。漂珠壁薄中空，空腔内为半真空，只有极微量的气体（N_2、H_2 及二氧化碳等），热传导极慢极微。所以漂珠不但质轻（容重 250～450kg/m^3），而且保温隔热优异（导热系数常温下为 0.08～0.1），这为其在轻质保温隔热材料领域大显身手奠定了基础。②硬度大、强度高。由于漂珠是以硅铝氧化物矿物相（石英和莫来石）形成的坚硬玻璃体，硬度可达莫氏 6～7 级，静压强度高达 70～140MPa，真密度为 2.10～2.20g/cm^3，与岩石相当。因此，漂珠具有很高的强度。一般轻质多孔或中空材料如珍珠岩、沸岩、硅藻土、海浮石、膨胀蛭石等均是硬度差、强度差，用其制的保温隔热制品或轻质耐火制品，都有强度差的缺点。它们的短处恰恰是漂珠的长处，所以漂珠就更有竞争优势，用途更广。③粒度细，比表面积大。漂珠自然形成的粒度为 1～250μm。比表面积为 300～360cm^2/g，和水泥差不多。因此，漂珠不需粉磨，可直接使用。细度可满足各种制品的需要，其他轻质保温材料一般粒度都很大（如珍珠岩等），如果粉磨就会大幅度增加容量，使隔热性大大降低。在这方面，漂珠有优势。电绝缘性优异。选去磁珠后的漂珠，是性能优异的绝缘材料，不导电。一般绝缘体的电阻均随温度的升高而降低，漂珠则相反，随温度的升高电阻增大。这一优点是其他绝缘材料都不具备的。所以，它可以制作高温条件下的绝缘制品。

2）膨润土

膨润土是一种黏土岩，亦称蒙脱石黏土岩，常含少量伊利石、高岭石、埃洛石、绿泥石、沸石、石英、长石、方解石等；一般为白色、淡黄色，因含铁量变化又呈浅灰色、浅绿色、粉红色、褐红色、砖红色、灰黑色等；具蜡状、土状或油脂光泽；膨润土有的松散如土，也有的致密坚硬。主要化学成分是二氧化硅、Al_2O_3和H_2O，还含有铁、镁、钙、钠、钾等元素，Na_2O和CaO含量对膨润土的物理化学性质和工艺技术性能影响颇大。蒙脱石矿物属单斜晶系，通常呈土状块体，白色，有时带浅红色、浅绿色、淡黄色等。光泽暗淡。硬度为1～2，密度为2～3g/cm^3。按蒙脱石可交换阳离子的种类、含量和层电荷大小，膨润土可分为钠基膨润土（碱性土）、钙基膨润土（碱土性土）、天然漂白土（酸性土或酸性白土），其中钙基膨润土又包括钙钠基和钙镁基等。膨润土具有强的吸湿性和膨胀性，可吸附8～15倍于自身体积的水量，体积膨胀可达数倍至30倍；在水介质中能分散成胶凝状和悬浮状，这种介质溶液具有一定的黏滞性、能变性和润滑性；有较强的阳离子交换能力；对各种气体、液体、有机物质有一定的吸附能力，最大吸附量可达5倍于自身的质量；它与水、泥或细沙的掺和物具有可塑性和黏结性；具有表面活性的酸性漂白土能吸附有色离子。

蒙脱石的性质和层间的交换性阳离子种类有很大关系。根据层间主要交换性阳离子的种类，通常蒙脱石分为钙蒙脱石和钠蒙脱石。蒙脱石有吸附性和阳离子交换性能，可用于除去食油的毒素、汽油和煤油的净化、废水处理；由于有很好的吸水膨胀性能，以及分散性、悬浮性及造浆性，因此用于钻井泥浆、阻燃（悬浮灭火）；还可在造纸工业中做填料，可优化涂料的性能，如附着力、遮盖力、耐水性、耐洗刷性等；由于有很好的黏结力，可代替淀粉用于纺织工业中的纱线上浆，既节粮又不起毛，浆后还不发出异味，可谓是一举多得。

总的来说，钠质蒙脱石（或钠膨润土）的性质比钙质的好。但世界上钙质土的分布远广于钠质土，因此除了加强寻找钠质土外就是要对钙质土进行改性，使它成为钠质土。

膨润土（蒙脱石）由于有良好的物理化学性能，可做黏结剂、悬浮剂、触变剂、稳定剂、净化脱色剂、充填料、饲料、催化剂等，广泛用于农业、轻工业及化妆品、药品等领域，所以蒙脱石是一种用途广泛的天然矿物材料。

美国在世界膨润土的研究中一直处于领先地位，国内膨润土产品的标准制定很多是以美国标准为蓝本。欧洲一些国家、日本、韩国也在部分产品上有较先进的技术。相对于国外，国内产品和市场开发相对缓慢，产品以常规产品为主。这与国内环境、政策及资源现状都有很大关系。

早期国内膨润土的研发主要集中在浙江，国内相对高档的产品也集中于此处生产，企业以浙江华特、浙江丰虹为代表。近几年，国内很多高校、科研院所在膨润土研究中也得到了很大的发展，拥有一系列膨润土深加工技术。比较有代表性的有武汉理工大学、中国矿业大学、中国地质大学、苏州非矿院、郑州院。中国非金属矿工业有限公司战略矿种为膨润土，在新疆、湖北、北京均有膨润土企业，产品涵盖冶金、钢铁、钻井、建筑防水等多领域。其技术中心以旗下企业为基础进行新产品开拓，在环保、新型防水、提纯等技术上获得大批科研成果和自主知识产权，并利用品牌优势与北京高校、科研院所、企业形成了较好的联合体，以其特有的优势和技术特长在华北地区形成了新的研发基地。

3）粉煤灰

粉煤灰也称飞灰（fly ash），是由机械收集装置或静电沉降装置从以煤为燃料的发电厂锅炉烟气中收集起来的粉状灰粒，是燃煤电厂排出的主要固体废物，也是建筑水泥中常见的组分之一。在混凝土中掺加粉煤灰可节约大量的水泥和细骨料；减少用水量；改善混凝土拌和物的和易性；增强混凝土的可泵性；减少混凝土的徐变；减少水化热、热能膨胀性；提高混凝土抗渗能力；增加混凝土的修饰性。其化学成分以二氧化硅、Al_2O_3 为主，并且含有 Fe_2O_3、CaO、Na_2O、K_2O 和 SO_2 等，是一种高分散度、大比表面积的固相集合体，其颗粒形态主要为非晶质相的空心微珠、无定形的碳粒、不规则玻璃体及其他矿物碎屑。粉煤灰矿物一般不以单体矿物状态存在，通常以多相集合体形式出现。粉煤灰的矿物组成以玻璃体和玻璃珠为主，还含有石英、莫来石、未燃尽的碳粒等。通常将氧化钙含量低于 10%的称为低钙粉煤灰，即普通粉煤灰，氧化钙含量高于 10%的称为高钙粉煤灰。粉煤灰的密度一般为 1.8～2.3g/cm^3，约是硅酸盐水泥的 2/3，粒径在 0.5～300μm 范围内，粉煤灰具有多孔结构，孔隙率一般为 60%～75%，一般比表面积为 2500～5000m^2/g，具有较强的吸附能力。

燃煤的种类、煤粉的细度、燃煤方式和温度，以及电厂除尘效率、排灰方式等决定了粉煤灰的物理特性。从表观色泽上看，氧化钙高的粉煤灰一般呈浅黄色，对于低钙粉煤灰，碳含量从低到高，其颜色则相应地从乳白色变至灰黑色。粉煤灰含碳粒越多，粒径越粗，其质量及均匀性就越低，作为外掺料则表现为需水量增大，反应活性减小，影响外加剂的掺量和作用。粒径和细度变小，可改善粉煤灰组成的均匀程度，提高粉煤灰质量，增加润滑性，从而减少需水量，增强粉煤灰的反应能力，提高保水能力。

粉煤灰的化学活性是指其中的可溶性二氧化硅、Al_2O_3 等成分在常温下与水和石灰缓慢持续地发生化学反应，生成不溶的硅铝酸钙盐的性质，也称火山灰活性。粉煤灰中的二氧化硅成分可以吸收水泥熟料水化析出的氢氧化钙，然后将粉煤灰颗粒表面的玻璃体溶解，这种溶解速度通常受水泥高浓度碱性水化物的影响，反应生成低钙硅酸水化物，同时降低体系中 Ca^{2+}的浓度，这就打破了水泥和粉煤灰的水化平衡，使水化反应持续进行。火山灰反应有赖于水泥水化反应产生的 Ca^{2+}和 OH^-等活性物质，其最终的强度与该类物质参与火山灰反应的程度有关。而水泥在水化过程中形成胶凝状的水化硅酸钙产物在 C_3S 表面沉淀，形成渗透率非常低的包裹层，阻止了水化的进一步发展，使水化速度迅速降低，同时水化生成物氢氧化钙的量也大大减少，导致火山灰反应比较缓慢。粉煤灰的早期化学活性是由粉煤灰中溶出的二氧化硅和 $A1_2O_3$ 的量决定的，而粉煤灰致密的玻璃态结构和坚固的保护膜致使粉煤灰具有低的火山灰活性，因此，若要提高粉煤灰早期的化学活性，就必须破坏玻璃体表面的 Si—O—Si 和 Si—O—Al 网络构成的双层保护层，使内部可溶性二氧化硅和 $A1_2O_3$ 的活性得到最大限度的释放。一般认为强碱对粉煤灰的 Si—O—Si 和 Si—O—Al 网络有较强的破坏解聚作用，是粉煤灰最有效的激发剂。粉煤灰在预处理过程中，强碱能够破坏玻璃体表面难水化的致密层，使内部易水化的玻璃体暴露出来。例如，石膏和氢氧化钙等激发剂与玻璃体内部活性较高的二氧化硅和 $A1_2O_3$ 反应生成水化硅酸钙和水化硫铝酸钙，发挥其胶凝特性，形成具有一定强度的固结物。

粉煤灰低密度水泥浆是依靠粉煤灰本身密度低于水泥，又具有较大的用水量来降低密度的，且其活性高可以代替部分水泥。粉煤灰能与水泥水化时析出的游离石灰反应生成稳定的低钙硅酸水化产物，不仅可以提高水泥石的强度，还能避免水泥中游离石灰水或者二氧化碳的侵析形成空隙，进而避免了含盐地下水进入水泥与含铝水化物反应引起水泥的腐蚀和破坏。粉煤灰低密度水泥不仅比其他低密度水泥具有较高的强度，而且具有较好的抗渗透性和抗硫酸盐腐蚀能力，可以保护套管，起到避免其过早腐孔，相应地延长了油井的使用寿命的作用。粉煤灰低密度水泥浆体系其浆体具有一定的触变性，可以防止流体侵层，也可以阻止浆体中游离水渗入地层而使水泥石收缩，这对提高低压易漏井段固井质量十分有利。粉煤灰低密度水泥浆体系的比表面积和水灰比较大，因而具有优越的流变性，其临界返速较低，很容易实现紊流顶替。

刘怀炯等阐述了在固井低密度水泥浆中粉煤灰超细玻珠复配轻集料对体系流变性能、强度、质量均匀性及密度的影响和作用机理。实验结果显示，该粉煤灰超细玻珠复配轻集料可以显著改善水泥浆的流动性、保水性，以及水泥与高效外加剂的相容性，明显提高水泥石抗压和抗折强度，且水泥浆具有良好的质量均匀性。杨振科等分析探讨了粉煤灰低密度混合材料水泥在水化反应过程中的作用机理，开发出了一种高效的能够适用于低温低密度体系的早强剂 DY，使得粉煤灰低密度水泥早期强度得到显著的提高。

采用粉煤灰作为水泥的减轻料时，由于粉煤灰的活性主要取决于非晶态的玻璃体成分及其结构，即玻璃体的含量越多，粉煤灰的化学活性越高，因此应选择玻璃体含量高的粉煤灰。可以通过调整用水量来实现粉煤灰不同掺量下的相同设计密度低密度体系。一般认为，粉煤灰掺量较小时，水泥石的收缩率较大；随着粉煤灰掺量的增加，水泥石的强度也逐渐增大；当掺量增加到与水泥成 1∶1 的质量比时其抗压强度最高，此时粉煤灰的用水量也接近其适宜需水量，如果再继续增大粉煤灰掺量，不但水泥浆密度下降不明显，还将影响水泥石强度的发展。

粉煤灰低密度水泥体系具有货源充足、价格低廉、节约水泥等优点，其使用在国外较普遍，国内从 20 世纪 80 年代初在部分油田有过使用，但是早期强度较低，密度只能降低到 1.44～1.85g/cm^3，且存在稠化时间长、析水大、水泥石强度低、渗透率高的问题，固井质量不尽如人意。在实际应用中，粉煤灰低密度水泥浆根据粉煤灰的掺量不同，可调节的水泥浆密度范围为 1.50～1.85g/cm^3。粉煤灰低密度水泥浆在长庆、大港、胜利获得大量推广应用，取得了好的固井效果。

按照粉煤灰颗粒形貌，可将粉煤灰颗粒分为：玻璃微珠；海绵状玻璃体（包括颗粒较小、较密实、孔隙小的玻璃体和颗粒较大、疏松多孔的玻璃体）；碳粒。我国电厂排放的粉煤灰中微珠含量不高，大部分是海绵状玻璃体，颗粒分布极不均匀。通过研磨处理，破坏原有粉煤灰的形貌结构，使其成为粒度比较均匀的破碎多面体，提高其比表面积，从而提高其表面活性，改善其性能的差异性。

粉煤灰的使用属“三废”（废水、废气、废渣）利用，因此成本低，货源广，使用粉煤灰低密度水泥具有良好的经济效益和显著的社会效益。

4）硅藻土

概念：一种生物成因的硅质沉积岩。由古代硅藻的遗骸组成，其化学成分主要为二氧化硅，此外还有少量 Al_2O_3、CaO、MgO 等。硅藻土主要用做吸附剂、助滤剂和脱色剂等。

硅藻土是一种硅质岩石，主要分布在中国、美国、丹麦、法国、苏联、罗马尼亚等国。我国硅藻土储量 3.2 亿吨，远景储量达 20 多亿吨，主要集中在华东及东北地区，其中规模较大，工作做得较多的有吉林、浙江、云南、山东、四川等省，分布虽广，但优质土仅集中于吉林长白硅藻土矿区，资源尤为丰富，其他矿床大多数为 3～4 级土，由于杂质含量高，不能直接深加工利用。

硅藻土由无定形的二氧化硅组成，并含有少量 Fe_2O_3、CaO、MgO、Al_2O_3 及有机杂质。硅藻土通常呈浅黄色或浅灰色，质软，多孔而轻，工业上常用来作为保温材料、过滤材料、填料、研磨材料、水玻璃原料、脱色剂及硅藻土助滤剂，催化剂载体等。显微镜下可观察到天然硅藻土的特殊多孔性构造，这种微孔结构是硅藻土具有特征理化性质的原因。

硅藻土作为载体的主要成分是二氧化硅。实验表明，二氧化硅对活性组分起稳定作用，且随 K_2O 或 Na_2O 含量的增加而加强。催化剂的活性还与载体的分散度及孔结构有关。硅藻土用酸处理后，氧化物杂质含量降低，二氧化硅含量增高，比表面积和孔容也增大，所以精制硅藻土的载体效果比天然硅藻土好。

天然硅藻土的主要成分是二氧化硅，优质者色白，二氧化硅含量常超过 70%。单体硅藻无色透明，硅藻土的颜色取决于黏土矿物及有机质等，不同矿源硅藻土的成分不同。

5）珍珠岩

珍珠岩是一种火山喷发的酸性熔岩，经急剧冷却而成的玻璃质岩石，因其具有珍珠裂隙结构而得名。珍珠岩矿包括珍珠岩、黑曜岩和松脂岩。三者的区别在于珍珠岩具有因冷凝作用形成的圆弧形裂纹，称珍珠岩结构，含水量 2%～6%；松脂岩具有独特的松脂光泽，含水量 6%～10%；黑曜岩具有玻璃光泽与贝壳状断口，含水量一般小于 2%。

决定膨胀珍珠岩原料工业价值的，主要是它们在高温焙烧后的膨胀倍数和产品容重。对化学成分的要求为二氧化硅占 70%左右；H_2O 占 4%～6%；Fe_2O_3+FeO 必须＜1%。

6）火山灰

火山灰是指由火山喷发形成而直径小于 2mm 的碎石和矿物质粒子。在爆发性的火山运动中，固体石块和熔浆被分解成细微的粒子而形成火山灰。它具有火山灰活性，即在常温和有水的情况下可与石灰（CaO）反应生成具有水硬性胶凝能力的水化物。因此磨细后可用作水泥的混合材料及混凝土的掺合料。

在一些火山灰质的混合料中，存在着一定数量的活性二氧化硅、活性 Al_2O_3 等组分。所谓火山灰反应就是指这些组分与氢氧化钙反应，生成水化硅酸钙、水化铝酸钙或水化硫铝酸钙等反应产物，其中，氢氧化钙可以来源于外掺的石灰，也可以来源于水泥水化时所放出的氢氧化钙。在火山灰水泥的水化过程中，火山灰反应是火山灰混合材中的活性组分与水泥熟料水化时放出的氢氧化钙的反应。因此，火山灰水泥的水化过程是一个二次反应过程。首先是水泥熟料的水化，放出氢氧化钙，然后是火山灰反应。这两个反应是交替进行的，并且彼此互为条件，互相制约，而不是简单孤立的。

2.2　PC-Litestone 低密高强水泥浆技术

2.2.1　PC-Litestone 低密高强水泥浆体系外掺料的优选

2.2.1.1　低密度水泥浆减轻材料选择原则

低密度水泥浆减轻材料的选择按照不同的选择标准可分为以下几类。

1. 按照减轻机理选择

低密度水泥浆在低压、易漏、低渗等油气层固井中有着广泛的应用，一般使用密度范围为 1.20～1.60g/cm^3。目前使用的低密度水泥浆体系按照减轻材料的减轻原理可划分为三类：第一类是以膨润土、粉煤灰、微硅、膨胀珍珠岩、火山灰等超细粉末为减轻材料，这一类减轻材料一般为吸水或增黏物质，其水泥浆密度的降低主要依靠较大的水灰比，使用密度范围一般为 1.40～1.60g/cm^3；第二类是依靠减轻材料本身的低密度来降低水泥浆密度，如硬沥青、细小的耐压中空微珠或陶瓷球等，这一类低密度水泥浆的密度主要取决于减轻材料本身的密度大小和掺量的多少，其密度范围一般为 1.30～1.60g/cm^3；第三类是以气体为减轻材料的充气泡沫水泥浆，这一类水泥浆的密度受水泥浆基浆密度、充气量和井底压力共同影响，其地表密度可低到 0.70g/cm^3，井下密度一般在 1.30g/cm^3 以上。

2. 照水泥浆力学稳定性选择

水泥浆静止候凝过程中，要求浆体的固相颗粒不发生分层离析，以达到预期封固高度和封固质量。在低密度水泥浆中，由于减轻剂本身具有很低的密度，其上浮趋势明显，水泥浆存在不稳定趋向。在水泥浆的特性中，对稳定性起重要作用的是水泥浆浆体的静切应力 τ_s 和塑性黏度 η_s，当 τ_s 和 η_s 匹配适当时，既能保证具有良好的流动性，满足施工要求，又保证浆体的稳定性。在图 2-1 所示的水泥浆中，颗粒直径为 d 的减轻材料密度为 ρ_0，小于浆体密度 ρ_s，减轻材料的运动趋势是向上，欲使减轻剂不向上漂，则浆体稳定的最小静应力应满足：

$$F_f-(\tau+G)=0 \tag{2-1}$$

即

$$\pi d^2\tau_s=F_f-G \tag{2-2}$$

从而

$$\tau_s=gd(\rho_s-\rho_0)/6 \tag{2-3}$$

式中，F_f 为减轻剂颗粒所受浮力，N；G 为减轻剂颗粒重力，N；τ 为减轻剂颗粒表面所受切力，N；τ_s 为保持浆体稳定的最小静切应力，Pa；d 为减轻剂颗粒的直径，m；ρ_s 为加减轻剂前浆体的密度，kg/m^3；ρ_0 为减轻剂的密度，kg/m^3；g 为重力加速度，9.8N/kg。

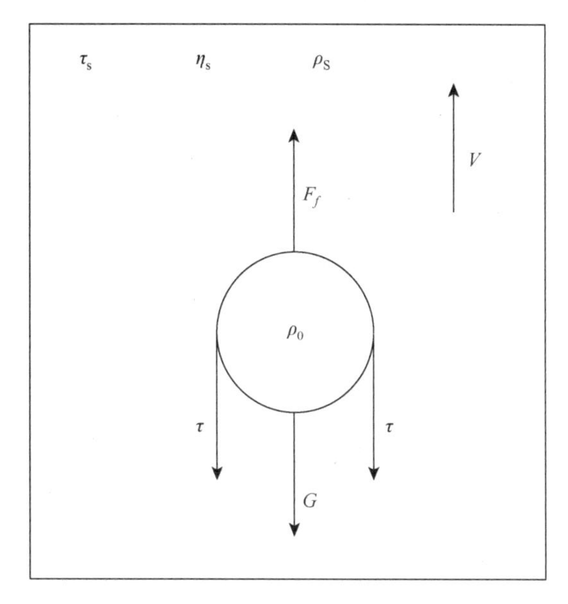

图 2-1　减轻材料在水泥浆中的受力分析

可见，在浆体密度 ρ_S 一定时，减轻剂颗粒直径 d 越大，保持浆体稳定所需的静切应力越大，减轻剂密度 ρ_0 越小，所需静切应力越大。因此，减轻剂应尽量选择颗粒尺寸较小，密度与浆体密度接近的，更容易保证浆体的稳定。

另外，塑性黏度 η_s 对浆体稳定性的影响，遵循斯托克斯定律：

$$V=(\rho_s-\rho_0)gd^2/18\eta_s \tag{2-4}$$

式中，V 为减轻剂上浮速率，m/s；η_s 为浆体的塑性黏度，Pa·s。

由式（2-4）可以看出，减轻剂的上浮速率与颗粒直径 d 的平方成正比，与浆体的塑性黏度 η_s 成反比。因此选择减轻剂时，应尽可能选择颗粒较细的，这与静切力的影响因素得出的结论是一致的。另外，在满足施工对流动性要求的前提下，可适当提高浆体的黏度，使减轻剂的上浮趋势降低，保持浆体的稳定。

2.2.1.2　减轻材料选择原则

在低密度水泥浆中，由于减轻材料的掺量很大，主体胶凝材料水泥所占的比例相对降低了很多，因此所设计的水泥浆体系的固体含量应尽可能高，利于实现紧密堆积，以降低水泥石的渗透率，提高水泥浆的强度，这就要求所选择的减轻材料表面吸附水量（或水化膜）尽可能少，并且有好的球形度。另外，由于惰性的减轻材料对水泥石的强度不能产生化学贡献，仅靠水泥很难获得相对高的强度，所以需要优先考虑具有活性的矿物材料，参与水泥的水化，增加水泥石的强度。

综合上述分析，选择低密度水泥浆的减轻材料应遵循以下三点原则：

（1）减轻作用明显，密度恒定，能有效降低水泥浆水固比，提高水泥浆固相量，利于实现紧密堆积。

（2）减轻剂应尽量选择颗粒尺寸较小的球形材料，在掺量的允许下，密度与浆体密度相接近，保持水泥浆浆体稳定。

（3）减轻材料具有反应活性，物理化学性能对水泥浆性能有贡献。

（4）材料的成本也应做适当的考虑，以便于扩大应用。

尽管漂珠很容易配制低密度高强度的水泥浆，但由于漂珠用途广泛，用量较大，目前漂珠价格越来越昂贵。与漂珠水泥浆不同，泡沫水泥浆与其他低密度水泥浆相比具有较低的成本，且可以满足固井质量方面的要求。

相对而言，粉煤灰是一种成本低廉，货源广的工业废料，将其掺入水泥中必然会降低水泥浆体系的成本，同时粉煤灰还具有密度稳定性好、强度高和抗腐蚀性强等特点。如果能通过对粉煤灰低密度水泥浆的进一步研究，开发出浆体稳定好、抗压强度高的低密度水泥浆体系，将是一项很有意义的研究工作。

为此，在选择减轻材料时优先考虑粉煤灰，在粉煤灰水泥浆性能达不到要求时考虑添加一定量的漂珠作为体系的有益补充来满足现场的需求。

2.2.1.3　减轻材料漂珠介绍

实验可选用的漂珠有 CP61（国产）、3M 公司漂珠（美国）、中海油服化学有限公司人工合成漂珠。

1. 国产漂珠 CP61 理化性能

国产漂珠来源于电厂的废弃物，是一种空心、密闭、壁薄、粒细的玻璃球体，其有效密度在 0.7g/cm^3 左右，直径为 30～100μm，壁厚只有颗粒直径的 5%～8%，一般为 0.2～2μm，能浮在水上，颗粒密度为 0.4～0.8g/cm^3，松散密度为 250～350kg/m^3。其化学成分主要有二氧化硅、Al_2O_3 和 Fe_2O_3 等。在相同的密度下，以空心微珠作为代表的低密度水泥浆相对于其他低密度水泥浆具有较小的水灰比，水泥浆具有较低的游离液含量、相对高的强度和较低的渗透率，水泥浆受井下环境（压力、温度）影响较小，综合性能较好，因此广泛用于各类低密度水泥浆的配置中（表 2-1、图 2-2）。

表 2-1　国产漂珠的化学组成及物理组成

商品名称		CP61 国产漂珠
化学组分及含量/%	二氧化硅	55～59
	Al_2O_3	35～36
	Fe_2O_3	3～5
	CaO	1.5～3.6
	MgO	0.8～4

续表

商品名称		CP61 国产漂珠
漂珠的特性	颜色	灰白色
	粒径/μm	15～250
	壁厚（占粒径的百分比/%）	5～30
	密度/(g/cm^3)	0.5～0.7
	视密度/(g/cm^3)	0.310～0.395

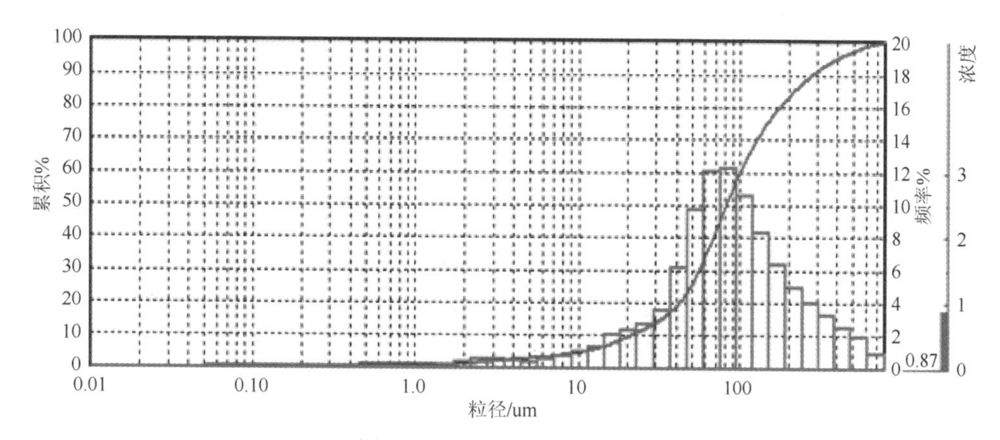

图 2-2　国产漂珠粒径分布图

2. 美国 3M 漂珠理化性能

美国 3M 公司的 HGS 系列玻璃微球是目前世界上强度最高、密度最轻的油井水泥浆和低密度钻井液的减轻剂及井筒润滑剂。拥有抗压强度 2000psi（14MPa）～18000psi（124MPa）[①]、密度 0.32～0.60g/cm^3 的七个系列，最低可把水泥浆密度降至 0.95g/cm^3，可把钻井泥浆密度降到 0.7g/cm^3。该玻璃微球在井下具有不可压缩性，能保持全井筒液柱密度的一致性和良好的流动性。因此，它在平衡地层压力固井、低密度钻井液等方面发挥着重要作用。

3M 公司的 HGS 系列 ss 中空玻璃微球是一种硅硼酸钙盐，不溶于水和油，具有不可压缩性，呈低碱性，与大多数的树脂类物质有兼容性，有润滑和改善流动性的功能。

3. 中海油服化学有限公司人工合成漂珠理化性能

产品具有合成工艺简单、产品性能可控、密度低及成本低廉的特点，批次的密度可以达到 0.2～0.8g/cm^3 可控，漂珠的扫描电镜图图片如图 2-3～图 2-6 所示。

技术优选考虑市场应用成熟的人工合成漂珠 PC-P62，且材料的性价比美国 3M 公司要高。

2.2.1.4　优选后的减轻材粉煤灰介绍

粉煤灰低密度水泥浆体系与纯漂珠水泥浆体系相比较，具有成本低，在可调应用

① 1psi = 6.89476×10^{3}Pa。

密度为 1.50～1.80g/cm^3 的范围内能达到固井施工所要求的抗压强度，具有较好的沉降稳定性，渗透率较低，同时还有抗硫酸盐腐蚀的能力。将粉煤灰作为水泥生产用原材料使粉煤灰变成一种有用的宝贵资源，不仅解决了粉煤灰本身对环境的污染和占地的问题，而且减轻了水泥浆工业对环境的污染，是水泥浆行业走持续发展道路的最好途径。

图 2-3　合成出后 1 倍大原始图片

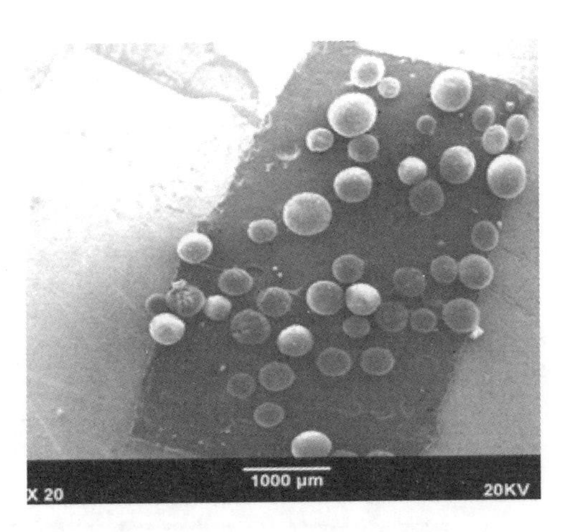

图 2-4　放大 20 倍的球体结构图

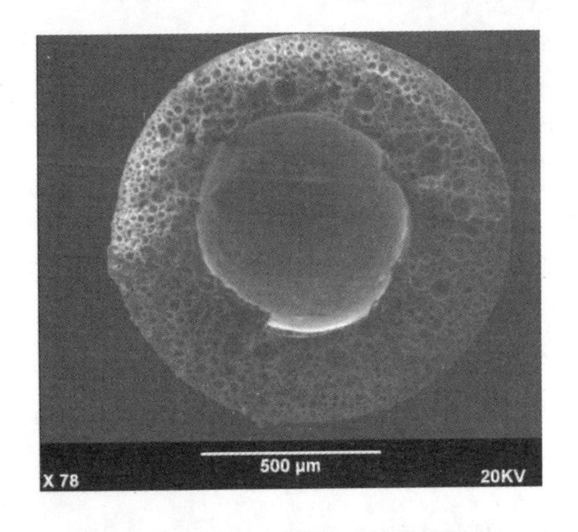

图 2-5　放大 78 倍的球体结构图

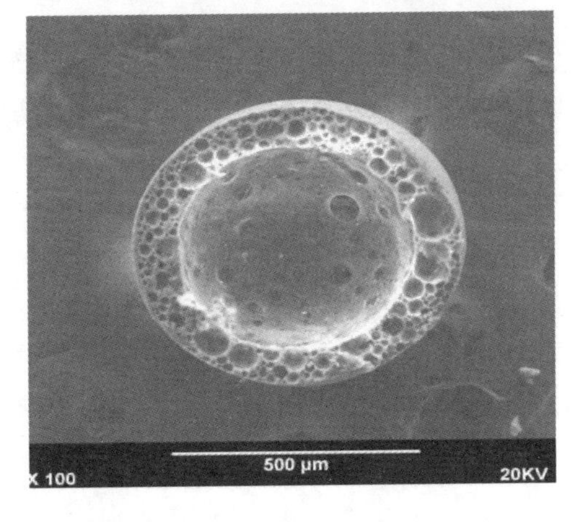

图 2-6　放大 100 倍的球体结构图

1. 优选的粉煤灰的物理性质

（1）表观色泽。对于低钙粉煤灰，其颜色从乳白色变至灰黑色，表示碳含量从低到高。而粉煤灰含碳粒越多，粒径越粗，则其质量及均匀性就越低，掺在水泥浆中表现为需水量增大，反应活性减小，影响外加剂的掺量和作用。氧化钙高的粉煤灰一般呈浅黄色。

（2）粒径和细度。粒径和细度变小，可改善粉煤灰组成的均匀程度，提高粉煤灰质量，增加水泥浆的润滑性，从而减少水泥浆的泌水量，增强粉煤灰的反应能力，提高保水能力，同时在一定的掺量范围（30%以下）及和易性条件下，尚有一些减水作用。

有时依据粒径和细度将粉煤灰分成三个等级：

细灰：级配细于水泥，主要用于钢筋水泥浆中取代水泥用作水泥混合材料。

粗灰（包括统灰）：级配粗于水泥，主要用于素水泥浆和砂浆中取代集料。

混灰：与炉底灰混合的粉煤灰，用作取代集料或用作水泥混合集料，尚需与熟料共同或分别磨细。

（3）密度。普通的粉煤灰的密度为 1.8～2.3g/cm^3。

（4）需水量、烧失量、含水率。

粉煤灰的需水量从本质上反映了其粒径、细度和含多孔碳粒、多孔玻璃体的多少。

烧失量是粉煤灰含碳量高低的一个重要指标，它的数值直接影响粉煤灰的分级。

含水率直接影响水泥浆的需水量、水灰比等，必须精确测量，以免因此影响水泥浆性能。

优选的粉煤灰具有密度低、含水率低、烧失量低、细灰等特点。

2. 优选的粉煤灰的化学组成与性质

1）电镜扫描实验

扫描电镜（SEM）是用聚焦电子束在试样表面逐点扫描成像。试样为块状或粉末颗粒，成像信号可以是二次电子、背散射电子或吸收电子。其中二次电子是最主要的成像信号。由电子枪发射的电子，以其交叉斑作为电子源，经二级聚光镜及物镜的缩小形成具有一定能量、一定束流强度和束斑直径的微细电子束，在扫描线圈驱动下，于试样表面按一定时间、空间顺序作栅网式扫描。聚焦电子束与试样相互作用，产生二次电子发射及背散射电子等物理信号，二次电子发射量随试样表面形貌而变化。二次电子信号被探测器收集转换成电信号，经视频放大后输入显像管栅极中，调制与入射电子束同步扫描的显像管亮度，得到反映试样表面形貌的二次电子像（图 2-7）。

2）X 射线衍射实验

X 射线是波长介于紫外线和 γ 射线间的电磁辐射。由德国物理学家 W.K.伦琴于 1895 年发现，故又称伦琴射线。波长小于 0.1Å 的称超硬 X 射线，在 0.1～1Å 范围内的称硬 X 射线，1～10Å 范围内的称软 X 射线。伦琴射线具有很高的穿透本领，能透过许多对可见光不透明的物质，如墨纸、木料等。这种肉眼看不见的射线可以使很多固体材料发生可见的荧光，使照相底片感光以及发生空气电离等效应，波长越短的 X 射线能量越大，叫作硬 X 射线，波长长的 X 射线能量较低，称为软 X 射线。实验室中 X 射线由 X 射线管产生，X 射线管是具有阴极和阳极的真空管，阴极用钨丝制成，通电后可发射热电子，阳极（就称靶极）用高熔点金属制成（一般用钨，用于晶体结构分析的 X 射线管还可用铁、铜、镍等材料）。用几万伏至几十万伏的高压加速电子，电子束轰击靶极，X 射线从靶极发出。电子轰击靶极时会产生高温，故靶极必须用水冷却，有时还将靶极设计成转动式的。

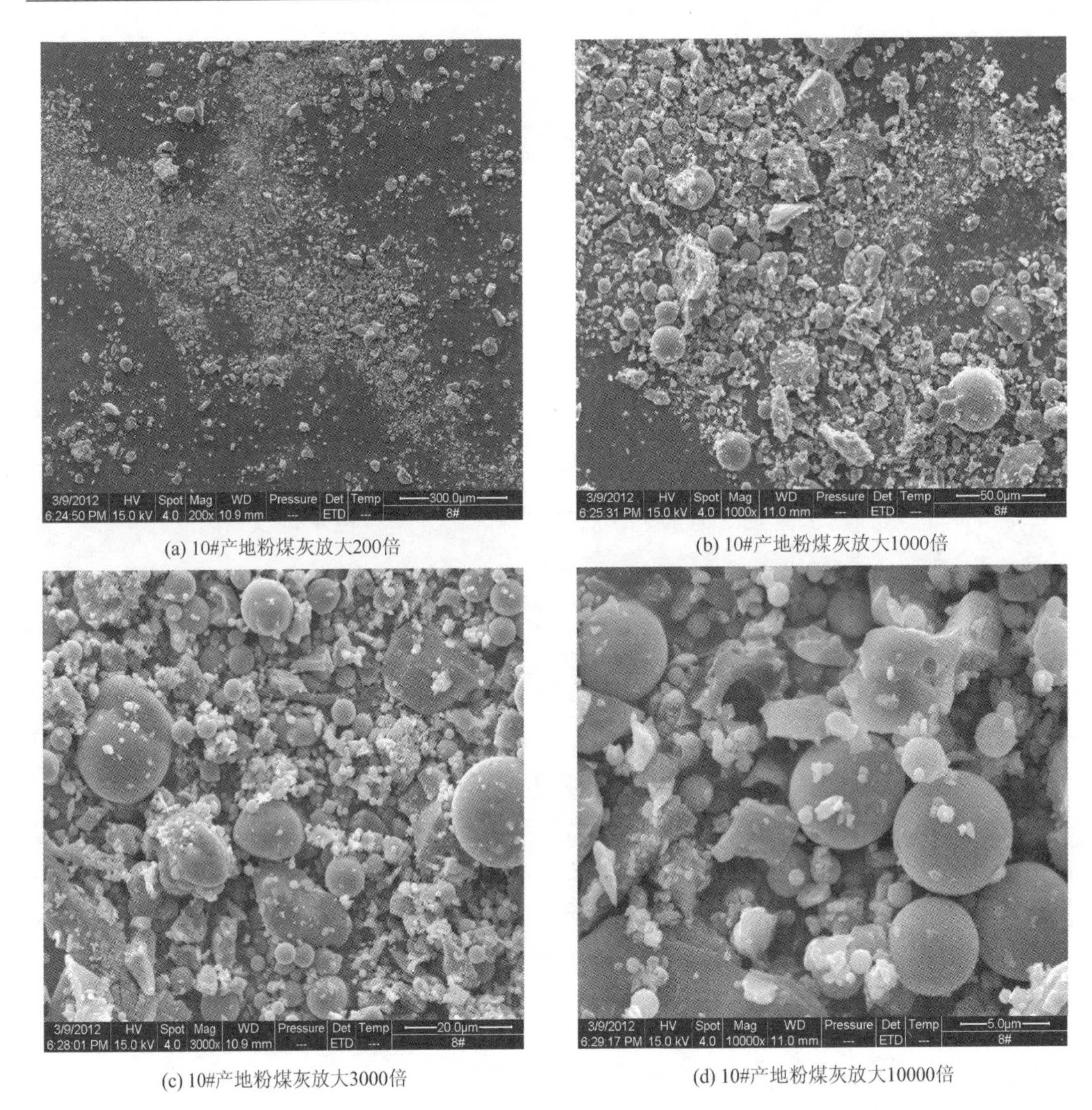

(a) 10#产地粉煤灰放大200倍　(b) 10#产地粉煤灰放大1000倍

(c) 10#产地粉煤灰放大3000倍　(d) 10#产地粉煤灰放大10000倍

图 2-7　10#产地粉煤灰电镜扫描

晶体结构可以用三维点阵来表示。每个点阵点代表晶体中的一个基本单元，如离子、原子或分子等。

利用德国 Bruker AXS D8-Focus X 射线衍射仪对 10#产地粉煤灰等材料进行 X 射线衍射定性分析各原料样品的成分组成（图 2-8）。

粉煤灰是一种火山灰质混合材料，它本身略有或不具备水硬胶凝性能，但当其为粉状及有水存在时，能在常温，特别是在水热（蒸汽养护）条件下，与氢氧化钙或其他碱金属氢氧化物发生化学反应，生成具有水硬胶凝性能的化合物，成为一种增加强度和耐久性的材料。

从图 2-8 可以得出，粉煤灰主要成分为莫来石（mullite）和石英（quartz）。莫来石是一系列由铝硅酸盐组成的矿物的统称。莫来石是铝硅酸盐在高温下生成的矿物，人工加热铝硅酸盐时会形成莫来石。天然的莫来石晶体为细长的针状且呈放射簇状。莫来石矿被用来生产高温耐火材料。粉煤灰的主要化学成分是二氧化硅、Al_2O_3、Fe_2O_3，这三种氧化物的含量一般占70%以上，不同的地区粉煤灰的化学组成相差很大。

粉煤灰的活性包括物理活性和化学活性两个方面。物理活性是粉煤灰颗粒效应、微集效应的总和，是一切与自身化学元素性质无关，又能促进制品胶凝活性和改善制品性能（如强度、抗渗性、耐磨性）的各种物理效应的总称，它是粉煤灰能够充分被利用的最有价值的活性，是早期活性的主要来源。化学活性是指其中的可溶性二氧化硅、Al_2O_3等成分在常温下与水和石灰缓慢持续地发生化学反应，生成不溶、安定的硅铝酸钙盐的性质，也称火山灰活性。需要说明的是，有些粉煤灰本身含有游离石灰，无须再加石灰就可与水显示该活性。

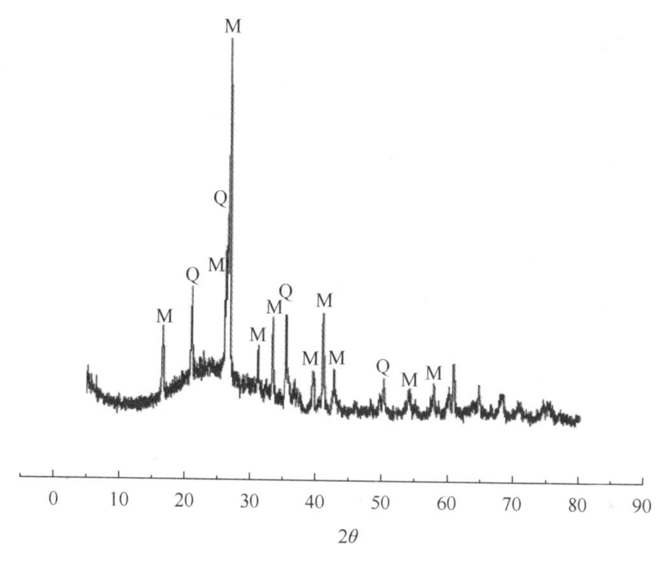

图2-8　10#产地粉煤灰样品的X射线衍射

M. 莫来石；Q. 石英

2.2.1.5　增强剂优选

1. 增强剂主要种类

1）水玻璃

常用的水玻璃分为钠水玻璃和钾水玻璃两类，俗称泡花碱。钠水玻璃为硅酸钠水溶液，分子式为$Na_2O·m\ SiO_2$。钾水玻璃为硅酸钾水溶液，分子式为$K_2O·m\ SiO_2$。土木工程中主要使用的是钠水玻璃。当工程技术要求较高时也可采用钾水玻璃。优质纯净的水玻璃为无色透明的黏稠液体，溶于水。当含有杂质时呈淡黄色或青灰色。

钠水玻璃分子式中的m称为水玻璃的模数，代表Na_2O和SiO_2的摩尔比，是非常重要的参数。m值越大，水玻璃的黏度越高，但水中的溶解能力下降。当m大于3.0时，只能溶于热水中，给使用带来麻烦。m值越小，水玻璃的黏度越低，越易溶于水。土木工程中常用模数m为2.6～2.8，既易溶于水又有较高的强度。

我国生产的水玻璃模数一般在2.4～3.3。水玻璃在水溶液中的含量（或称浓度）常用密度或者波美度表示。土木工程中常用水玻璃的密度一般为 1.36～1.50g/cm^3，相当于波美度 38.4～48.3。密度越大，水玻璃含量越高，黏度越大。

水玻璃能显著加快水泥浆的凝结时间。凝胶时间随水玻璃浓度和水灰比等因素的变化而变化。当水泥浆较稠时，随着水玻璃浓度的增加抗压强度增加；水泥浆浓度处于中间状态时，抗压强度基本没什么变化；水泥浆较稀时，随着水玻璃浓度的增加，抗压强度是降低的。

水玻璃模数和碱当量对碱-矿渣水泥的水化放热和凝结性能有重要影响。随着模数的增加，水化热降低，凝结时间延长，抗压强度先增加随后降低；随着碱当量的增加，水化热增加，凝结时间稍有延长，强度增加。比较合理的水玻璃模数 m 为 1.0～2.0，碱当量为矿渣质量的 3%～6%。

随着水玻璃模数的增大，粉煤灰基矿物聚合物的抗压强度增大，但是当模数超过 1.4 后，其抗压强度降低，且当模数大于 2.0 以后，其抗压强度显著降低。同时随着水玻璃含固量的增大，粉煤灰基矿物聚合物的抗压强度提高；对于钠水玻璃，水玻璃含固量为 32% 时，其抗压强度达到最大值，随水玻璃含固量继续提高，其抗压强度降低；而对于钠钾水玻璃，其抗压强度随着水玻璃含固量从 16%增大到 36%，而一直呈现提高的趋势。比较两种类型水玻璃激发效果发现：随着水玻璃模数和含固量的不同，钠水玻璃和钠钾水玻璃对粉煤灰的激发效果亦不同。在常温标准养护条件下，用模数为 1 且含固量为 32%的钠水玻璃和模数为 1.2 且含固量为 36%的钠钾水玻璃制得抗压强度分别为 38.5MPa 和 42.1MPa 的粉煤灰基矿物聚合物。

2）微硅

微硅：外观为灰色或灰白色粉末、耐火度＞1600℃。容重为 200～250kg/m^3。硅灰的化学成分包括：SiO_2、Al_2O_3、Fe_2O_3、MgO、CaO、NaO。

硅灰的细度：硅灰中细度小于 1μm 的占 80%以上，平均粒径在 0.1～0.3μm，比表面积为 20～28m^2/g。其细度和比表面积为水泥的 80～100 倍，粉煤灰的 50～70 倍。

颗粒形态与矿相结构：硅灰在形成过程中，因相变的过程中受表面张力的作用，形成了非结晶相无定形圆球状颗粒，且表面较为光滑，有些则是多个圆球颗粒黏在一起的团聚体。它是一种比表面积很大，活性很高的火山灰物质。掺有硅灰的物料，微小的球状体可以起到润滑的作用。

微硅作用：微硅粉能够填充水泥颗粒间的孔隙，同时与水化产物生成凝胶体，与碱性材料 MgO 反应生成凝胶体。在水泥基的砼、砂浆与耐火材料浇注料中，掺入适量的硅灰，可起到如下作用：①显著提高抗压、抗折、抗渗、防腐、抗冲击及耐磨性能。②具有保水、防止离析、泌水、大幅度降低砼泵送阻力的作用。③显著延长砼的使用寿命。特别是在氯盐污染侵蚀、硫酸盐侵蚀、高湿度等恶劣环境下，可使砼的耐久性提高一倍甚至数倍。④大幅度降低喷射砼和浇注料的落地灰，提高单次喷层厚度。⑤是高强砼的必要成分，已有 C150 砼的工程应用。⑥具有约 5 倍水泥的功效，在普通砼和低水泥浇注料中应用可降低成本，提高耐久性。⑦有效防止发生砼碱骨料反应。⑧提高浇注型耐火材料的致密性。在与 Al_2O_3 并存时，更易生成莫来石相，使其高温强度、抗热振性增强。

3）超细水泥

超细水泥的颗粒尺寸超细，其中位粒径 D50 可细至 1μm 以下，达到次纳米级，最大粒径

D_{max} 不超过 18μm，80%以上颗粒尺寸在 5μm 以下，颗粒细度水平达到或超过国外同类产品先进水平。这种颗粒尺寸的超细水泥制成的浆体具有很好的可灌性，可渗透入通常认为水泥颗粒无法渗透的细砂粉砂混合层、粉砂层和粉土层。它可在 4.0 以上高水灰比下使用，在高水灰比下具有较高的固砂强度，可满足灌浆加固施工要求，并实现高耐久性和低成本化。

超细水泥是一种理想的高性能超微粒水泥基灌浆材料，它具有与有机化学灌浆液相似的良好渗透性和可灌性，具有更高的强度和耐久性，且具有环保性，对周围环境无污染。可用于复杂土壤地质环境的建筑物基础加固、建筑物结构补强、建筑物的防水堵漏灌浆、大型设备的基础加固等工程，能表现出卓越的性能。

2. 优选的增强剂理化分析

1）电镜扫描实验

各种不同材料电镜扫描结果分析见表 2-2 和图 2-9～图 2-15 所示。

表 2-2　各种不同材料电镜扫描结果分析

样品种类	放大倍数	特征描述
10#产地超细水泥	×1000、×5000、×10000	微观形貌上看，较以前水泥样品更细，但具体粒度数值还需等待激光粒度结果，而且粒度分布更为均匀
13#产地微硅粉（浅色）	×4000、×10000、20000、×40000	粒度极细，分布均匀，规则光滑的球体，聚集成团，品质很好。能谱显示主要成分为二氧化硅
13#产地微硅粉（深色）	×200、×500、×1000、×4000、×10000、×20000	整体颗粒较大，也较为均匀，但是粒度很粗。制样过程中的轻轻碾压，即可观察到颗粒被压扁、破碎。猜想是小颗粒聚集成球。通过放大，发现同在 10000 倍和 20000 倍下，能观察到是小的圆球颗粒聚集成层，包裹而成，与 13#产地微硅粉（浅色）极为相似。应该属于同一种物质，但成形方式不同。深色硅粉是浅色硅粉凝聚而成的，机械强度差，极易破碎。能谱显示主要成分为二氧化硅，但还含有少量的铝组分
8#产地微硅粉-1	×500	不规则块状、片状，颗粒不均匀
8#产地微硅粉-2	×500	不规则块状，大量细屑
9#产地微硅粉-1	×500	不规则块状，大量细屑
9#产地微硅粉-2	×600	细屑状，分布相对均匀

(a) 放大100倍

(b) 放大100倍

(c) 放大100倍

图 2-9　10#产地超细水泥电镜扫描

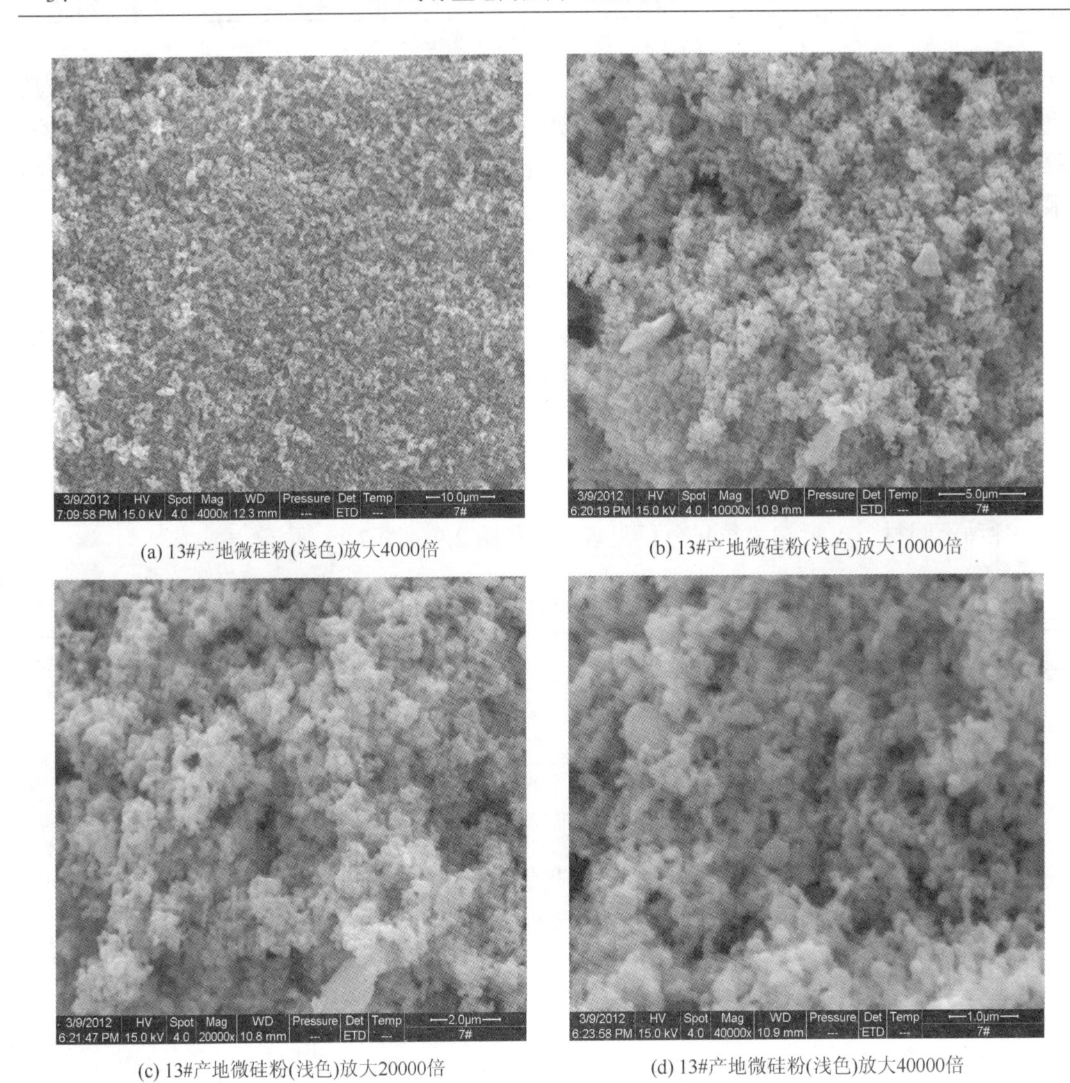

(a) 13#产地微硅粉(浅色)放大4000倍　(b) 13#产地微硅粉(浅色)放大10000倍

(c) 13#产地微硅粉(浅色)放大20000倍　(d) 13#产地微硅粉(浅色)放大40000倍

图 2-10　13#产地微硅粉（浅色）电镜扫描

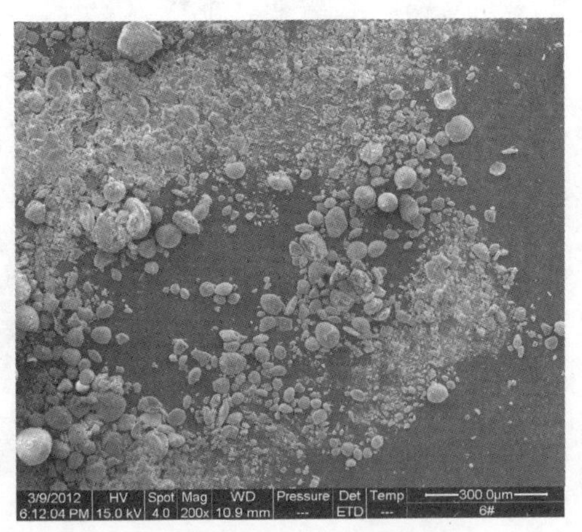

(a) 13#产地微硅粉(深色)放大200倍

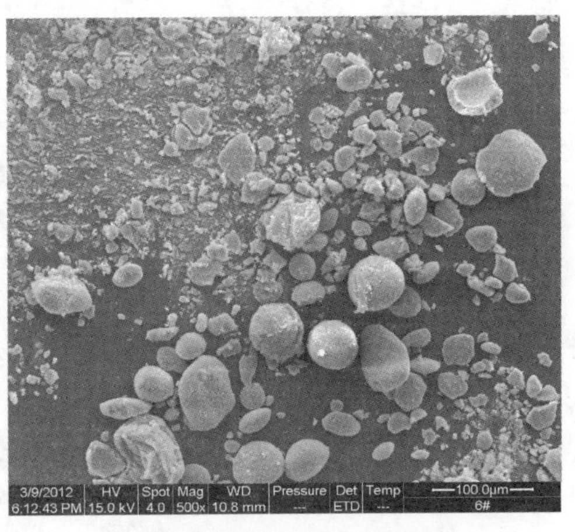

(b) 13#产地微硅粉(深色)放大500倍

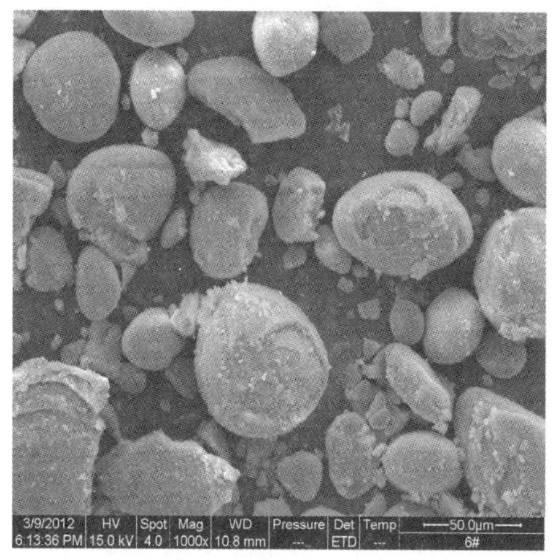

(c) 13#产地微硅粉(深色)放大1000倍

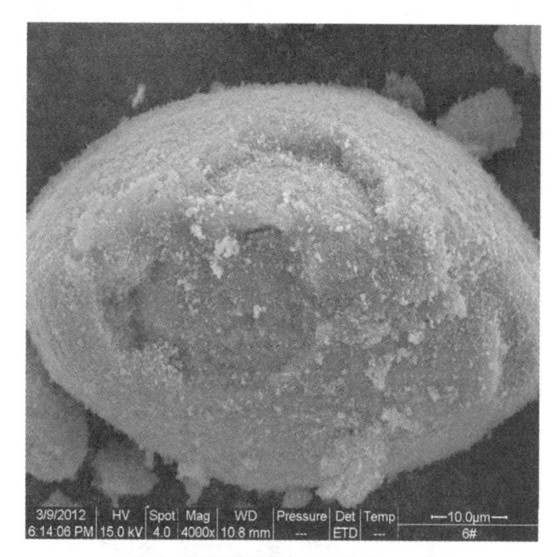

(d) 13#产地微硅粉(深色)放大4000倍

(e) 13#产地微硅粉(深色)放大10000倍

(f) 13#产地微硅粉(深色)放大20000倍

图 2-11　13#产地微硅粉（深色）电镜扫描

2）X 射线实验

空间点阵可以从各个方向予以划分，而成为许多组平行的平面点阵。因此，晶体可以看成是由一系列具有相同晶面指数的平面按一定的距离分布而形成的。各种晶体具有不同的基本单元、晶胞大小、对称性，因此，每一种晶体都必然存在着一系列特定的 d 值，可以用于表征不同的晶体。

X 射线波长与晶面间距相近，可以产生衍射。晶面间距 d 和 X 射线的波长的关系可以用布拉格方程来表示：

$$2d\sin\theta = n\lambda$$

根据布拉格方程，不同的晶面，其对 X 射线的衍射角也不同。因此，通过测定晶体对 X 射线的衍射，就可以得到它的 X 射线粉末衍射图，与数据库中的已知 X 射线粉末衍射图对照就可以确定它的物相。

图 2-12　8#产地微硅粉-1 放大 500 倍

图 2-13　8#产地微硅粉-2 放大 500 倍

图 2-14　9#产地微硅粉-1 放大 500 倍

图 2-15　9#产地微硅粉-2 放大 600 倍

利用德国 Bruker AXS D8-Focus X 射线衍射仪对 10#产地超细水泥、10#产地微硅粉等材料进行 X 射线衍射定性分析各原料样品的成分组成（图 2-16）。

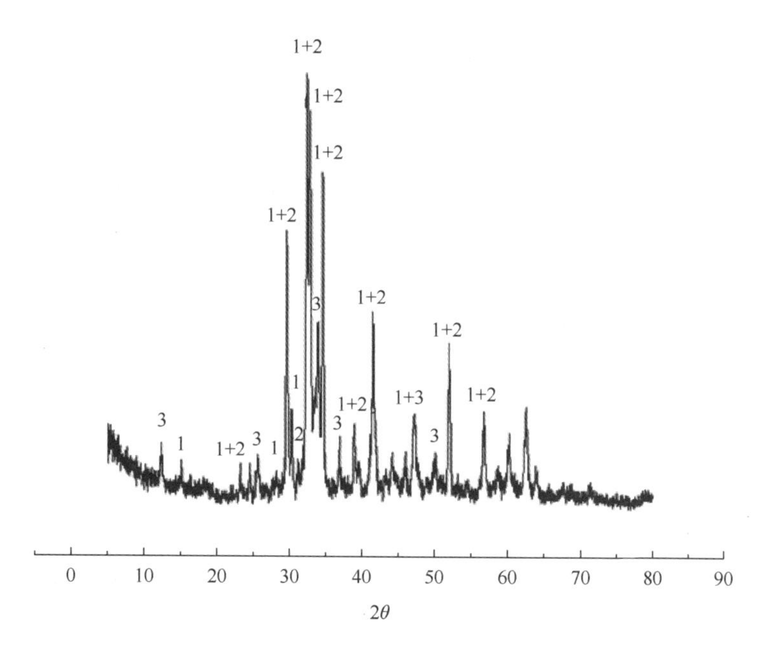

图 2-16　10#产地超细水泥样品的 X 射线衍射

1. C_3S；2. C_2S；3. C_4AF

从图 2-16 中可以得出，在成分上，其与普通水泥差别不大。

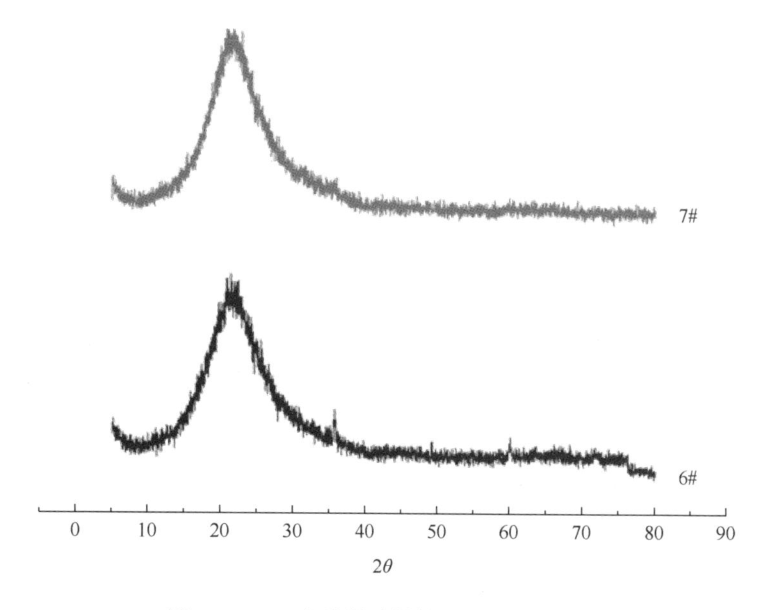

图 2-17　10#产地微硅粉样品的 X 射线衍射

从图 2-17 可以得出，由于微硅粉可能为固溶体，呈现非晶体结构，不能使用 X 射线

衍射测定成分。但是根据 SEM 点测，主要成分仍为 SiO_2。

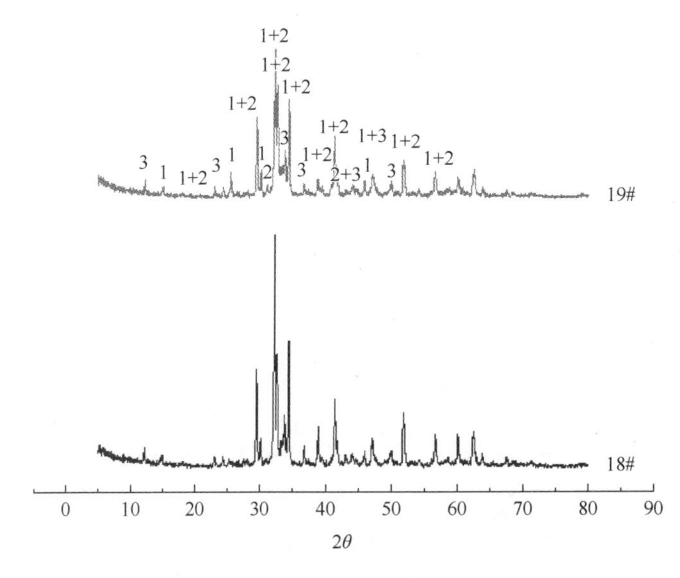

图 2-18　两种水泥样品的 X 射线衍射

1. C_3S；2. C_2S；3. C_4AF

从图 2-18 可以得出，两种水泥成分上几乎无差别。

2.2.1.6　外掺料的人工神经元网络技术

1. 人工神经元网络技术简介

本书依托 2012 年 11 月验收的科研项目“水泥浆颗粒级配技术研究”的最新成果，在此简单介绍人工神经元网络技术。

前期往往设计高性能的低密度油井水泥是利用 PVF 最大化原理，采用不同粒度的外掺料（减轻剂、增强剂等）进行颗粒级配，使单位体积水泥浆内的固相颗粒增加，尽量降低其水灰比，并且提高水泥石的抗压强度，降低其孔隙度和渗透率，实现水泥浆体系密度的要求和性能的优化。

由于配浆所需的原料种类众多，且原料物性差异大，各种影响因素相互关联，形成“超叠加效应”，非线性关系极强，曾经的颗粒级配模型仅能作为我们实验的基础理论。而人工神经元网络方法，在处理复杂系统的建模问题上表现出了极强的优越性，则成为优化水泥浆体系性能的得力助手。

BP 神经网络（back propagation neural network，BP 网络）也称误差反向传播神经网络，它是由非线性变换单元组成的前馈网络，是人工神经网络中应用最广的一种神经网络。

BP 神经元网络是一种映射表示法。它通过对简单的非线性函数进行复合来表达复杂的物理现象，具有自组织、自学习的特点，不需要预先对模型的形式、参数加以限制。网络只根据训练样本的输入、输出数据来自动寻找其中的相关关系，给出过程对象的具体数学表达。BP神经元网络是由输入层、隐藏层、输出层构成，同层各神经元互不相连，相邻的神经元通过权相互连接。它尤其适于处理同时需要考虑多种因素的非线性问题。

目前在材料性能预测领域，多数情况下无法建立完整的理论模型，因而只能借助于一些经验方法，如正交设计方法、经验公式回归方法和神经网络方法等。神经网络方法在水泥基复合材料性能预测领域中的应用时间还不长，目前采用的主要是两层或三层的BP神经网络进行性能预测，而在油井水泥中应用尚属首次。神经网络方法的优点是只要在训练网络时，将所有影响因素考虑在内，即可进行性能的预测，不必关心这些因素是如何对材料的性能造成影响的。另外，这种方法具有很强的处理离散数据的能力，其缺点是为了得到足够精确的预测结果，就需要有足够多的用于训练网络的试验值，此外神经网络方法也得不到材料性能与影响因素之间的解析表达式。

2. 模型建立

根据需要，本书选取了实际应用中最关注的低密度水泥浆体的密度、流变和强度三个性能作为主要的考察因素，先从实验中取得100组左右的流变、沉降均合格的不同密度的数据，据此建立数据库架构，在数据库和神经元模型建立后，再大量补充实验数据，完善数据库。

在数据库中，每一条完整的数据包含的内容见表2-3。

表2-3　数据库中记录的数据内容

原料数据	性能数据
粉煤灰总掺量、漂珠的种类和掺量、增强剂的种类和掺量	密度、流变仪300转读数、流变n值、强度

实际使用时，通常使用两种低密度减轻材料复配，由于原料库中有多种粉煤灰和漂珠，使用时根据需要从中选择一种或两种粉煤灰复配，以及一种增强剂，确定各自比例进行水泥浆配制。因此在数据计算时需要将原料的种类和比例分开集成到数据矩阵中。

将原料数据作为输入层，性能数据作为输出层，进行训练，可得到正向预测矩阵，在正向预测中，输入原料数据，即可得到性能数据，可以起到配合比的辅助验证作用（图2-19）。

将性能数据作为输入层，原料数据作为输出层，进行训练，可得到反向预测矩阵，在反向预测中，输入期望的性能，即可得到合适的原料数据，从而得到配合比，达到配合比预测的目的（图2-20）。

通过基础数据的正反向两次学习，可以得到正向预测矩阵和反向预测矩阵，从而可以灵活地进行双向预测。更新基础数据后，重新进行学习训练，得到新的矩阵即可，

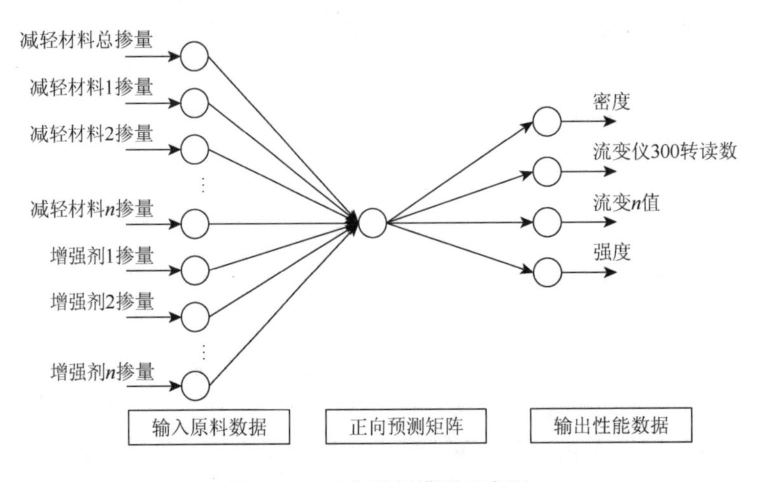

图 2-19　正向预测模型示意图

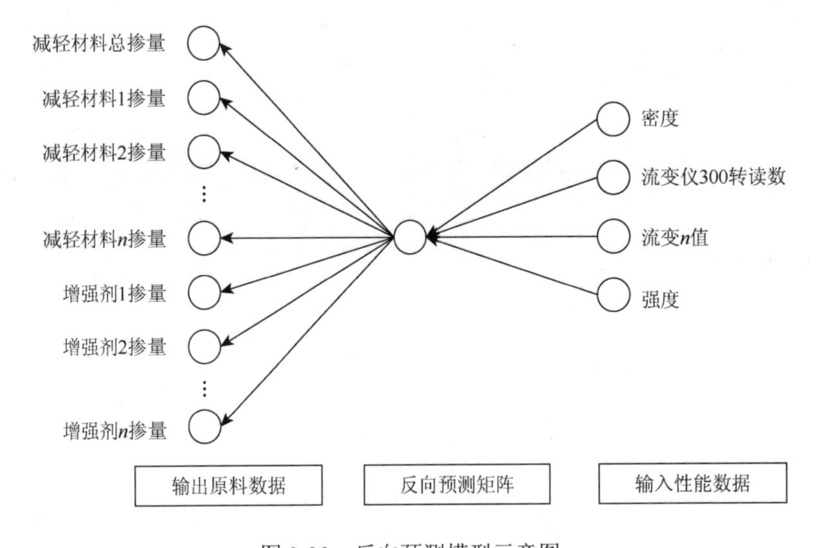

图 2-20　反向预测模型示意图

可以通过学习速率、最大训练次数、最小训练精度等神经元网络参数控制训练的精度和速度。

此外，软件系统中还加入了原材料数据库、配合比例表等辅助功能，方便进行基础数据的管理。数据库中合格数据的量越大，相关性越好，预测的结果也就更精准。

3. 人工神经元网络技术下的外掺料特性

利用人工神经元网络技术，经过大量实验，得到性能优良的水泥浆体系配方，对应水泥及外掺料的粒径如图 2-21～图 2-23、表 2-4 所示。

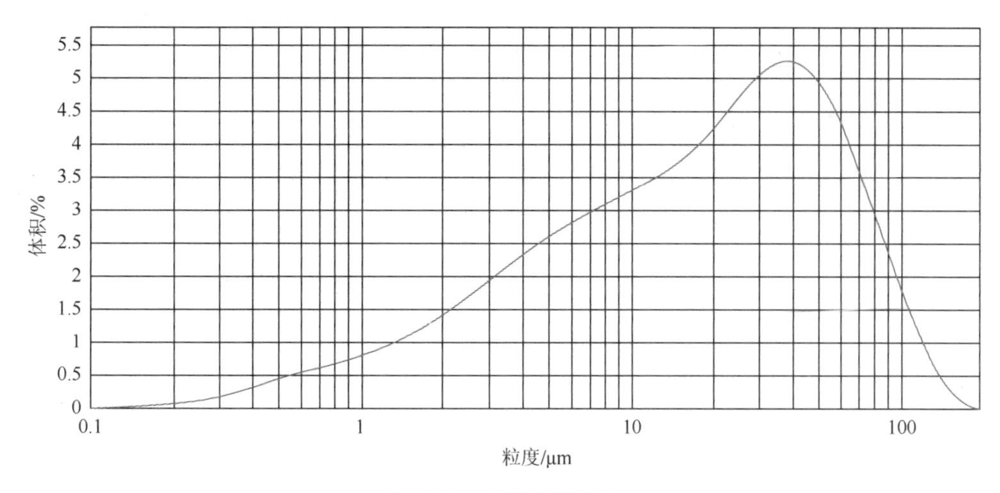

图 2-21　水泥粒径分布

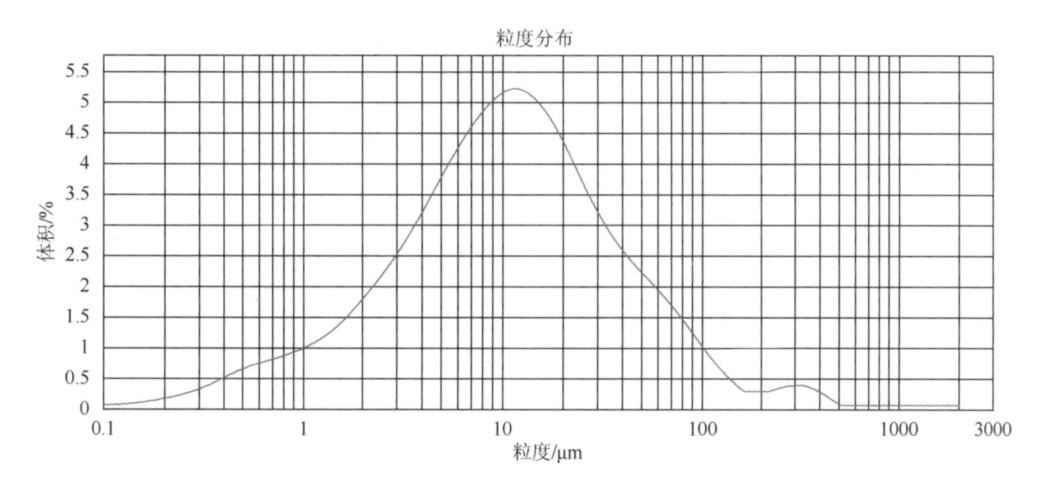

图 2-22　优选后的粉煤灰粒径分布

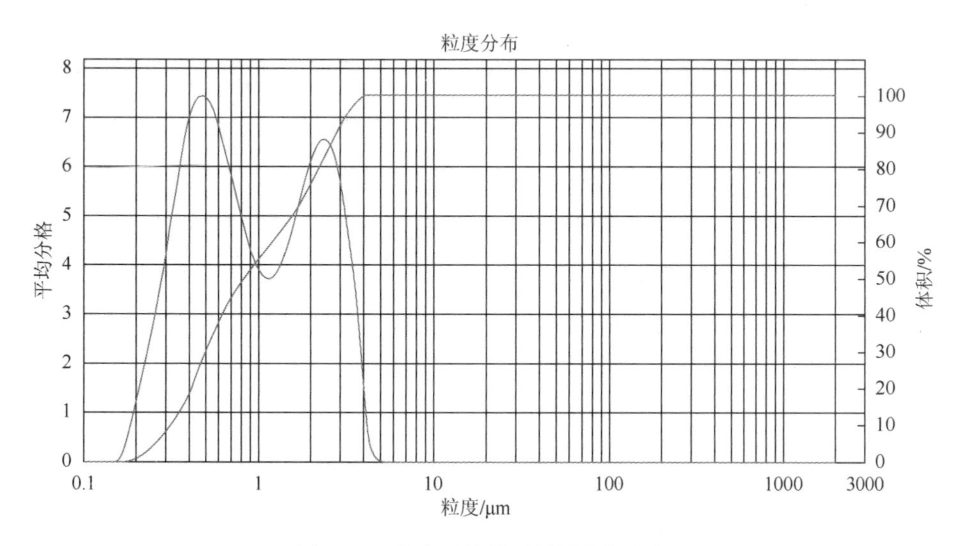

图 2-23　优选后的增强材料粒径分布

表 2-4　PC-Litestone 体系外掺料粒径表

材料	粒径范围/μm
油井水泥	10～60
减轻材料粉煤灰	1～30
增强材料	0.1～2

4. 水泥石致密度与水泥浆防窜关系

利用人工神经元网络技术，优选出的水泥浆体系，具有流动度大、自由液小、失水量小、流变参数好、稠化时间可根据施工要求任意调节、抗压强度高等优点，具有一定的防窜效果。据有关资料介绍，高压养护 48h 后水泥石强度大于 13.8MPa 时，用聚能射孔弹射孔对套管和水泥环无不利损坏。优选出的水泥浆试块成型后，试块无体积收缩，即具有相对膨胀性，由于微硅粉颗粒极细，仅相当于水泥颗粒的百分之几，因此，它能填补水泥孔隙，封闭流体通道，利于防窜。

针对水泥石的密实防窜性能，对 PC-Litestone 体系的 1.70g/cm^3 体系的水泥石进行电镜扫描分析，实验结果如图 2-24～图 2-26 所示。

图 2-24　1.7g/cm^3 水泥试样水化 16h 的 SEM 图谱（0%PC-GS12L）

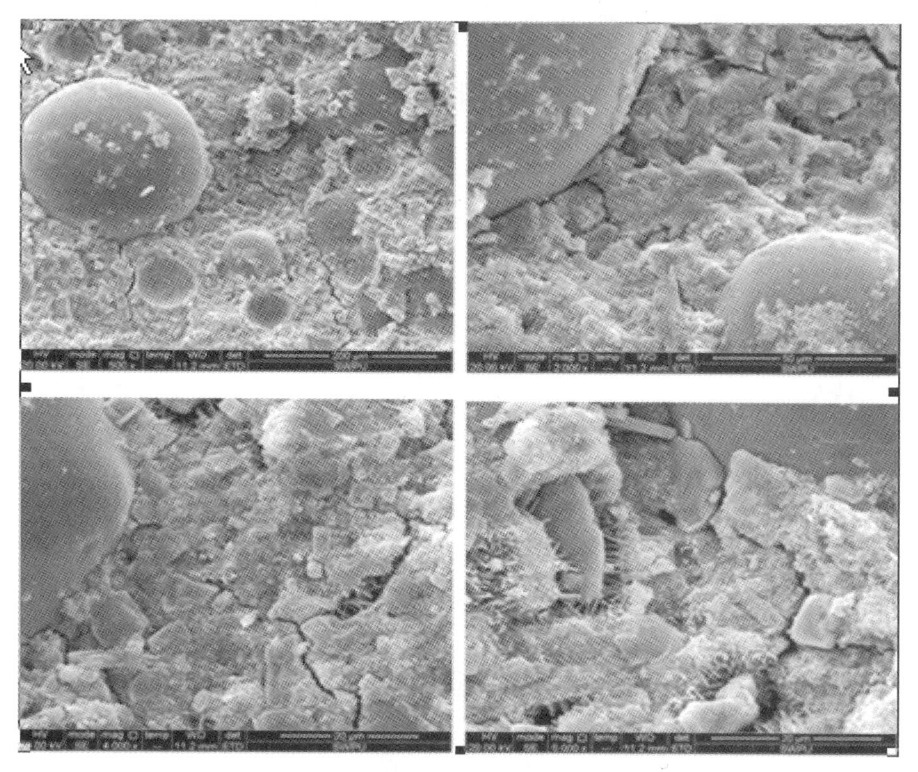

图 2-25　1.7g/cm^3 水泥试样水化 24h 的 SEM 图谱

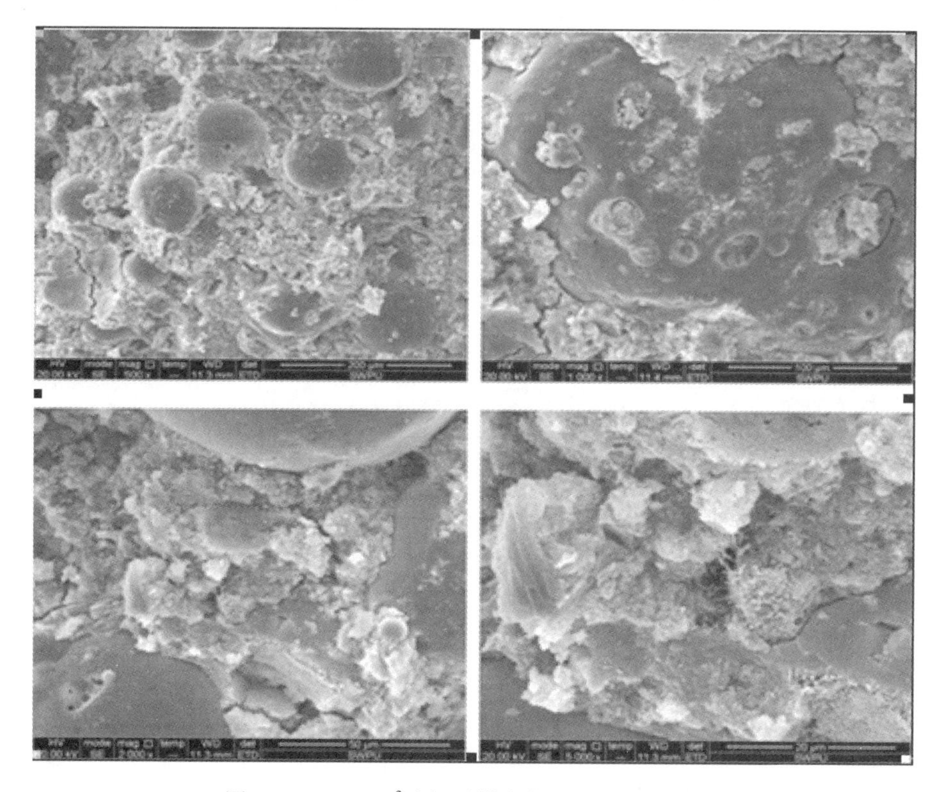

图 2-26　1.7g/cm^3 水泥试样水化 48h 的 SEM 图谱

实验结果表明：PC-Litestone 体系在 16h 时水化不够充分，还有较多的惰性材料未参与水泥的水化反应；到 24h 时，水泥及其外掺料水化较为充分，水泥石进一步密实；至 48h 后，水泥石的孔隙度进一步降低，水泥石的渗透性进一步降低，水泥石水化基本完成，表面形成较好的密实效果，有利于防窜。

5. 低密度水泥浆推荐配方

经过大量实验，依据人工神经元网络技术，最终优选的低密度配方如下：

低密度 1.80g/cm^3 配方推荐：100%G 级水泥+20%～25%减轻材 PC-P30+20%～30%增强剂 PC-BT3+水；

低密度 1.70g/cm^3 配方推荐：100%G 级水泥+30%～40%减轻材 PC-P30+20%～30%增强剂 PC-BT3+水；

低密度 1.60g/cm^3 配方推荐：100%G 级水泥+60%～70%减轻材 PC-P30+50%～60%增强剂 PC-BT3+水；

低密度 1.50g/cm^3 配方推荐：100%G 级水泥+90%～100%减轻材 PC-P30+80%～90%增强剂 PC-BT3+5%-6%PC～P62+水。

上述配方能够保证浆体的流动性及初步的稳定性，且能够满足较高的抗压强度，具有优良的防窜性能，综合考虑后上述配方为最优组合。

2.2.2 PC-Litestone 低密高强水泥浆体系外加剂的优选

PC-Litestone 低密高强体系的框架结构已经筛选完成，主要是以粉煤灰和漂珠为混合材的外掺料为主。对于外加剂，本体系最为关键的主要分为两大块。第一部分是以粉煤灰、漂珠、水泥为主材的早强剂、激活剂的优选，因为粉煤灰在大部分情况，特别是低温状态下活性较低，大掺量的粉煤灰混合材肯定强度发展缓慢，在一定程度上影响钻进效率；另外，体系需要低摩阻性能，同样需要筛选较好的分散剂，以提高浆体的流动性能。

2.2.2.1 粉煤灰激活原理及优选

1. 粉煤灰激活原理

粉煤灰的活性取决于其内部玻璃体的化学活性，玻璃体中可溶的 SiO_2 和 Al_2O_3 的含量、玻璃体的解聚能力。由于粉煤灰是在高温流态化条件下快速形成，冷却后大量粉煤灰粒子仍保持高温液态玻璃相结构，较为致密，从而阻碍了活性 SiO_2、Al_2O_3 的溶出；而且其结构中高硅、高铝、低钙的硅铝玻璃体网络[（Si，Al）O_4]$_n$ 结构牢固，不容易断裂形成[SiO_4]、[AlO_4]等单体，因此使粉煤灰具有低的火山灰活性，要提高其早期化学活性，必须破坏表面致密玻璃质外壳，使内部可溶性的活性 SiO_2、Al_2O_3 释放出来；使网络聚集体解聚、瓦解，使[SiO_4]、[AlO_4]四面体形成的三维连续的高聚合度网络解聚成四面体短链，进一步解聚成[SiO_4]、[AlO_4]等单体活双聚体等活性物，为下一步反应生成 C-S-H、C-A-H 等水硬性胶凝物质提供活化分子。

粉煤灰活性的激发方法分为物理激发、热力激发、化学激发、电极化激发及复合激发等。

（1）物理激发。粉煤灰活性的物理激发中应用最多就是将粉煤灰进行磨细加工，一方面，粉碎粗大多孔的玻璃体，解除玻璃颗粒黏结，改善表面特性，改善集料级配，提高粉煤灰物理活性（如形态效应、微集料效应）；另一方面，破坏玻璃体表面坚固的保护膜，使内部可溶性二氧化硅、Al_2O_3溶出，断键增多，比表面积增大，反应接触面增加，活化分子增加，粉煤灰早期化学活性提高。虽然机械粉磨激发粉煤灰活性工艺简单、成本较低，但研究表明，粉煤灰粉磨到比表面积为4000cm^2/g时，已经能充分发挥其物理活性效应，继续增加细度对提高其活性无明显作用，因此机械粉磨只适用于粗灰，对细灰的作用不是很明显，难以较大幅度地提高粉煤灰的活性。

（2）热力激发。粉煤灰活性的热力激活是指粉煤灰在蒸汽养护的水热条件下，其玻璃体网络的结构更容易被破坏，$[SiO_4]^{4-}$四面体聚合体解聚成单聚体和双聚体；而且温度越高，破坏作用越强，活性Al_2O_3、SiO_2更加容易溶出，从而加快了矿物结构的转移和水化产物的形成。王晓钧等对粉煤灰-石灰-水系统的研究证实了当温度升高或压蒸时间延长，粉煤灰中原有网络结构破坏，$[SiO_4]$四面体网络聚集体从高聚合度向低聚合度解聚，$[SiO_4]$单体和双聚体百分含量增加，有利于胶凝性物质生成。

（3）电极化激发。粉煤灰活性的电极化激发是指粉煤灰在电场中，其氧化物空间网络结构处于疲劳应力分子有序振动及不稳定能量状态，电子组态趋向于从价带越过禁带转向空导带，更加加剧了网络结构的潜在不稳定性，同时使得晶体各方面的缺陷得到集中表现，一旦具备必要的外界条件，空间网络结构很快发生破坏，化学反应速度急剧增加。例如，粉煤灰-水-激发剂的混合体系在交变高电压电流电磁场作用下，网络形成体被极化，网络调整体穿透作用加强，水分子发生转向且网络调整体阴阳离子集团、活性激化剂、活化水分子等对活化的网络形成体“左右开弓”，尤其在阳离子的晶格穿透穿梭作用的配合下，玻璃体外围空间结构频频解体，长键结构大量断裂，极大地提高了粉煤灰的活性。

（4）化学激发。常用的粉煤灰化学激发方法有酸激发、碱激发、盐激发等。

2. 适合低温环境下的激活剂优选

1）激活剂优选实验研究

综上所述，本书在实验室选取相关试剂进行试验，实验材料包括柠檬酸、草酸、硝酸钠、硫酸钠、亚硫酸钠、硫酸铵、草酸钠、氯化锂、硫酸铝、矿渣等，实验结果见表2-5。

表2-5 激活剂种类对水泥浆稠化与流变性能的影响

促凝剂种类	稠化时间/min	30～100Bc 转化时间/min	$\Phi3$	$\Phi6$	$\Phi100$	$\Phi200$	$\Phi300$
ACC-1	198	21	5	8	86	154	216
ACC-2	208	40（曲线不好）	5	56	100	143	275
ACC-3	174	51	8	11	85	146	198
ACC-4	223	曲线不好	30	44	135	217	283
ACC-5	198	25	3	5	56	100	143

续表

促凝剂种类	稠化时间/min	30～100Bc 转化时间/min	Φ3	Φ6	Φ100	Φ200	Φ300
ACC-6	360	曲线不好	5	8	92	165	229
ACC-7	267	40	4	6	63	115	164
ACC-8	172	31	4	6	76	138	190
ACC-9	189	（曲线不好）	49	63	158	227	—
ACC-10	152	19（曲线不好）	8	12	99	173	235

水泥浆配方：600gG 级水泥+238g 淡水+36gCG81L+6g 促凝剂，密度 1.90g/cm^3，BHCT=40℃。

实验结果表明，ACC-1、ACC-5、ACC-7、ACC-8 稠化时间较短，表明具有良好的早强作用，其次稠化曲线有规律，且稠化过渡时间相对较短，有利于体系的快硬早强作用，是作为激活剂筛选的理想原料。进一步优选出 ACC-1、ACC-5、ACC-7、ACC-8 进行组合，观察在低温 BHCT=20℃时稠化与强度的影响，实验结果见表 2-6。

表 2-6　激活剂与稠化时间、抗压强度的关系

密度/(g/cm^3)	BHCT/℃	激活剂种类	稠化时间	24h，25℃抗压强度/MPa
1.90	20	50%ACC-1+50%ACC-5	150min	8.4
		50%ACC-1+50%ACC-8	4h 未固化	—
		50%ACC-1+50%ACC-7	365min	7.4

水泥浆配方：800gG 级水泥+320g 淡水+48gCG81L+28g 促凝剂，密度 1.90g/cm^3，BHCT=20℃。

以上数据都是在常规密度下进行的实验，最终要把此种激活剂应用到低密度体系中，考虑到 ACC-1 成本较高，所以选择了氯化钠、硫酸钙、碳酸钠、三乙醇胺、硅酸钠、草酸钠、硫酸亚铁等具有促凝作用的低成本原材料作为筛选对象。实验结果见表 2-7。

表 2-7　密度 1.90g/cm^3 在 BHCT=20℃时的激活剂筛选

激活剂	BHCT/升温时间/实验压力	稠化时间/min	24h，25℃抗压强度/MPa
CAA-1	20℃/20min/6MPa	420 未稠化	未固化
CAA-2		220	11.5
CAA-3		180	14.7
CAA-4		230	8.1
CAA-5		255	11.4
CAA-6		230	13.2
CAA-7		300	19.0
CAA-8		240	15.0

水泥浆配方：800gG 级水泥 800g+330g 淡水+24gCG81L+10g 促凝剂，密度 1.90g/cm^3，BHCT=20℃。

由上面的数据分析得知，CAA-3、CAA-7、CAA-8 效果比较好，由于 CAA-3 成分简单，来源广泛，成本低廉，即使在低温 20℃时对稠化时间有很明显的缩短作用，起到了早强的作用，故优先选择CAA-3作为低温环境中的激活剂（表2-8）。

表2-8　CAA-3低温强度性能对比

CAA-3加量/g	BHST/℃	8h抗压强度/MPa	24h抗压强度/MPa
0	25	无强度	10.4
10		3.2	16.7
0	50	8.0	13.8
10		8.8	22.1

水泥浆配方：800gG级水泥+352g淡水+促凝剂CAA-3，密度1.90g/cm^3。

由上面的数据可以看出加量仅1.25%的CAA-3有很好的早强效果，24h的抗压强度也提高了近60%（表2-9）。

表2-9　激活剂CAA-3淡水评价

配方	CAA-3加量/%	8.3MPa，17minBHCT/℃	稠化时间/min	8h，32℃抗压强度/MPa/32℃	24h，32℃抗压强度/MPa
①	0	32	450	1.4	13.9
②	3	32	147	4.6	23.4

①水泥浆基浆（密度1.90g/cm^3）：792g山东G级水泥+349g淡水。
②CAA-3水泥浆配方（密度1.90g/cm^3）：山东G级水泥+44%淡水+3%CAA-3。

实验结果证明，CAA-3在低温低密度体系中能够很好地调整稠化时间，8h强度满足施工安全要求；且CAA-3来源广泛，价格低廉，组成简单，是较为理想的激活剂。

2）优选及改进后的激活剂PC-AJH性能评价

CAA-3由多种不同种类的无机盐类组成，但是它们之间的比例不一定是最优的，经过多次实验筛选和优化，最终确定了几种无机盐类的比例配方，为简单起见把配好的激活剂重新命名为AJH。

（1）激活剂与空白样对比。

针对AJH激活剂，使用1.60g/cm^{3}的配方，在淡水和海水两种情况下进行对比试验（表2-10、图2-27、表2-11）。

表2-10　1.60g/cm^{3}体系淡水体系性能对比（淡水低温32℃）

检验项目	基浆性能	AJH激活剂浆体性能
稠化时间（32℃，8.3MPa，17min）	450min	157min
24h强度（39℃，常压）	8.5MPa	19.2MPa

水泥浆基浆(密度1.60g/cm^3)：300g山东”G”级水泥+360g淡水+175g粉煤灰+155g增强剂PC-BT3+24.5g G80L+CX60L 2g消泡剂。

AJH水泥浆配方（密度1.60g/cm^3）：300g SD“G”级水泥+380g淡水+175g粉煤灰+155g增强剂PC-BT3+24.5g G80L+CX60L2g消泡剂+12.5%PC-A96L+10%PC-AJH。

表 2-11 1.60g/cm³ 体系海水体系性能对比（海水低温 30℃）

检验项目	基浆性能	AJH 激活剂浆体性能
稠化时间（30℃，5MPa，15min）	356min	154min
8h 强度（30℃，常压）	无强度	10MPa
24h 强度（30℃，常压）	6.8MPa	18.7MPa

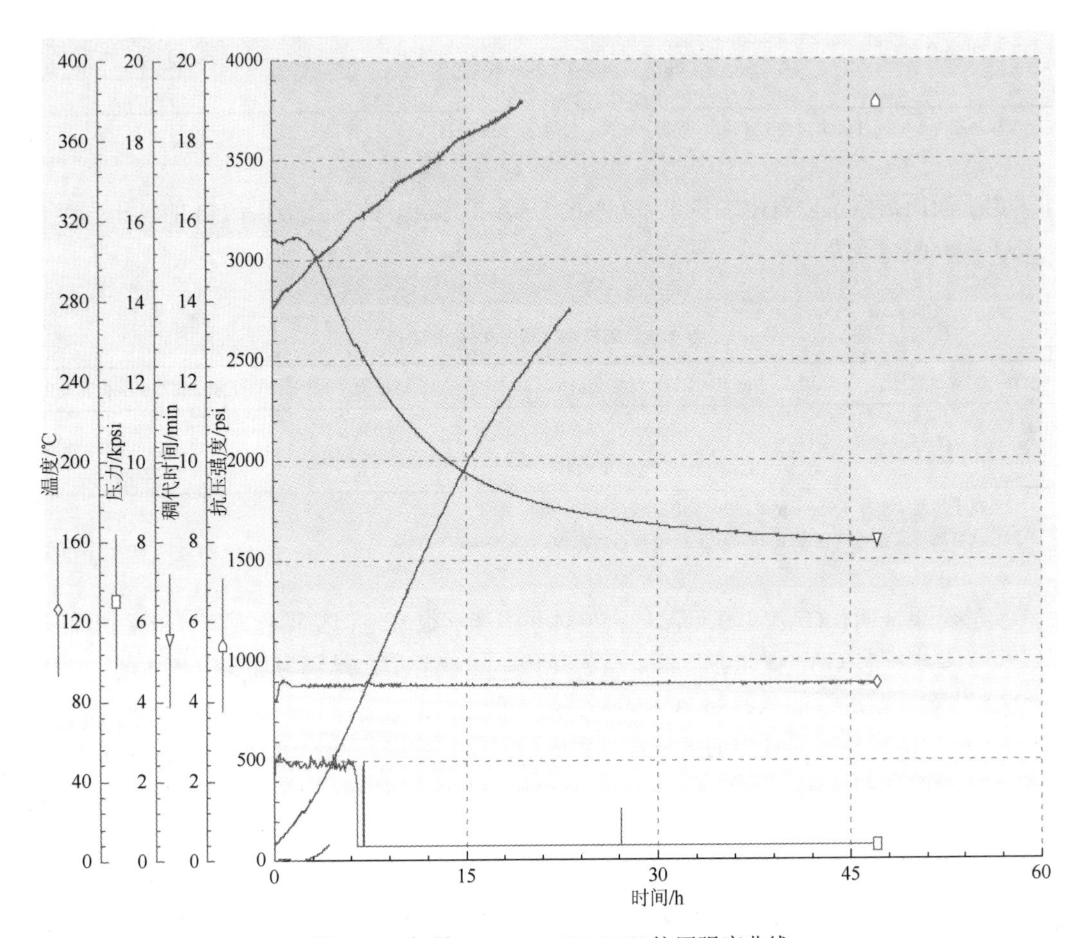

图 2-27 加量 10%AJH UCA/30℃抗压强度曲线

水泥浆基浆（密度 1.60g/cm³）：300g 山东”G”级水泥+380g 海水+175g 粉煤灰+155g 增强剂 PC-BT3+24.5g G80L+CX60L 2g 消泡剂。AJH 水泥浆配方（密度 1.60g/cm³）：300g 山东”G”级水泥+400g 海水+175g 粉煤灰+155g 增强剂 PC-BT3+24.5g G80L+CX60L2g 消泡剂+10%PC-AJH。

（2）激活剂与其他厂家早强剂对比。

表 2-12 不同早强剂 1.60g/cm³ 体系在 BHCT=26℃时的稠化时间及抗压强度性能对比

配方	检验项目	稠化时间	8h 强度	24h 强度/MPa
1	空白	＞8h	无强度	0.8
2	A90L	＞8h	无强度	1.2

续表

配方	检验项目	稠化时间	8h 强度	24h 强度/MPa
3	A90S	＞8h	无强度	1.9
4	A903L	＞8h	无强度	1.7
5	A904L	＞8h	无强度	2.0
6	G209L	＞8h	无强度	1.0
7	DA92S	440min	1.0MPa	5.1
8	AJH	6h	2.8MPa	9.6

配方 1：300g 山东”G”级水泥+180g 增强剂 PC-BT3+150g 粉煤灰+430g 淡水+18gG80L+ 2gX60L。

配方 2：300g 山东”G”级水泥+180g 增强剂 PC-BT3+150g 粉煤灰+420g 淡水+18gG80L+ 2gX60L+18gA90L+1.5g X60L。

配方 3：300g 山东”G”级水泥+180g 增强剂 PC-BT3+150g 粉煤灰+435g 淡水+18gG80L+ 2gX60L+18g A90S+1.5g X60L。

配方 4：300g 山东”G”级水泥+180g 增强剂 PC-BT3+150g 粉煤灰+420g 淡水+18gG80L+ 2gX60L+18g A903L+1.5g X60L。

配方 5：300g 山东”G”级水泥+180g 增强剂 PC-BT3+150g 粉煤灰+420g 淡水+18gG80L+ 2gX60L+18g A904L+1.5g X60L。

配方 6：300g 山东”G”级水泥+180g 增强剂 PC-BT3+150g 粉煤灰+420g 淡水+18gG80L+ 2gX60L+18g G209L+1.5g X60L。

配方 7：300g 山东”G”级水泥+180g 增强剂 PC-BT3+150g 粉煤灰+435g 淡水+18gG80L+ 2gX60L+18g DA92S+1.5g X60L。

配方 8：300g 山东”G”级水泥+180g 增强剂 PC-BT3+150g 粉煤灰+430g 淡水+18gG80L+ 2gX60L+1.8g A97L+30g A96L+24gAJH+1.5g X60L。

由以上可知：

（1）改进后的激活剂 PC-AJH 在淡水和海水体系中，相对空白体系表现出较好的强度发展性能；

（2）激活剂 PC-AJH 与其他常规早强剂体系对比，激活剂 PC-AJH 体系稠化时间可调，8h 快速起强度，24h 抗压强度表现出较大的优势。

2.2.2.2　低摩阻分散剂优选

作为一种非牛顿触变性液体，水泥浆流变参数“屈服值”与破坏颗粒间的相互黏结而产生运动的力有关。要对结构进行有效破坏，目前采用的最有效的方法是通过化学添加剂的吸附作用，降低结构和颗粒的结合力，达到稀释分散剂的作用。这类具有吸附分散作用的分散剂材料带有一定量的阴离子基团，是阴离子表面活性剂，在水泥浆中不起化学反应，它通过几个方面改变水化过程中水泥体系的内部结构以达到减阻的效果，就其机理来说，可以通过吸附、分散和释放游离水机理来提高水泥浆的流变性。在水泥浆的水化过程中，C_3A、C_2FA、C_3S 和 C_2S 将产生带不同电荷的水化产物，由于静电，水化产物相互吸引，形成包裹很多拌和水的絮凝结构，降低水泥浆的流动性；分散剂定向吸附于水泥颗粒表面，使水泥颗粒上带相同符号的电荷，在电性相斥下，形成絮凝结构分散解体。絮凝体内游离水释放，水泥浆的流动性得到提高。同时，由于分散剂的化学结构的特殊性，其类似的界面活性特性使其具有一定的润湿作用，分散剂的润湿作用会增加水泥颗粒的水化面积，影响水泥的水化速率和水分向水泥颗粒的毛细管渗透。这种渗透性越强，水泥水化越快，因此分散剂加入，在一定时间，能增加水向毛细管的渗透作用，使水泥初期水化加速、促进水泥早期强度发展。另外，分散剂在水相中离解后，因为具有强极性的亲水基团，如磺酸基，它们定向吸附于水泥颗粒的表面，和水分子以氢键形式缔合起来使水泥颗粒表面形成稳定的溶剂化水膜，这种空间壁障阻止了水泥颗粒间的直接接触，起到了颗粒间的润滑降阻分散作用。分散剂还可能引入一定量的微气泡，微细气泡被分子膜包围，产生与水泥质点具有相同符号的电荷，气泡与水泥颗粒间电性相斥使水泥颗粒分散，增加水泥颗粒间的滑动能力。分散剂也可能改变原来水泥颗粒的电荷，使其变成排斥电荷，将聚集体拆散成单个的颗粒，如果颗粒带有足够强的排斥电荷，其“屈服值”就下降，水泥浆的流变性因此得到改善和提高，有利于现场泵送作业施工（表 2-13）。

表 2-13　分散剂的品种与分散效果

性能分散剂	AV/(mPa·s)	PV/(mPa·s)	YP/Pa
净浆	114.5	50	64.5
CF44S	21	16	5
CF46L	8	6	2
CF41L	25	22	3

1.80g/cm^3 配方：500g 山东”G”级水泥 + 345g 淡水 + 120g 粉煤灰 + 130g 增强剂 PC-BT3 + 30g G80L + CX60L2g 消泡剂 + 5g 分散剂，实验温度 60℃。

不同性能的分散剂其体现的分散效果不同，研究分散剂分散效果的同时还要考虑分散剂的生物安全性、成本和使用方便性，一直以来大量实用化的萘磺酸盐由于其相对较差的生物毒性和使用效果，目前正逐步被低毒环保的甲醛丙酮缩合物代替，甲醛丙酮缩合物同时也具有较为优良的分散性能。

影响水泥浆体系中颗粒间相互作用的因素包括颗粒浓度、颗粒黏度分布、颗粒性质以及颗粒的电性和不同水泥相的反应性，水泥浆中的颗粒浓度决定了相互作用颗粒间的距离和相互连接以及生成像胶凝一样结构的可能性；而颗粒粒度分布，特别是大表面积的胶体部分是流变性的主要决定因素；水泥浆中的各种水泥相呈现不同的反应性，其差异大小影响着产生胶凝结构所需的时间，因此对水泥浆的黏度和凝胶特性产生影响。影响水泥浆黏度的水泥颗粒静电结合力是在水加到干水泥中后，固液界面上发生化学变化时形成的。钙离子从硅酸盐和铝酸盐相中溶解出来，然后在水泥颗粒表面生成硅酸钙水化物期间，又被重新吸收，这种表面分子电离或吸收溶液中的离子引起固液界面上带电。少量电荷使颗粒聚集，产生絮凝，然而大量电荷却产生排斥力，起到分散和稳定悬浮体结构的作用。分散剂的分散效果，对于每一个具体的品种而言，与其加量有关，见表 2-14。

表 2-14　分散剂加量对流变及稠化时间的影响

CF46L 加量	旋律黏度计在 200 转的读数（Φ200）	稠化时间/min
净浆	163	236
0.5%	150	220

续表

CF46L 加量	旋律黏度计在 200 转的读数（Φ200）	稠化时间/min
1.0%	152	270
1.5%	151	254
2%	165	252

1.80g/cm^3 配方：500g 山东”G”级水泥 + 345g 淡水 + 120g 粉煤灰 + 130g 增强剂 PC-BT3 + 30g G80L + CX60L2g 消泡剂 + 5g 分散剂，实验温度 60℃。

加入水泥浆中的分散剂通过在水泥颗粒表面的吸附而改变水泥颗粒的表面电性能从而起到稀释降黏的作用。虽然分散剂可以对水泥浆体系进行有效的流变性处理，但是，如果水泥浆体系中的颗粒带有足够强的排斥电荷，则水泥浆的“屈服值”就将变为零。分散剂并不是浓度越高，效果越好，对于许多分散剂产品，其加量与分散效果都对应一个最佳的浓度范围，需要进行试验研究确定，在一个结构不是太强的体系中，其 0.5%的加量可能最佳，但是在另外一些水泥浆的配方中，其加量可能要提高到 2%，最佳的分散剂浓度是能正好全部中和带正电的颗粒表面，达到最佳的分散效果，并使水泥结构的均匀性得到改善，渗透率和收缩率降低。分散过度也可能损害静电相互作用建立的微型结构，使颗粒不能悬住、失去均匀性、产生相分离，即水泥颗粒沉淀和自由水分离。分散剂的使用也可能产生我们所不希望的副作用，主要是水泥浆凝固延缓，特别是在低温下时，损坏水泥浆的触变性能以及抑制 $CaCl_2$ 的速凝作用，所以对水泥浆分散剂的选择应该针对不同的体系进行较为详细的研究和评价，这样达到浓度优化。

2.2.2.3　适合大温差缓凝剂优选

高温大温差固井要求水泥浆既要保证高温下安全泵送，又要满足顶部水泥石早期强度发展较快给水泥浆设计带来的严峻挑战。目前所用高温缓凝剂大部分是通过螯合水泥浆中的阳离子来阻止成核，从而起到缓凝作用。当水泥浆顶替到位后，由于水泥浆顶部温度低，缓凝剂对阳离子的螯合作用更强，很难在短时间内将离子释放出来，容易使顶部水泥浆强度发展缓慢，出现超缓凝现象，水泥浆固化 3 天甚至更长时间后无强度，从而延误后续施工进度，增加气窜危险。因此，急需研发出适用于长封固大温差水泥浆的缓凝剂，提高水泥石的顶部早期抗压强度，以满足高温深井长封固段大温差固井需要。

选取三个具有代表性的温度点 70℃、130℃、160℃进行稠化实验，每个温度点做三个加量变化，缓凝剂 H40L 评价实验结果见表 2-15。

表 2-15　不同温度不同缓凝剂加量下的稠化时间

实验温度/℃	序号	缓凝剂 H40L 加量/%	稠化时间/min
70	配方 1	0.25	145
		0.37	208
		0.50	252

续表

实验温度/℃	序号	缓凝剂 H40L 加量/%	稠化时间/min
130	配方 2	2.0	207
		2.5	251
		3.0	285
160	配方 3	2.5	180
		3.0	221
		3.5	240

通过表 2-15 可以很清楚地看到，在中温（70℃）、中高温（130℃）、高温（160℃）条件下，随着缓凝剂加量的增加，水泥浆稠化时间延长，缓凝剂加量和稠化时间具有很强的线性对应关系，这样就能很容易根据现场需要的施工时间调整缓凝剂加量，既方便又安全。实验结果表明，PC-H40L 缓凝剂温度敏感性小，加量增大和减少时，稠化时间规律明显。

2.2.3 PC-Litestone 低密高强水泥浆体系

1. 体系组成

PC-Litestone 低密高强水泥体系组成见表 2-16。

表 2-16　低密高强体系（PC-Litestone）基本组成

项目	内容
油井水泥	G 级油井水泥
固体减轻剂	PC-P30、PC-P61
增强剂	PC-BT3
混浆水	淡水
降失水剂	PC-G80L（S）
调凝剂	PC-H21L、PC-A97L、PC-AJH
消泡剂	PC-X60L

其他功能材料：膨胀剂 PC-B10、堵漏剂 PC-B62、分散剂 PC-F46L 等。

2. 体系常规性能评价

1）低密 1.80g/cm^3 体系常规性能

1.80g/cm^{3}PC-Litestone 低密高强水泥浆体系实验数据如表 2-17 所示。

表 2-17 1.80g/cm³PC-Litestone 低密高强水泥浆体系实验数据

项目	序号	温度/℃	稠化时间/min
稠化时间	配方 1	26	200
	配方 2	32	185
	配方 3	60	223
	配方 4	90	210
	配方 5	130	250
流变性能/(90℃)	Φ300/Φ200/Φ100/Φ60/Φ30/Φ6/Φ3 98/72/40/26/18/5/3，初始稠度＜15BC		
API 失水/(90℃)	36～48mL/30min	游离液	无
抗压强度	序号	温度/℃	24h 抗压强度/MPa
	配方 1	32	12.4
	配方 2	40	19.0
	配方 3	90	20.5
	配方 4	110	21.8
	配方 5	150	24.7

配方 1：500g 山东”G”级水泥＋350g 淡水＋120g 粉煤灰＋130g 增强剂 PC-BT3＋15g G80L＋6g F46L＋激活早强剂 10g PC-AJH＋15g PC-A96L＋CX60L 2g 消泡剂。

配方 2：500g 山东”G”级水泥＋350g 淡水＋120g 粉煤灰＋130g 增强剂 PC-BT3＋15g G80L＋6g F46L＋激活早强剂 5g PC-AJH＋10g PC-A96L＋CX60L 2g 消泡剂。

配方 3：500g 山东”G”级水泥＋345g 淡水＋120g 粉煤灰＋130g 增强剂 PC-BT3＋20g G80L＋6g F46L＋CX60L 2g 消泡剂。

配方 4：500g 山东”G”级水泥＋345g 淡水＋120g 粉煤灰＋130g 增强剂 PC-BT3＋30g G80L＋6g F46L＋缓凝剂 H21L（0～1.7g）＋CX60L 2g 消泡剂。

配方 5：300g 山东”G”级水泥＋270g 淡水＋粉煤灰 120g＋160g PC-BT3＋硅粉 105g＋30g PC-G80L＋H40L 缓凝剂 6g＋6g F46L＋2g 消泡剂。

2）低密 1.70g/cm³ 体系常规性能

1.70g/cm³PC-Litestone 低密高强水泥浆体系实验数据如表 2-18 所示。

表 2-18 1.70g/cm³PC-Litestone 低密高强水泥浆体系实验数据

项目	序号	温度/℃	稠化时间/min
稠化时间	配方 1	32	未做
	配方 2	72	200
	配方 3	85	305
	配方 4	100	280
	配方 5	110	510
流变性能（90℃）	Φ300/Φ200/Φ100/Φ60/Φ30/Φ6/Φ3 120/89/51/34/20/6/4，205/160/105/85/55/20/10 初始稠度＜20BC		
API 失水（90℃）	32～48mL/30min	游离液	无
抗压强度	序号	温度/℃	24h 抗压强度/MPa
	配方 1	40	14.5
	配方 2	90	14
	配方 3	115	17

续表

项目	序号	温度/℃	稠化时间/min
抗压强度	配方 4	130	29
	配方 5	130	—

配方 1：300g 山东”G”级水泥 + 360g 淡水 + 175g 粉煤灰 + 155g 增强剂 PC-BT3 + 24.5g G80L + CX60L 2g 消泡剂 + 12.5%PC-A96L + 5%PC-AJH。

配方 2：350g 山东”G”级水泥 + 360g 淡水 + 175g 粉煤灰 + 105g 增强剂 PC-BT3 + 24.5g G80L + 2gCX60L + 缓凝剂 H21L。

配方 3：300g 山东”G”级水泥 + 105g 增强剂 PC-BT3 + 324g 淡水 + 30g G80L + 2g H41L + 2gX60L + 150g 粉煤灰 + 90g 硅粉。

配方 4：350g 山东”G”级水泥 + 105g 增强剂 PC-BT3 + 175g 粉煤灰 + 360g 淡水 + 2g H21L + 24.5gG80L + 2gX60L + 90g 硅粉。

配方 5：300g 山东”G”级水泥 + 105g 增强剂 PC-BT3 + 324g 淡水 + 30g G80L + 6g H41L + 2gX60L + 150g 粉煤灰 + 90g 硅粉。

3）低密 1.60g/cm^3 体系常规性能

1.60g/cm^{3}PC-Litestone 低密高强水泥浆体系实验数据如表 2-19 所示。

表 2-19　1.60g/cm^{3}PC-Litestone 低密高强水泥浆体系实验数据

项目	序号	温度/℃	稠化时间/min
稠化时间	配方 1		480 未稠化
	配方 2		480 未稠化
	配方 3	26	480 未稠化
	配方 4		440
	配方 5		360
	配方 6	32	—
	配方 7	61	310
流变性能（90℃）			*Φ*300/*Φ*200/*Φ*100/*Φ*60/*Φ*30/*Φ*6/*Φ*3 67/50/32/23/18/7/5，初始稠度＜15BC
API 失水（90℃）	36～246mL/30min	游离液	无
	序号	温度/℃	24h 抗压强度/MPa
抗压强度	配方 1	30	0.8（空白）
	配方 2		1.2
	配方 3		1.9
	配方 4		7.1
抗压强度	配方 5		9.6
	配方 6	40	9.6
	配方 7	81	17.9

配方 1：200g 山东”G”级水泥 + 145g 增强剂 PC-BT3 + 180g 粉煤灰 + 350g 淡水 + 18gG80L + 2gX60L。

配方 2：200g 山东”G”级水泥 + 330g 淡水 + 150g 粉煤灰 + 150g 增强剂 PC-BT3 + 18g G80L + 2gCX60L + 25g 早强剂 PC-A90L。

配方 3：200g 山东”G”级水泥 + 343g 淡水 + 150g 粉煤灰 + 150g 增强剂 PC-BT3 + 18g G80L + 2gCX60L + 15g 早强剂 PC-A90S。

配方 4：200g 山东”G”级水泥 + 340g 淡水 + 150g 粉煤灰 + 150g 增强剂 PC-BT3 + 18g G80L + 2gCX60L + 15g 激活早强剂 PC-AJH + 25g PC-A96L。

配方 5：100%山东”G”级水泥 + 20%PC-P51S + 5%PC-G12S + 5%PC-G72S0. + 5%PC-AJH（早强剂）+ 5%PC-A11S（激活剂）+ 20%PC-BT1 + 110%FW + 0.5%PC-X60L。

配方 6：2200g 山东”G”级水泥 + 330g 淡水 + 150g 粉煤灰 + 150g 增强剂 PC-BT3 + 18g G80L + 2gCX60L + 25g 早强剂 PC-A90L。

配方 7：200g 山东”G”级水泥 + 145g 增强剂 PC-BT3 + 180g 粉煤灰 + 350g 淡水 + 18gG80L + 2gX60L。

4）低密 1.50g/cm³ 体系常规性能

1.50g/cm³PC-Litestone 低密高强水泥浆体系实验数据如表 2-20 所示。

表 2-20　1.50g/cm³PC-Litestone 低密高强水泥浆体系实验数据

水泥浆密度/(g/cm³)	BHCT/℃	稠化时间/min	抗压强度
1.5	36	180～240	14.7MPa/24h/45℃ 3.5MPa/6h/45℃
	40		3.5MPa/5h/50℃； 16.5MPa/24h/50℃。

1.50g/cm³ 水泥浆配方：100%水泥 + 50%粉煤灰 + 6%P61 + 14%BT3-A + 28%BT3-B + 14%AJH + 10%A96L + 0.42%A97L + 8%G80L + 0.5%X60L。

以上实验表明，体系从 1.50～1.80g/cm³ 密度范围可调，性能优良。温度从泥线 26℃至产层 150℃都能满足固井作业要求，密度和温度的使用范围较宽泛。

3. 水泥浆密度可任意调节功能

根据新型海洋环保安全法，大家对海洋的环境保护越来越重视。固井灰罐中的剩余灰料能否重复使用？若水泥浆的基灰不变，只是调整混合水的比例，就能达到较好的性能。开发此类的水泥浆体系将有利于节能环保（表 2-21、表 2-22）。

表 2-21　1.60g/cm³ 基灰浆体性能调节

水泥浆密度/(g/cm³)	粉煤灰加量，BWOC/%	温度/℃	稠化时间/min	24h 抗压强度
1.50（海水）	65	36	180	8.1MPa/45℃
1.60（淡水）		36	210	12.2MPa/32℃ 14.4MPa/45℃
1.65（淡水）		86	338	13.2MPa/86℃
1.7（淡水）		86	294	15.7MPa/86℃

1.60g/cm³ 基灰：220g 山东 G 级水泥 + 40gPC-BT3A + 80gPC-BT3B + 143gP63。
1.50g/cm³ 混合水：450gSW + 18g PC-G80L + 35gPC-AJH + 44g A96L + 1g A97L。
1.60g/cm³ 混合水：340gFW + 18g PC-G80L + 35gPC-AJH + 25g A96L + 1g A97L。
1.65g/cm³ 混合水：282gFW + 18g PC-G80L + 1gPC-H21L + 2gPC-X60L。
1.70g/cm³ 混合水：253gFW + 18g PC-G80L + 1gPC-H21L + 2gPC-X60L。

表 2-22　1.70g/cm³ 基灰浆体性能调节

水泥浆密度/(g/cm³)	粉煤灰加量，BWOC/%	温度/℃	稠化时间/min	24h 抗压强度
1.75	50	86	300	19.5MPa/86℃
1.70		86	369	16.0MPa/86℃

续表

水泥浆密度/(g/cm^3)	粉煤灰加量，BWOC/%	温度/℃	稠化时间/min	24h 抗压强度
1.65		86	278	10.3MPa/86℃
1.60		86	190	8.4MPa/86℃

1.70g/cm^3 基灰：300g 山东 G 级水泥 + 24gPC-BT3A + 90gPC-BT3B + 150gP63。
1.75g/cm^3 混合水：276gFW + 9g PC-G80S + 4.5gPC-B10 + 1.5g H21L + 3g X60L。
1.70g/cm^3 混合水：315gFW + 12g PC-G80S + 4.5gPC-B10 + 1.5g H21L + 3g X60L。
1.65g/cm^3 混合水：360gFW + 12g PC-G80S + 4.5gPC-B10 + 0.8gH21L + 3gX60L + 1.8g 流型调节剂。
1.60g/cm^3 混合水：390gFW + 12gPC-G80S + 4.5gPC-B10 + 0gH21L + 3gX60L + 2.4g 流型调节剂。

实验结果表明，使用 1.60g/cm^3 的基灰，能够满足 1.50g～1.70g/cm^3 水泥浆性能的要求；使用 1.70g/cm^3 的基灰，可以调节 1.60～1.75g/cm^3 水泥浆的性能要求。此体系方便了码头只需要使用一种基灰，保证了混配后材料性能的稳定；同时体系施工简单、避免浪费、环保。灰罐剩余灰可以继续使用，避免了浪费和交叉污染。

4. 体系液态失重防窜性能评价

1）防窜评价方法

对于防窜性能的评价，目前公认及最流行的方法主要有四种。

（1）稠化过渡时间小于 30min，即稠化过渡时间从 30Bc 达到 100Bc 的拐角时间越短越好；水泥浆的迅速稠化，将使浅层气向井眼环空的运移启动和运移的时间变短，浅层气的集聚强度和急剧趋势变缓，浅层气的产生和危害变小，因此能够极大降低固井作业风险。

（2）水泥浆的静胶凝强度发展性能，是实验室常用来检验水泥浆在一定条件下的抗气窜性能的参考数据。一般要求水泥浆的静胶凝强度由 100lb/100ft^2 发展至 500lb/100ft^2 的时间足够短才能够有效地预防气窜的产生，理想的过渡时间小于 30min。

（3）SPN 值计算法，SPN 值反映了水泥浆失水量及水泥浆凝固过程阻力变化系数 A 值对气窜的影响，$\text{SPN} = Q_{\text{API}} \times A$

$$A = 0.1826\left[(T_{100\text{Bc}})^{1/2} - (T_{30\text{Bc}})^{1/2}\right]$$

水泥浆 API 失水量越低，稠化时间 $T_{100\text{Bc}}$ 与 $T_{30\text{Bc}}$ 的差值越小，即在此稠化时间内阻力变化越大，A 值越小，SPN 值也越小，防气窜能力越强（表 2-23）。

表 2-23　SPN 值与防窜能力级别

SPN（数值）	防窜能力级别
o<SPN<10	防气窜效果极好
10<SPN<21	防气窜效果中等
SPN>21	防气窜效果差

（4）中国石油化工集团公司企业标准“川东北天然气井固井技术规范”，见表 2-24。

表 2-24　川东北天然气井固井技术规范

SPN（数值）	防窜能力级别
o<SPN≤3	防气窜效果好
3<SPN≤6	防气窜效果中等
SPN>6	防气窜效果差

2）防窜评价结果

（1）稠化过渡时间计算法（稠化 30～100Bc 时间）及 UCA（表 2-25）。

表 2-25　实验数据对比

配方	密度/(g/cm³)	初始稠度/Bc	72℃稠化时间/min	30～100Bc 稠化过渡时间/min	防窜能力评价
旧体系	1.90	26	200	18	防窜好
PC-Litestone 体系	1.80	5	270	8	防窜极好
	1.70	18	370	9	防窜极好

1.90g/cm³ 水泥浆配方：600gG 级水泥 + 238g 淡水 + 36gCG80L。

1.80g/cm³ 水泥浆配方：500g 山东”G”级水泥 + 345g 淡水 + 120g 粉煤灰 + 130g 增强剂 PC-BT3 + 20g G80L + 6g F46L + 2%B10 + CX60L2g 消泡剂。

1.70g/cm³ 水泥浆配方：350g 山东”G”级水泥 + 360g 淡水 + 175g 粉煤灰 + 105g 增强剂 PC-BT3 + 24.5g G80L + CX60L2g + 2.5%B10。

（2）UCA 测气窜发（配方同上）（图 2-28、图 2-29）。

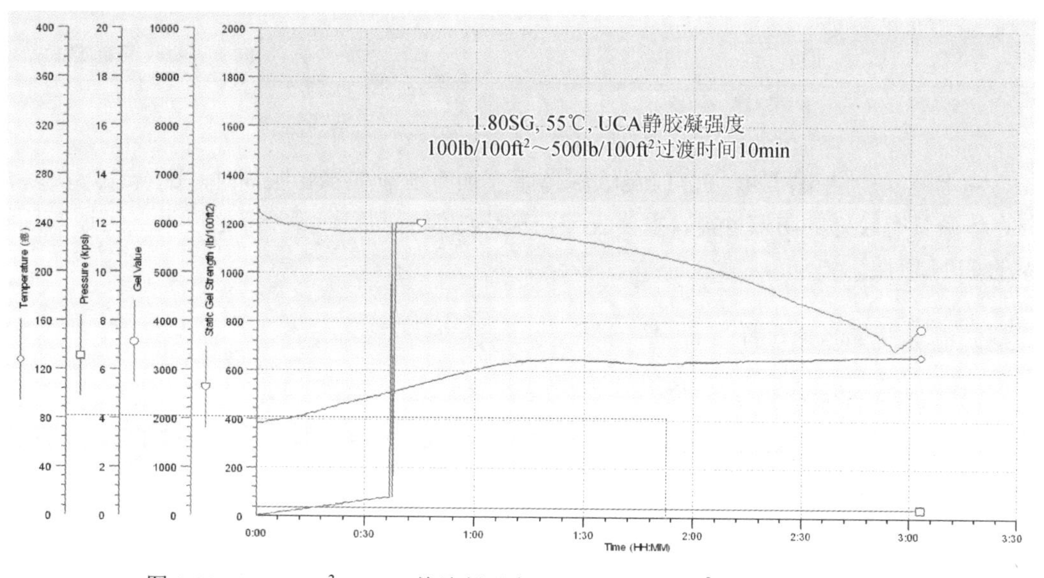

图 2-28　1.80g/cm³，UCA 静胶凝强度 100～500lb/100ft²，过渡时间 10min

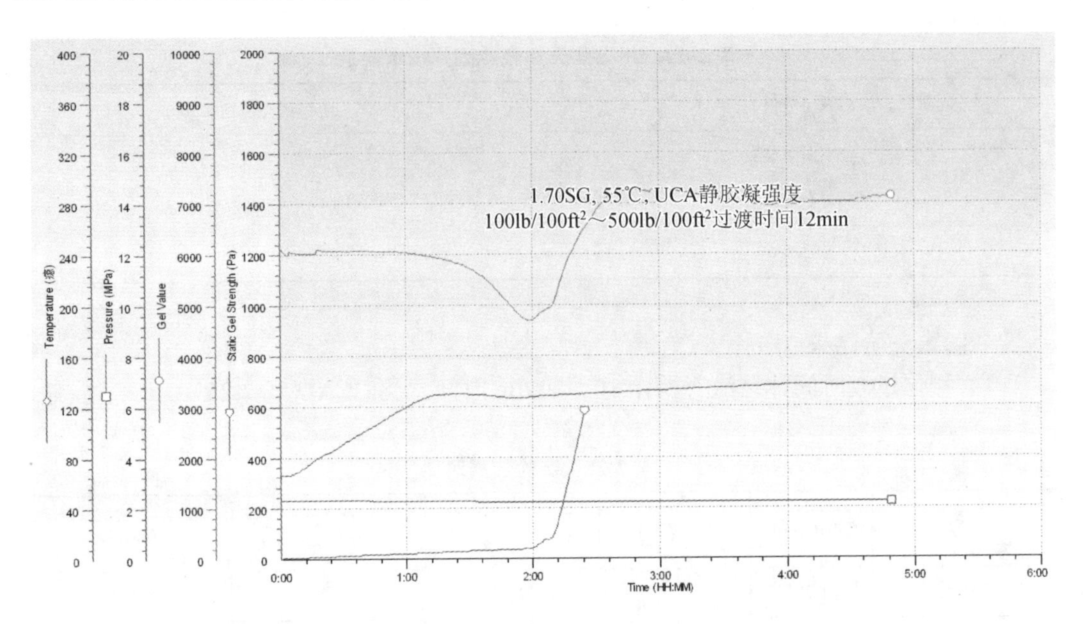

图 2-29　1.80g/cm³，UCA 静胶凝强度 100～500lb/100ft²，过渡时间 12min

（3）SPN 值计算法（按照中国石油化工集团企业标准）（表 2-26）

表 2-26　实验数据对比

配方	密度/(g/cm³)	失水量/mL	稠化时间/min		SPN 值	防窜能力评价
			30Bc	100Bc		
常用配方	1.90	32	182	200	3.6	防窜好
PC-Litestone 体系	1.80	28	262	270	1.1	防窜极好
	1.70	24	361	370	1.0	防窜极好

注：配方同上。

由上述实验结果得知，PC-Litestone 体系在加有 2%～3%膨胀剂时，配合粉煤灰复合材，体系具有较好的防窜性能，主要表现在稠化过渡时间短，静胶凝强度发展迅速，且体系的 SPN 值低。

5. 体系堵漏性能评价

1）新型水泥浆堵漏评价装置

图 2-30、图 2-31 是模拟现场真实地层裂缝大小动态变化的动态堵漏仪的示意图和结构图，由五部分组成。

（1）各类腔体：由堵漏剂腔体 1、漏失腔体 2、驱动腔体 3 自上而下连通组成。

（2）联动装置：由锥塞 10、连杆 11、活塞 12 组成，上部锥塞 10 位于漏失腔体 2 内，通过能够上下运动的连杆 11 将活塞 12 伸入到驱动腔体 3 中。

（3）供压装置：由氮气源、调压阀、压力表组成，一方面将压力通过驱动压入口 8 输入至驱动腔体 3 作为活塞 12 向上运动的驱动压，另一方面经由测试压力阀 6 和节流器 7 与测试压入口接通，将测试压逐渐输入至堵漏剂腔体 1 中。

（4）调节机构：螺杆 4，上端位于驱动腔体 3 中，在供压装置 5 未供压情况下，与联动机构的活塞 12 下部接触，进而调节活塞运动行程的下限，从而获得最大环形漏隙。

（5）计量装置：量筒 9，测量由漏失腔体 2 的漏失液出口流出的液体体积。

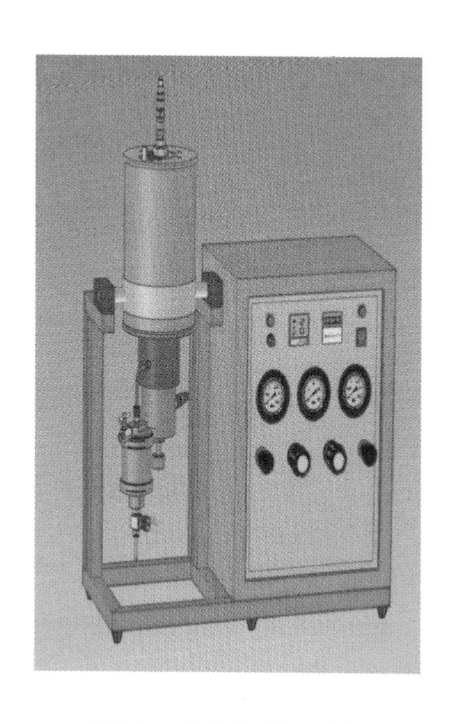

图 2-30　动态堵漏仪示意图

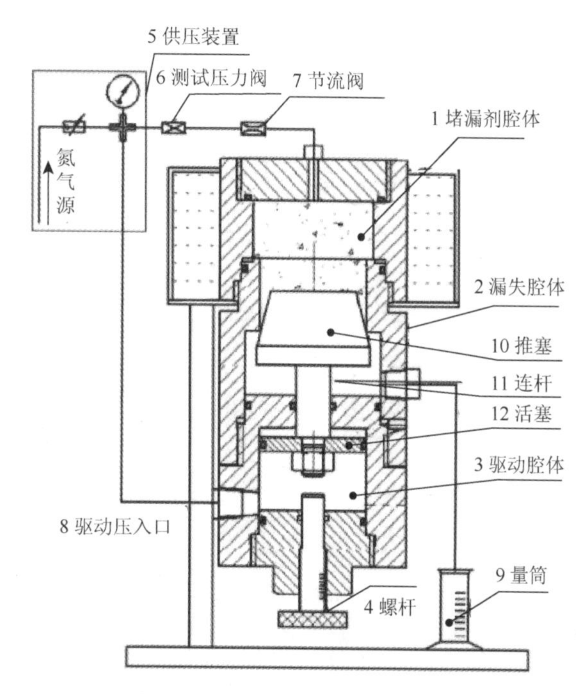

图 2-31　动态堵漏仪结构图

动态堵漏仪工作原理：S0，根据测试要求的最大环形漏隙调动 4 来调节联动机构运动行程的下限；S1，断开 6，调节 5 至要求的测试压，使联动机构在驱动压的作用下向上运动，从而使漏隙为零；S2，将 1 的上盖卸下，将堵漏剂注入后再把上盖安装好；S3，接通 6，使来自 5 的测试压在 7 的限速作用下逐渐输入 1 中，当 1 和 3 中压强相等时，联动机构向下运动，从而形成环形漏隙并逐渐加大。

如果堵漏剂堵漏效果明显，则环形漏隙逐渐加大至最大环形漏隙。如果堵漏剂堵漏效果不明显，堵漏剂漏失使得 1 内压力损失，联动机构在驱动压作用下再次向上运动，从而使环形漏隙变小；测试压经过 7 再次输入 1 内，当 1 和 3 中压强相等时，联动机构再次向下运动；联动机构重复上述过程。如果堵漏成功，即环形漏隙为最大环形漏隙时堵漏剂仍无漏失，而由于 10 所受的测试压大于 12 所受的驱动压，联动机构停止振荡。如果堵漏失败，则堵漏剂全部漏失，联动机构一直持续小幅振荡直至停止供压。

动态堵漏仪的先进之处：最高工作温度220℃，最高工作压力40MPa，模拟了真实的地层温度压力；最大环形间隙从0.5～5mm可调节，模拟了真实地层裂缝大小；裂缝大小来回变动，模拟了真实的井底压力波动下，裂缝的“一张一合”。

2）动态堵漏评价方法与实验结果

（1）选取堵漏材料。

水泥浆中常用的堵漏材料颗粒状包括硬沥青、珍珠岩、核桃壳、炭黑；薄片状包括赛璐玢；纤维状包括尼龙（短纤维）。但是，在实际使用时存在各种问题，如使用硬沥青时，井下温度不能超过100℃；而核桃壳类材料容易造成套管内堵塞等。随着水泥浆的漏失控制技术的发展，长纤维作为水泥浆堵漏材料逐渐崭露头角，并大量应用于现场。

常规的水泥浆通过与长纤维混合，就转变成了堵漏水泥浆体系。该体系有如下几大特点：①在漏失地层中，长纤维有利于形成一种惰性纤维网状物，使循环恢复正常；在井底的裂缝处形成网状桥堵，有助于产生所需的滤网和相应滤饼。②纤维水泥浆适用于所有温度和泥浆密度条件，与所有水泥浆添加剂和大多数水泥浆配方配伍。③纤维属于惰性材料，在混浆槽中将纤维材料连续地添加到水泥浆中，容易分散，不会堵塞泥浆槽和泥浆管线。

堵漏材料B62纤维（图2-32）：①外观，白色集束型纤维；②堆积密度，1.0g/cm^3；③绝对密度，1.45g/cm^3；④使用方法，混浆池边混边泵。

堵漏材料B66石英砂（图2-33）：①30～40目，石英砂；②直径，0.6～0.5mm；③绝对密度，2.65g/cm^3；④使用方法，干混。

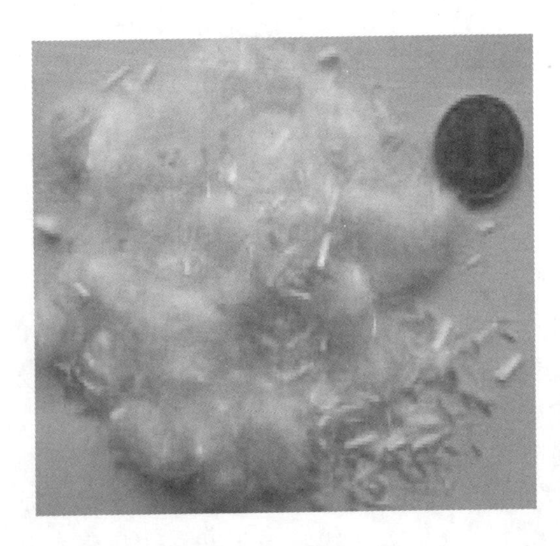

图2-32　堵漏材料B62纤维

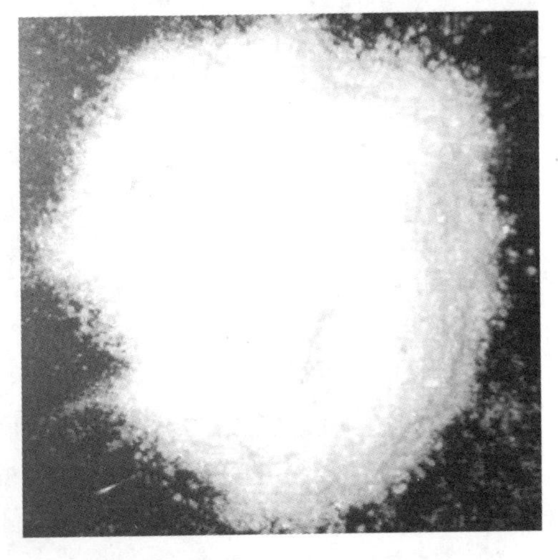

图2-33　堵漏材料B66石英砂

（2）水泥浆动态堵漏实验。

实验选取密度为1.9g/cm^{3}的水泥浆，基本配方：320g水 + 1.6g消泡剂 + 32g降

失水剂 + 6g 分散剂 + 800g 水泥 + 纤维，在温度 160℃时，不同压力调节下，利用动态堵漏仪测定不同品种纤维 BX-S 和 BX-L，在不同加量及 1∶1 混配时对裂缝堵漏的效果（表 2-27）。

表 2-27　不同加量堵漏材料对裂缝堵漏效果

裂缝大小/mm	B62 加量/g	B66 加量/g	承压压差 △P/MPa	结果
0.25	0	0	0	堵漏失败
	4.0	0	5	堵漏成功
	0	24	0	堵漏失败
	2.4	12	＞7	堵漏成功
0.5	4.0	0	3	堵漏失败
	2.4	12	6.5	堵漏成功
	4.0	24	＞7	堵漏成功
0.75	4.0	24	6.5	堵漏成功

注：水泥浆配方 1.60g/cm^3，室温。

实验结果表明：水泥浆体系能堵 0.5mm 裂缝，承压＞7MPa，推荐 B62 加量 0.5%～0.8%，B66 加量 2.4%～5%。

（3）堵漏材料对水泥浆性能影响。

将 B62 与 B66 按 1∶5 混合后的纤维加入水泥浆形成堵漏水泥浆，表 2-28 中数据为实验测定混合纤维不同加量的堵漏水泥浆养护前常温下的流动度，在 75℃、35MPa 的稠化时间，在 75℃、6.9MPa 实验 30min 时 API 失水量，以及水泥石在 90℃常压养护 48h 的抗压强度。

表 2-28　混合堵漏材料对水泥浆性能影响

序号	密度/(g/cm^3)	加量/(g/600mL)	流动度/cm	稠化时间/min	抗压强度/MPa	API 失水/mL
1	1.60	0	23	279	45.3	31
2	1.60	0.5/2.5	21	280	47.5	32
3	1.60	0.6/3.0	20	255	48.8	35

实验结果：堵漏材料加入后，水泥浆对流变性能有一定的影响，但控制在 0.5%的 B62 加量与 2.5%的 B62 加量是合适的；混合纤维对稠化和失水影响都不大，均在误差范围以内，同时有利于水泥石抗压强度的提高。

6. 水泥浆抗污染性能评价

在油气井固井作业中，常常由于水泥浆与钻井液不相容，导致固井事故。这种不相容可能引起高的循环泵压，增加井下流体的滤失甚至压漏地层；同时可能延长或者缩短水泥浆的稠化时间，对水泥浆的稳定性产生影响，造成施工困难，甚至失败。因此，水泥浆与泥浆的配伍性至关重要。

聚胺钻井液体系、PC-Litestone 体系分别进行配伍性实验，结果见表 2-29。

表 2-29　体系配伍性实验数据

序号	配方	流变 $\Phi300/\Phi200/\Phi100/\Phi6/\Phi3$	稠化时间/min	24h，86℃抗压强度
1	100%水泥浆	135/106/71/8/5	406	16.4MPa
2	90%水泥浆 + 10%隔离液	113/86/58/8/5	452	11.6MPa（模块，增压）
3	90%水泥浆 + 10%泥浆	111/82/50/7/4	456	2MPa（模块，增压）
4	80%水泥浆 + 20%泥浆	105/78/46/6/3	568	—

注：实验温度 86℃。泥浆为现场用聚胺钻井液体系；隔离液为现场常规 4%CSP213S 隔离液体系；水泥浆为 1.70g/cm^3 PC-Litestone 体系。

由上述实验结果可知，体系污染后稠化延长，能保证施工安全。

7. 水泥石长久强度发展性能评价

为研究水泥石能否满足井底长久生产作业需求，笔者进行了水泥石超声波静胶凝强度（UCA）发展实验研究，实验结果见表 2-30、表 2-31。

表 2-30　水泥石强度长期发展（90℃）UCA 实验

时间	24h	48h	96h	1 周	1 个月
抗压强度/MPa	20.3	21.3	22.5	23.7	24.4

注：PC-Litestone 体系浆体密度 1.80g/cm^3，实验温度 90℃，稠化时间 270min。

表 2-31　水泥石强度长期发展（低温泥线 26℃）UCA 实验

时间	8h	14h	24h	48 周
抗压强度/MPa	0.5	3.5	7.9	14.2

注：PC-Litestone 体系浆体密度 1.60g/cm^3，实验温度 26℃，稠化时间 230min。

实验结果表明，1 个月的中温 90℃及泥线低温 26℃两天强度养护后发现，PC-Litestone 体系具有较好的长期强度发展。

8. 水泥石凝固后期射孔完整性评价

1）实验装置及试验方法

（1）实验装置如图 2-34 至图 2-36 所示。

图 2-34　射孔试验起爆仪

图 2-35　射孔用防护装置

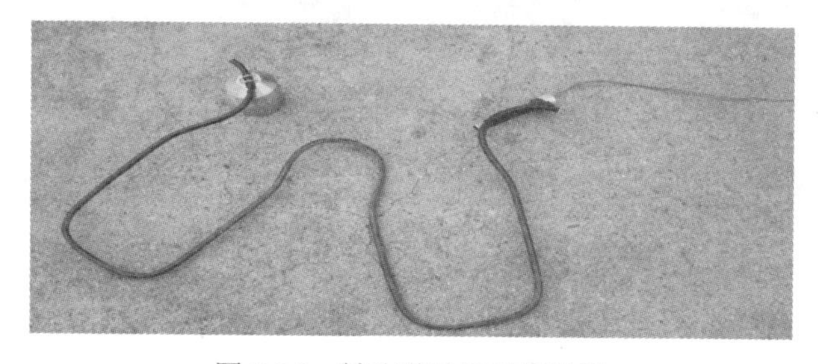

图 2-36　射孔弹及其引爆装置

（2）实验方法。

步骤一：试模准备。将试模擦净，在内表面及试模接触面及底板上涂一薄层黄油，要紧密装配，拧紧连接试模的螺钉，防止漏浆。

步骤二：试体成型。将水泥浆倒入试模深度的一半处，用捣棒将倒入试模内的水泥浆搅拌 25 次，使其充满试模的边角处，然后用捣棒搅拌剩余的水泥浆，以防水泥浆离析，然后倒满试模，再用捣棒搅拌 25 次。然后用一直尺将多余的水泥浆刮掉，盖上涂有黄油的盖板。

步骤三：养护。养护条件：60℃，常压，养护 7 天。

步骤四：射孔破坏水泥石破坏程度评价。通过肉眼观察，可以观察到经过射孔破坏后的水泥石表面的机械物理破坏程度。

2）水泥石射孔试验结果

1 号水泥配方：常规体系（密度 1.90g/cm^3），800gG 级水泥 + 320g 淡水 + CG88L32。

射孔后水泥石大量破碎，并出现裂纹缝。水泥石完整性不好（图 2-37）。

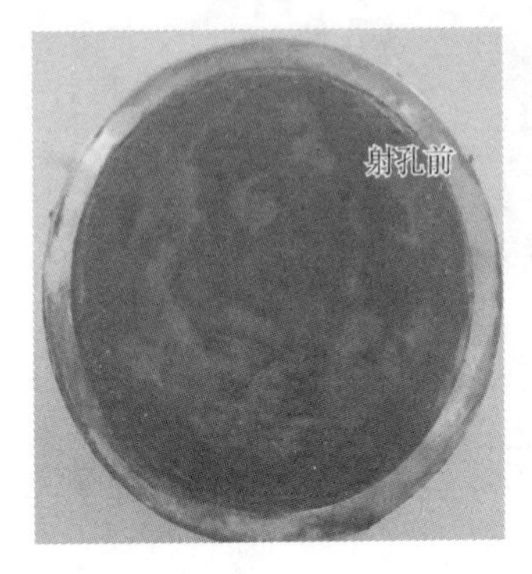

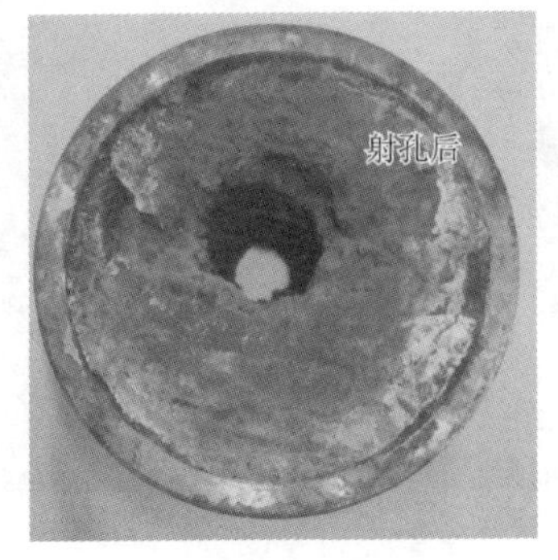

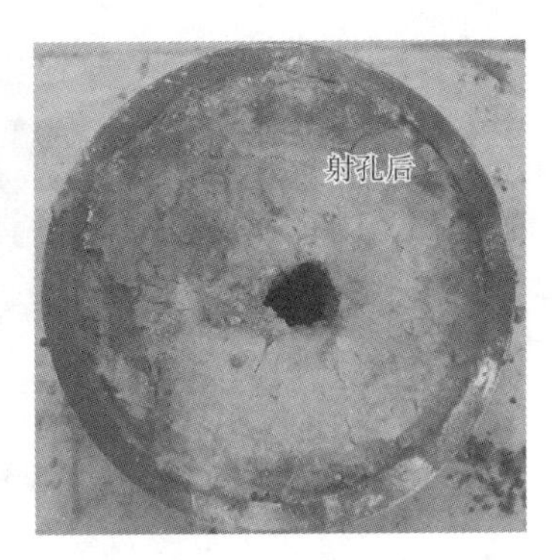

图 2-37　1 号样射孔前后图片

2 号水泥配方：PC-Litestone 体系（密度 1.50g/cm^3），522g 混合灰 + 345g 淡水 + 30gCG88L + 4gH21L + 4.4gB10 + 4g 纤维。

射孔后，射孔表面光滑，背面出现少量裂纹缝。水泥石完整性较好（图 2-38）。

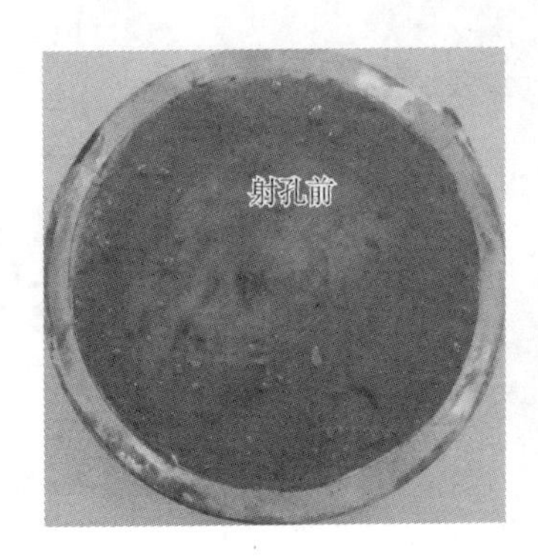

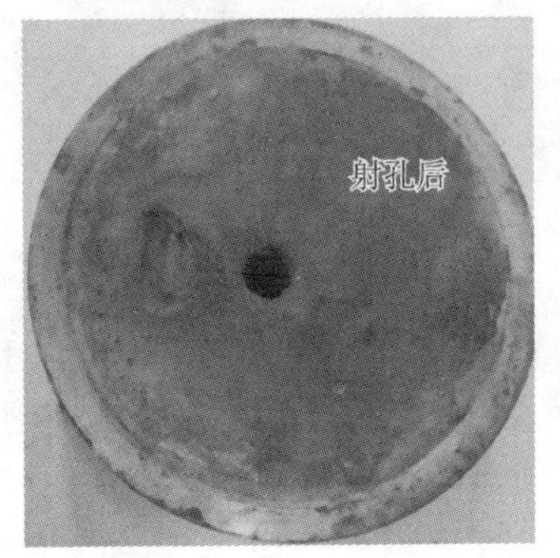

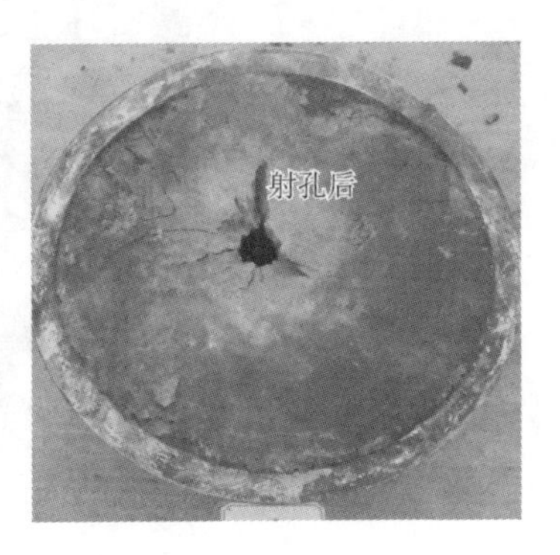

图 2-38　2 号样射孔前后图片

3 号水泥浆配方：PC-Litestone 体系（密度 1.60g/cm^3），502g 混合灰 + 345g 淡水 + 30gCG88L + 4gH21L + 4.4gB10 + 4g 纤维。

射孔后，射孔表面光滑，背面出现少量裂纹缝。水泥石完整性较好（图 2-39）。

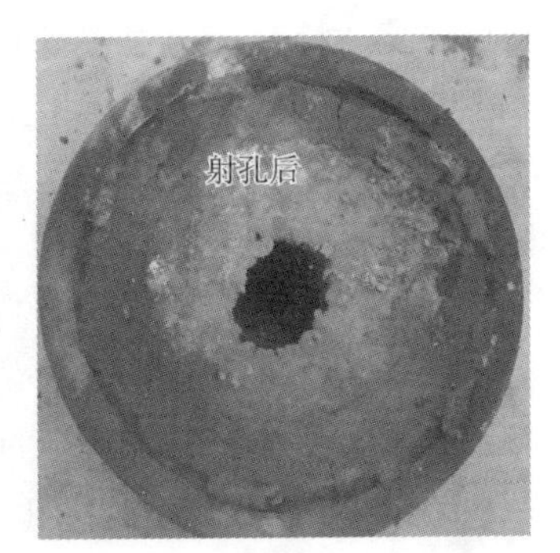

图 2-39　3 号样射孔前后图片（未射穿）

4 号水泥浆配方：PC-Litestone 体系（密度 1.70g/cm³），684g 混合灰＋354g 淡水＋24gCG88L＋4gH21L＋6gB10＋4g 纤维。

射孔后，射孔表面以及背面均较光滑，未出现少量裂纹缝。水泥石完整性好(图 2-40)。

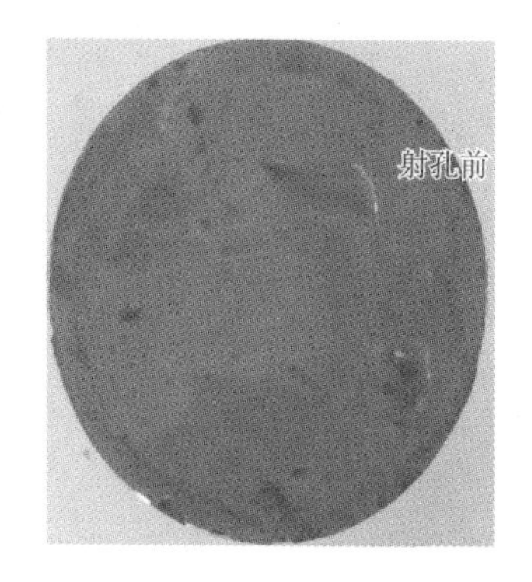

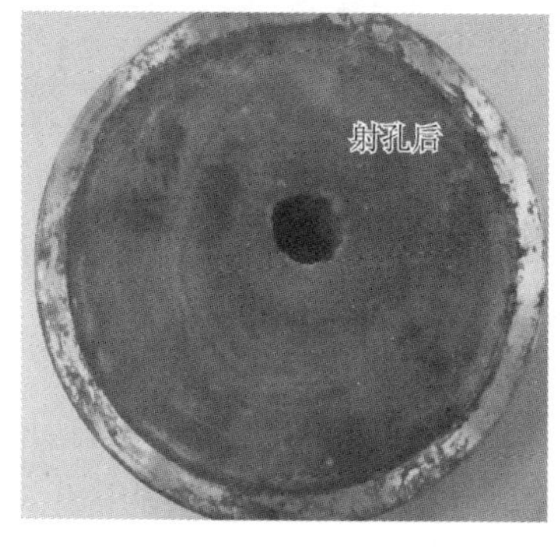

图 2-40 4 号样射孔前后图片

以上实验结果表明，PC-Litestone 体系较常规 1.90g/cm³ 水泥浆更具韧弹性，在模拟井底射孔时，水泥石表面完好，满足储层使用。

9. 水泥石渗透率性能评价

通过测定水泥石的密实程度和渗透率，考察水泥石在流体作用下的流动趋势，特别是在高压气层存在时，气体的流动趋势和流动程度，由此考察气窜的程度和大小。“HXK-4A 型渗透率自动测定仪”设备进行水泥石气体渗透率测量，实验结果见表 2-32。

表 2-32 两种低密度水泥石渗透率对比实验

岩心编号	密度/(g/cm³)	气测渗透率/mD	油测渗透率/mD
狭义低孔渗储层	—	50～10	—
极低低孔渗储层	—	10～1	—
超低渗储层	—	1～0.1	—
PC-Litestone 体系	1.60	0.067	太低无法测出
	1.70	0.033	
	1.80	太低无法测出	
防窜水泥石	1.90	太低无法测出	

实验条件：氮气，围压 5MPa，自来水饱和，60℃。

1.90g/cm³ 水泥浆配方：600gG 级水泥＋238g 淡水＋36gCG80L；

1.80g/cm³ 水泥浆配方：500g 山东”G”级水泥＋345g 淡水＋120g 粉煤灰＋130g 增强剂 PC-BT3＋20g G80L＋6g F46L＋2%B10＋CX60L2g 消泡剂；

1.70g/cm³ 水泥浆配方：350g 山东”G”级水泥＋360g 淡水＋175g 粉煤灰＋105g 增强剂 PC-BT3＋24.5g G80L＋CX60L2g＋2.5%B10；

1.60 g/cm³ 水泥浆配方：200g 山东”G”级水泥＋145g 增强剂 PC-BT3＋180g 粉煤灰＋350g 淡水＋24gG80L＋3%B10＋2gX60L。

实验结果表明，PC-Litestone 体系的渗透率很低，体系的水泥石内部结构致密，外部高压气层不容易侵入和腐蚀，具有较好的防窜、防腐效果，满足长期生产、作业要求。

通过研究，PC-Litestone 体系具有以下几个特点：

（1）水泥浆密度可调，1.50～1.80g/cm^3，低密低温高早强；

（2）摩阻低，降 ECD 防漏；

（3）浆体防窜、防漏性能良好；

（4）密度可调，现场操作方便，避免浪费、环保；

（5）浆体污染后保证施工安全；

（6）水泥石强度长期稳定性较好；

（7）水泥石渗透率低，抗压强度高；

（8）水泥石韧弹性良好，射孔后能保证水泥环的良好完整性。

2.3　水泥浆 PC-Litestone 体系应用案例

2.3.1　项目概况

DF5 井位于莺琼盆地北部湾莺歌海海域，水深约 63m（相对海图水深基准面）。距海南省莺歌海镇约 100km，距海南省东方黎族自治县 113km，距梅山镇约 139km。目前已建生产设施包括一个中心平台、三个井口平台以及一个油气终端、平台间管线和上岸管线。已钻生产井 32 口，全部开发浅部常温常压气藏。本次拟开发的目的层垂深 2780～2950m。

该气田所在海域属低纬热带气候，海况均受台风和季风影响，最高气温 36.4℃，最大风力 12 级，浪高一般为 0.2～1m，最大达 8m 以上。

该气田中深层属于高温高压气藏，T_{29}（2151m）以上地层压力系数为 1.00～1.17；T_{30}（2151～2588m）压力系数为 1.17～1.50；2588～2990m（至目的层）压力系数为 1.50～1.93。地温梯度为 4.17℃/100m，目的层温度 141℃。

2.3.2　难点层位 9-5/8″套管 PC-Litestone 体系全封固井

1. 封固目的

保证套管鞋处、上层套管鞋封固质量，满足下部钻开高压层的需要。本层位首浆预使用 PC-Litestone 体系进行封固返至泥线，大温差段长裸眼封固，并进行固井质量测试。

2. 作业难点

（1）本井段封固压力过渡带，压力系数变化较大，孔隙压力系数从 1.05 上升至 1.8～1.81；预测上层套管鞋处承压当量约为 1.90，在已钻东方 1 区块探井中，距离开发井 13-3/8″套管下深（2070m）最接近的是 DF7 井，套管鞋处承压当量为 1.90（未破）。

（2）本层套管固井重点防漏和压稳。

（3）长封固段，固井顶底温差大。

（4）定向井，套管居中困难。

（5）高密度滤饼较难清洗。

（6）高密度泥浆顶替效率差，易出现混浆，影响固井质量。

（7）地层孔隙压力预测不准，作业时根据实际井况调整。

2.3.3 PC-Litestone 体系水泥浆设计要求

采用 1.70g/cm^3 低密度水泥浆全封固井，可泵时间 7～7.5h，重点防漏和防窜压稳，其次从井底到井口温差 82℃，需要泥线附近快速起强度至 1500psi/48h，井底水泥石＞2000psi/24h 无自由液、失水低，沉降稳定性良好。

2.3.4 PC-Litestone 体系封固质量图

莺琼盆地西部 DF5 井 9-5/8″技术套管经过 SBT 候凝测试后，水泥石封固质量优，如图 2-41 所示。

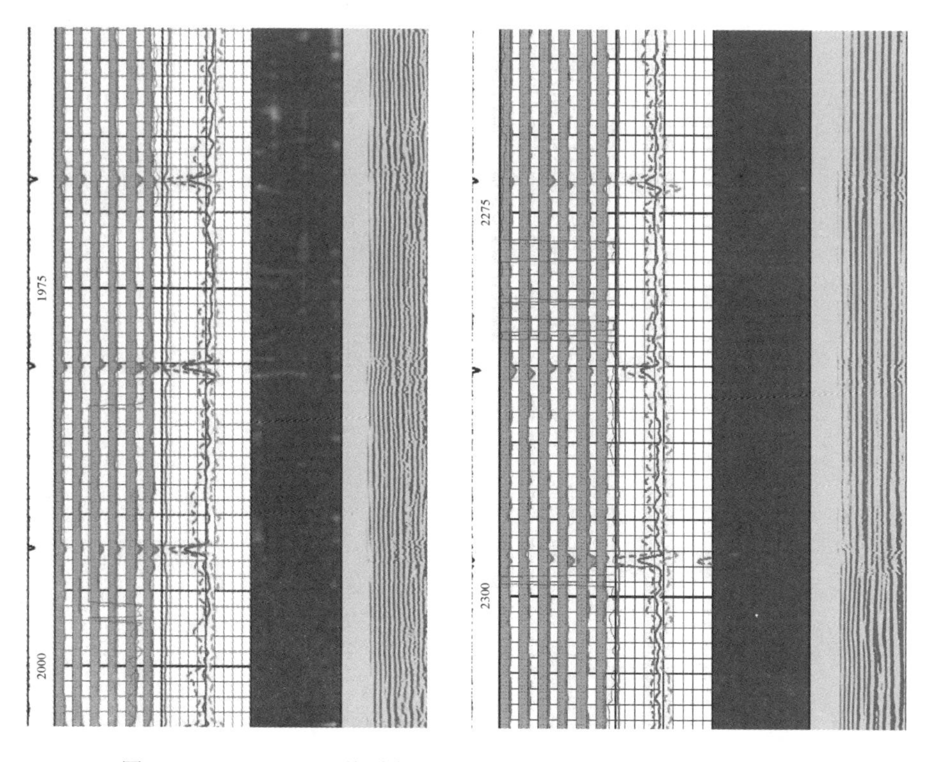

图 2-41　PC-Litestone 体系在 DF5 井 9-5/8″技术套管固井质量 SBT 图

2.3.5　PC-Litestone 体系推广应用概况

PC-Litestone 体系，截至 2014 年 12 月，已经成功应用在湛江、上海、塘沽总计固井 26 次，成功率 100%。其中：①最低温度 BHST = 26℃，湛江某气田 20″表套固井 7 次，$1.55g/cm^3$；②最低水泥浆密度 $1.50g/cm^3$，上海某井次，BHST = 132℃；③最高井段温度 BHST = 138℃，上海某井次，$1.60g/cm^3$。

体系在现场得到不断优化和改进，现场应用成果良好。实践表明，该套 PC-Litestone 水泥浆体系综合性能完全满足油气层大温差长封固固井作业的技术要求，已经成功使用 20 口井以上，固井质量全部为优良。

第3章　高温高压气田固井水泥浆技术

3.1　非规则级配高密度水泥浆技术

3.1.1　莺琼盆地区块面临高温高压难点分析

莺琼盆地区块如东方某气田中深层属于高温高压气藏，最高压力系数可达1.93，地温梯度为4.17℃/100m，目的层温度141～160℃。对于开发井，必须选择合适的高密度水泥浆体系。

高密度水泥浆设计中加重剂的选择至关重要。重晶石、钛铁矿、磁铁矿、赤铁矿等均可用于加重。从加重效果、杂质含量对流动性的影响程度、化学杂质对外加剂的敏感性反应、细度可控范围与稳定性要求等方面综合考虑。同时，实验表明，铁矿粉密度在4.70～4.90g/cm^3。加重料密度高可使在加量较少的情况下就获得要求密度的水泥浆，有利于水泥浆流动性的调节，也有利于提高水泥石的早期强度。而合理的铁矿粉的粒度分布，是保证高密度水泥浆良好综合性能的前提。

而建立性能优良的高密度水泥浆，必须利用紧密堆积的颗粒级配原理，才能实现水泥浆流动性、稳定性与高强度的结合。因此，如何合理地通过粒度级配来选择加重材料的粒径，合理地控制加重材料的加量，在保证水泥浆满足流动性、稠化时间等工程性能要求的条件下，在最短时间内获得最好的水泥石强度性能，一直以来是国内外致力研究的目标。

3.1.2　常用的高密度水泥浆外掺料

3.1.2.1　加重剂

增加水泥浆密度的外加剂或外掺料称为加重剂。其自身密度都比水泥大。一般要求加重材料颗粒粒度分布要与水泥相当，颗粒太大容易从水泥浆中沉降出来，太小又容易增加水泥浆稠度。用水量要少，且在水泥水化工程中应呈惰性，并与其他外加剂有很好的兼容性。高密度水泥浆常用的加重剂有重晶石、赤铁矿、钛铁矿以及石英砂等。

1. 重晶石（$BaSO_4$）

重晶石为最常用的水泥加重材料。密度为 4.3～4.6g/cm^3。使用时要磨细，其粒度要求300目。粒度较细的重晶石粉在水泥浆中分散较好，对保持胶体安定性有利。其不利的一面是粒度太细，使水灰比增大，不但削弱了它对水泥浆加重的作用，同时又使水泥石强度下降。用重晶石配制的水泥浆密度可达到 2.2g/cm^3 左右。重晶石虽然使使用较普遍，但从综合性能来看不如铁矿和赤铁矿。

2. 钛铁矿

钛铁矿是经机械加工研磨成适宜细度的黑色颗粒粉状材料，其主要化学成分为 $TiO_2 \cdot Fe_3O_4$。密度为 4.45g/cm^3，粒度为 200 目左右。可使水泥浆密度调整到 2.4g/cm^3 左右，对水泥浆的稠化时间和强度影响很小。

3. 赤铁矿

赤铁矿是具有天然磁性的金属光泽的暗红色粉末，主要成分 Fe_2O_3，密度 5.0～5.3g/cm^3 以上，细度过 40～200 目筛。对缓凝剂有吸附作用。可使水泥浆密度加重到 2.4g/cm^3 左右，与分散剂、降失水剂等复配应用时，可使水泥浆密度提高到 2.6g/cm^3。

4. 氧化锰加重材料

此加重材料是锰铁合金生产中的副产品，含氧化锰 96%～98%（质量分数），密度 4.9g/cm^3，与赤铁矿相似。粒径小于 10um。比表面为 3.0m^2/g，10 倍于水泥颗粒表面。因此在水泥浆中悬浮性能好，浆体稳定，可使水泥浆密度增加到 2.5g/cm^3。

中海油海上固井常用的油井水泥加重剂的代号、温度范围、加量范围等见表 3-1 所示。

表 3-1 常用加重剂

系统名称	曾用名称	密度/(g/cm^3)	适用温度/℃	加量范围/%	备注
PC-D10	CD10	5.0～5.05	20～300	30～300	赤铁矿，应干混，提高水泥浆密度
PC-D20	CD20	5.0～5.05	20～300	30～300	赤铁矿，应干混，提高水泥浆密度
PC-D30	CD-X	4.9～5.0	20～300	30～300	冲洗、隔离液专用的锰铁矿粉

3.1.2.2 热稳定剂

热稳定剂主要是石英砂，一般 SiO_2 含量可达 96%～99%。分粗细两种，通过 70～200 目方孔筛者为硅砂，通过 325 目为硅粉，主要用于防止高温条件下的水泥石强度衰退。研究表明，使用硅粉的最低温度为 110℃，在此温度下，纯水泥浆会发生强度衰退。

井底静止温度在 110～204℃条件下，硅粉掺量一般为 35%～40%。对于蒸汽注入井或蒸汽采油井，硅粉掺量通常在 60%以上。密度低于 1.92g/cm^3 的水泥浆通常采用细硅粉；对于密度 1.92～2.30g/cm^3 的高密度水泥浆最好采用粗硅粉；有时在特殊条件下，细硅粉和粗硅粉要联合使用。

中海油海上固井常用的油井水泥抗高温材料的代号、温度范围、加量范围等见表 3-2。

表 3-2　常用抗高温材料

系统名称	曾用名称	密度/(g/cm³)	适用温度/℃	加量范围/%	备注
PC-C81	C88	2.63	110～350	30～100	细硅粉，提高水泥石在高温条件下的温度性
PC-C82	C98	2.63	110～350	30～100	粗硅粉，提高水泥石在高温条件下的温度性

3.1.3　级配理论介绍

颗粒级配理论是指以常规磨细水泥材料及细颗粒减轻、加重材料为主料的孔隙充填，其数学物理模型集中应用了范德华力效应、结晶学矿物增强效应、充填增强及抗腐蚀效应、流变学改善、热峰消减效应的实用基础理论。

水泥干混物的堆积体积百分比（PVF）是衡量颗粒之间达到给定密实状态时的相容能力。PVF 实际就是堆积密度与比重（绝对密度）的比值。

完全一样（单分散相）的球形颗粒最完美的堆积方式是正六角形堆积，其 PVF 可达 0.74。同一种球形颗粒之间任意堆积的 PVF 是 0.64。当干粉颗粒具有不同尺寸（多分散相）时，也就是由不同粒度的颗粒组成时，其 PVF 越高。因为小尺寸颗粒可以充填于大尺寸颗粒之间的空隙，从而使 PVF 接近于 1，这就是紧密堆积理论中颗粒级配的原理，原理示意图见图 3-1。

设计高性能的超高密度油井水泥正是利用这种 PVF 最大化原理，采用不同粒度的加重剂进行颗粒级配，使单位体积水泥浆内的固相颗粒增加，尽量降低其水灰比，并且提高水泥石的抗压强度，降低其孔隙度和渗透率，实现水泥浆体系的密度的增加和性能的优化。

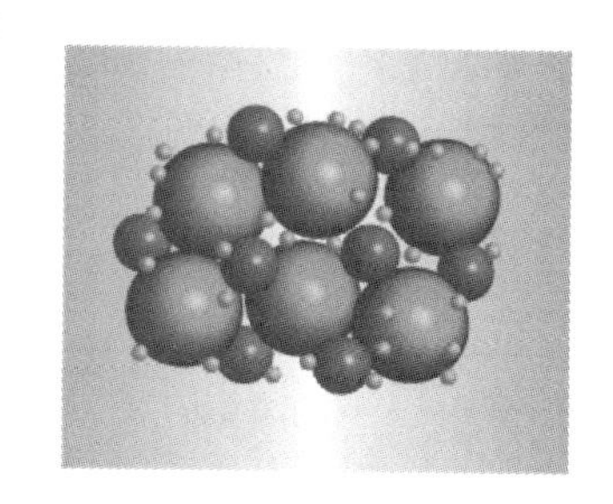

图 3-1　颗粒级配原理示意图

表 3-3 从颗粒体积、堆积程度以及颗粒规则程度对理论的颗粒级配和实际的颗粒级配进行了对比。通过分析，水泥与外掺料的最佳配比并不能单纯的通过计算得出，而是需要通过大量的实验得出。

表 3-3　理论与实际颗粒级配的对比

	理论颗粒级配	实际颗粒级配
颗粒体积	以颗粒真实体积计算，不考虑水化层	颗粒周围有一层水化层，体积比实际大
堆积程度	紧密堆积，颗粒与颗粒之间相接触	非紧密堆积，颗粒间被水分子隔开
规则程度	以理想化圆球模拟颗粒	颗粒为非规则形状，越细越接近球型

3.1.4 颗粒级配实验

在材料性能分析检测的同时，按照项目要求针对不同厂家、不同批次的水泥、铁矿粉和硅粉进行了密度为2.10～2.50g/cm^{3}的水泥浆颗粒级配实验，主要检测水泥浆的流变性、配浆时间、强度和沉降稳定性等性能。

实验初期的摸索实验计划水泥浆配方中只添加水泥、硅粉、铁矿粉、消泡剂和水，目的是为了减少其他添加剂对颗粒级配实验的影响，实验结果见表3-4。（配方1：100%“G”级水泥+35%硅粉+30%铁矿粉+0.4%消泡剂+水）在此基础上我们就确定了本项目颗粒级配实验的基础配方，材料由水泥、铁矿粉、硅粉、消泡剂、水组成。

表3-4 水泥浆性能实验

序号	铁矿粉目数	24h强度/MPa	备注
1#化学公司磁铁矿	120	31	35s加灰，配浆较稠，90℃养护后浆稠，沉降稳定性差，浆杯中下部水泥浆几乎不能流动
2#化学公司磁铁矿	325	31	40s加灰，同上
8#西安理工钛铁矿	325	27.7	25s加灰，浆体流动性较好，90℃养护后沉降稳定性差，浆杯中下部水泥浆几乎不能流动
3#化学公司赤铁矿	1200	32	40s加灰，配浆较稠，90℃养护后浆稠，沉降稳定性差，浆杯中下部水泥浆几乎不能流动

通过实验我们发现配浆非常困难，浆体很稠，流动性很差，有的水泥浆没有流动性，无法测量流变数据。在配方1基础上加入了聚合物降失水剂（配方2），期望能改善浆体的流动性，实验结果见表3-5。

表3-5 水泥浆性能实验

序号	铁矿粉目数	流变3/6/30/60/100/200/300/200/100/60/30/6/3	24h强度/MPa	备注
1#	120	11/16/107/173/232/>300/207/135/74/11/9	27.6	35s加灰，流动性比不加G80L好，浆体连续性好，较稠，90℃养护后浆体流动性较好
2#	325	20/25/137/216/>300/193/105/17/12	26.2	40s加灰，同上
8#	325	4/5/40/72/105/185/270/203/111/69/36/5/4	22.3	30s加灰，浆体流动性较好，90℃养护后流动性好，沉降稳定性好
3#	1200	11/15/85/137/185/>300/165/105/56/9/7	27.9	35s加灰，流动性比不加G80L好，浆体连续性好，较稠，90℃养护后浆体流动性较好

由实验结果可见，配方中加入 5%PC-G80L 之后，能够有效改善水泥浆的流动性。为了考察分散剂对于水泥浆性能的影响，在配方 2 的基础上加入了 1%的固体分散剂（配方 3），实验结果见表 3-6。

表 3-6　水泥浆性能实验

序号	铁矿粉目数	流变 3/6/30/60/100/200/300/200/100/60/30/6/3	24h 强度/MPa	备注
1#	120	14/20/105/168/233/>300/218/141/77/12/9	27.2	35s 加灰，流动性比不加 G80L 好，浆体连续性好，较稠，90℃养护后浆体流动性较好
2#	325	23/29/140/220/>300/194/106/16/13	27.1	40s 加灰，同上
8#	325	4/5/39/70/104/173/268/202/109/68/35/5/4	22.7	30s 加灰，浆体流动性较好，90℃养护后流动性好，沉降稳定性好
3#	1200	15/22/110/181/245/>300/224/146/83/16/15	28.5	35s 加灰，流动性比不加 G80L 好，浆体连续性好，较稠，90℃养护后浆体流动性较好

通过实验结果可以看出，添加 1%分散剂后，对水泥浆流变性能影响较小，强度也几乎无影响。

3.1.4.1　2.10g/cm^3 水泥浆性能实验

1. 基本配方

100%水泥 + 35%硅粉 + 30%～45%铁矿粉 + 4.5%降失水剂 + 0.45%消泡剂 + 水。

2. 性能评价方法

（1）抗压强度评价（90℃，24h 抗压强度）。
（2）流变性能评价（90℃养护 20min）。
（3）沉降稳定性评价（水泥浆静置 10min）。
（4）混灰时间（40s 以内）。

3. 实验材料

渔阳硅粉 200 目，铁矿粉 80 目，江汉铁矿粉 200 目，江汉铁矿粉 400 目，江汉铁矿粉 1200 目，西安铁矿粉 800 目，嘉华 G 级水泥。

4. 实验过程

（1）硅粉的优选实验。
（2）不同厂家铁矿粉优选。
（3）不同粒径铁矿粉之间的级配。①80～1200 目颗粒级配，②200～1200 目颗粒级配，③400～1200 目颗粒级配，④800～1200 目颗粒级配，⑤200～800 目颗粒级配。

5. 实验数据及分析

1）硅粉优选实验
硅粉优选实验结果见表 3-7～表 3-9。

表 3-7　120 目硅粉优选实验

硅粉目数	铁矿粉目数	铁矿粉比例/%	流变性	抗压强度/MPa	沉降稳定性	混灰时间/s
120	江汉 1200	45	2.5/3.5/22/41/65/118/165	14.5	无	18
120	江汉 1200	40	3/4/25/46/69/126/188	18.8	无	19
120	江汉 1200	35	3.5/4.5/59/84/159/239	16.2	无	28
120	江汉 1200	30	3.5/4.5/33/61/94/169/252		无	29
120	江汉 200	45	1.5/2.5/24/45/72/129/180		2mm 沉降	16
120	江汉 200	40	3/4/36/70/107/185/261		2mm 沉降	30
120	江汉 200	30	4/6/49/90/139/240/＞300		无	28
120	江汉 400	45	2/2.5/21/40/61/112/154		2mm 沉降	18
120	江汉 400	40	2/3.5/34/67/103/185/290		2mm 沉降	27
120	江汉 400	30	4.5/5.5/45/83/126/221/＞300		无	23

表 3-8　200 目硅粉优选实验

硅粉目数	铁矿粉目数	铁矿粉比例%	流变性	抗压强度/MPa	沉降稳定性	混灰时间/s
200	江汉 1200	45	6.5/8.5/40/69/104/181/251	23.5	无	20
200	江汉 1200	40	7/9/45/77/115/200/261		无	25
200	江汉 400	45	6/9/55/95/143/242/＞300	21.5	无	20
200	江汉 400	40	6/8/52/95/147/260/＞300		无	22
200	江汉 400	30	7/9/64/114/174/＞300/＞300		无	28
200	江汉 200	45	8/11/63/109/162/272/＞300	21.2	无	25
200	江汉 200	40	5/6/44/82/127/233/＞300		无	38
200	江汉 200	30	6/8/56/102/158/279/＞300		无	48

表 3-9　300 目硅粉优选实验

硅粉目数	铁矿粉目数	铁矿粉比例/%	流变性	抗压强度/MPa	沉降稳定性	混灰时间/s
300	江汉 1200	50	4.5/6/40/69/100/188/261	16.2MPa	无	32
300	江汉 1200	45	4/5/36/71/114/214/>300		无	32
300	江汉 400	45	6/8/76/140/216/>300/>300		无	>50
300	江汉 200	45	5/6/53/104/160/299/>300		无	47

结论：①水泥浆性能 120 目硅粉：沉降稳定性差，抗压强度低；200 目硅粉：沉降稳定性好，抗压强度高；300 目硅粉：沉降稳定性好，流变性太差，混灰时间太长；②选择 200 目作为实验用硅粉（2.1SG 水泥浆选用 200 目硅粉，其他密度水泥浆体系需进一步考证）。

2）铁矿粉优选实验

江汉 1200 目与唐山 1200 目铁矿粉优选实验如表 3-10 所示。

表 3-10　汉 1200 目与唐山 1200 目铁矿粉优选实验

硅粉目数	铁矿粉目数	铁矿粉比例/%	流变性	常压强度/MPa	抗压强度/MPa	沉降稳定性	混灰时间/s
200	江汉 1200	45	6.5/8.5/40/69/104/181/251	19.2	21.2	无	20
200	江汉 1200	40	7/9/45/77/115/200/261	20.9		无	25
200	唐山 1200	45	6/8/41/70/105/179/242	19	20.6	无	25
200	唐山 1200	40	8/11/50/83/120/204/281	17.5		无	20

从表 3-10 可以看出，江汉 1200 目与唐山 1200 目铁矿粉相比，流变性差别不大，但江汉 1200 目强度较高。选择江汉铁矿粉作为材料。

3）铁矿粉颗粒级配实验

（1）80 目与江汉 1200 目颗粒二级级配优选实验结果见表 3-11、图 3-2、图 3-3。

表 3-11　80 目与江汉 1200 目颗粒二级级配优选实验

硅粉目数	铁矿粉目数	铁矿粉比例	流变性	抗压强度/MPa
200	80 + 江汉 1200	40%（0 + 100%）	6/8/40/74/116/199/278	22.6
200	80 + 江汉 1200	40%（20 + 80%）	4/6/39/73/114/204/283	21.8
200	80 + 江汉 1200	40%（40 + 60%）	3/5/38/71/111/192/255	20.4
200	80 + 江汉 1200	40%（60 + 40%）	4/6/42/77/119/205/278	21.6
200	80 + 江汉 1200	40%（70 + 30%）	3/5/41/75/117/207/290	19.8
200	80 + 江汉 1200	40%（80 + 20%）	4/6/44/77/119/202/275	20.5
200	80 + 江汉 1200	40%（100 + 0%）	4/6/45/83/127/221/>300	19.6

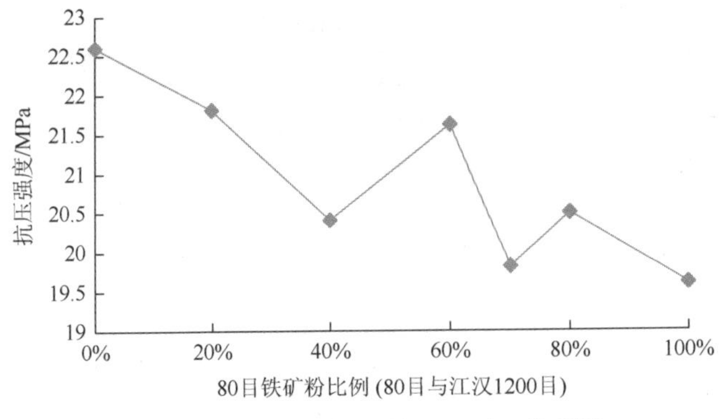

图 3-2　强度-铁矿粉比例（80 目）关系图

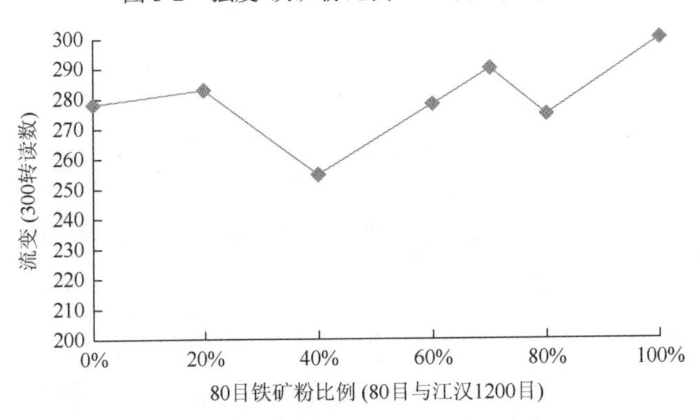

图 3-3　流变-铁矿粉比例（80 目）关系图

从图 3-2 强度性能看，80 目与江汉 1200 目铁矿粉复配，随着 80 目铁矿粉的比例逐渐增加，抗压强度呈现先逐渐减小，在 80 目铁矿粉比例为 60%时又突然增大，然后又逐渐减小。强度最高值在江汉 1200 目铁矿粉含量为 100%时得到。

从图 3-3 流变性能看，80 目与江汉 1200 目铁矿粉复配的浆体流变性较好，在 80 目铁矿粉比例为 40%时，流变最好。

（2）江汉 200 目与江汉 1200 目铁矿粉颗粒级配实验详见表 3-12、图 3-4、图 3-5。

表 3-12　江汉 200 目与江汉 1200 目颗粒二级级配优选实验

硅粉目数	铁矿粉目数	铁矿粉比例	流变性	抗压强度/MPa
200	江汉 200＋江汉 1200	40%（0＋100%）	6/8/40/74/116/199/278	22.6
200	江汉 200＋江汉 1200	40%（10＋90%）	5/7/38/69/107/192/268	22.3
200	江汉 200＋江汉 1200	40%（20＋80%）	4/6/35/64/98/178/248	21.5
200	江汉 200＋江汉 1200	40%（30＋70%）	5/6/38/70/108/191/265	21.2
200	江汉 200＋江汉 1200	40%（40＋60%）	6/7/45/80/122/211/290	22.4
200	江汉 200＋江汉 1200	40%（50＋50%）	5/7/39/71/111/198/274	22.1
200	江汉 200＋江汉 1200	40%（60＋40%）	5/7/40/78/117/211/293	21.3
200	江汉 200＋江汉 1200	40%（70＋30%）	4/6/38/72/111/202/284	23.3
200	江汉 200＋江汉 1200	40%（80＋20%）	5/7/45/82/126/220/299	22.7
200	江汉 200＋江汉 1200	40%（90＋10%）	3/5/38/71/111/198/274	20.3
200	江汉 200＋江汉 1200	40%（100＋0%）	5/7/49/90/138/243/>300	21

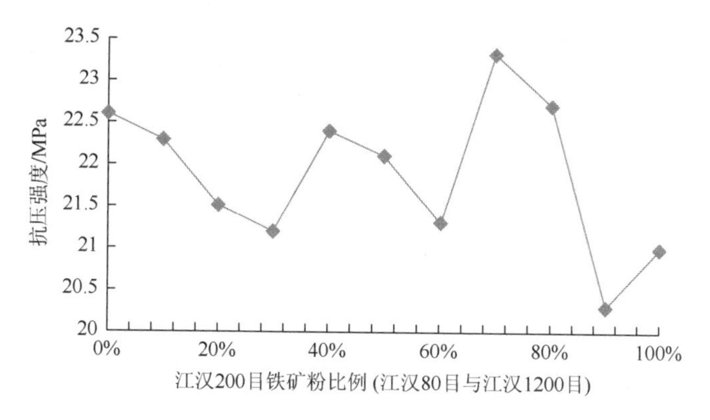

图 3-4　强度-铁矿粉比例（江汉 200 目）关系图

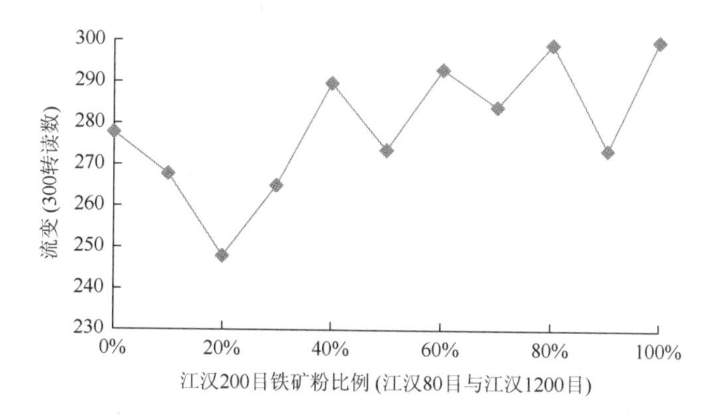

图 3-5　流变-铁矿粉比例（江汉 200 目）图

从图 3-4 强度性能看，江汉 200 目与江汉 1200 目铁矿粉复配，随着江汉 200 目铁矿粉的比例逐渐增加，抗压强度呈现先逐渐减小，在江汉 200 目铁矿粉比例为 40%时又突然增大，然后又逐渐减小，在江汉 200 目比例达到 70%时又增大，并达到最大值，然后又逐渐减小。

从图 3-5 流变性能看，由于存在实验误差，规律性不是很好，但总体来看大体趋势为，随着江汉 200 目铁矿粉的比例逐渐增大，流变性能逐渐变差；在江汉 200 目比例为 20%时，流变性最好。

（3）江汉 400 目与江汉 1200 目铁矿粉颗粒级配实验详见表 3-13、图 3-6、图 3-7。

表 3-13　江汉 400 目与江汉 1200 目颗粒二级级配优选实验

硅粉目数	铁矿粉目数	铁矿粉比例	流变性	抗压强度/MPa
200	江汉 400 + 江汉 1200	40%（0 + 100%）	4/6/37/69/108/191/264	22.6
200	江汉 400 + 江汉 1200	40%（10 + 90%）	4/6/39/69/108/194/271	21.2
200	江汉 400 + 江汉 1200	40%（20 + 80%）	4/6/36/67/104/185/257	20.5
200	江汉 400 + 江汉 1200	40%（30 + 70%）	5/7/42/75/116/204/281	19.6
200	江汉 400 + 江汉 1200	40%（40 + 60%）	4/6/41/74/116/202/279	22.3

续表

硅粉目数	铁矿粉目数	铁矿粉比例	流变性	抗压强度/MPa
200	江汉 400 + 江汉 1200	40%（50 + 50%）	4/6/39/71/111/200/277	21.1
200	江汉 400 + 江汉 1200	40%（60 + 40%）	5/6/43/80/123/210/288	20.3
200	江汉 400 + 江汉 1200	40%（70 + 30%）	4/6/42/80/124/222/>300	20.8
200	江汉 400 + 江汉 1200	40%（80 + 20%）	5/7/45/82/126/220/299	19.5
200	江汉 400 + 江汉 1200	40%（90 + 10%）	4/6/42/79/122/220/>300	20.8
200	江汉 400 + 江汉 1200	40%（100 + 0%）	5/6/44/82/127/233/>300	21.2

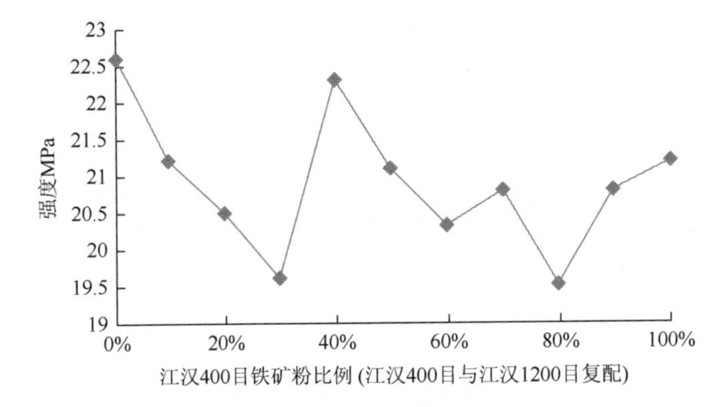

图 3-6　强度-铁矿粉比例（江汉 400 目）关系图

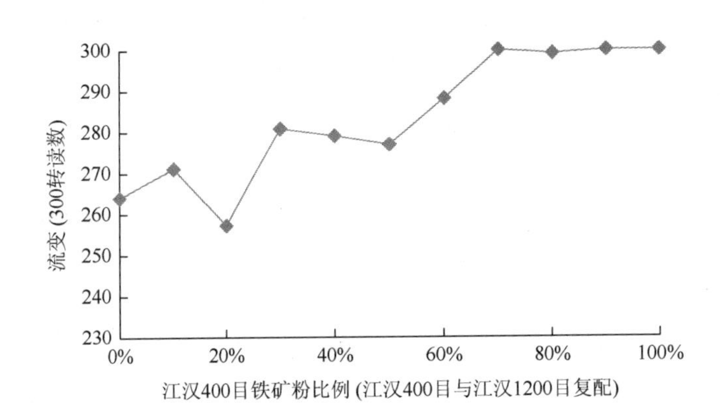

图 3-7　流变-铁矿粉比例（江汉 400 目）关系图

从图 3-6 强度性能看，江汉 400 目与江汉 1200 目铁矿粉复配，随着江汉 400 目铁矿粉的比例逐渐增加，抗压强度呈现先逐渐减小，在江汉 400 目铁矿粉比例为 40%时又突然增大，然后又逐渐减小，在江汉 400 目比例达到 70%时又增大，然后又逐渐减小，强度最高值出现在江汉 400 目比例为 0（即江汉 1200 目为 100%）时。

从图 3-7 流变性能看，总体来说，随着江汉 400 目铁矿粉的比例逐渐增大，流变性能逐渐变差；在江汉 400 目比例为 20%时，流变性能最好。

（4）西安 800 目与江汉 1200 目铁矿粉颗粒级配实验见表 3-14、图 3-8、图 3-9。

表 3-14　西安 800 目与江汉 1200 目颗粒二级级配优选实验

硅粉目数	铁矿粉目数	铁矿粉比例	流变性	抗压强度/MPa
200	西安 800 + 江汉 1200	40%（0 + 100%）	6/8/40/74/116/199/278	22.6
200	西安 800 + 江汉 1200	40%（20 + 80%）	3/5/36/67/102/184/254	21.3
200	西安 800 + 江汉 1200	40%（30 + 70%）	3/5/35/66/103/187/254	20.3
200	西安 800 + 江汉 1200	40%（40 + 60%）	3/5/37/69/107/187/255	19.9
200	西安 800 + 江汉 1200	40%（50 + 50%）	3/5/33/62/98/174/240	20
200	西安 800 + 江汉 1200	40%（60 + 40%）	3/5/33/61/96/172/235	20.3
200	西安 800 + 江汉 1200	40%（70 + 30%）	2/4/30/56/88/158/217	21.6
200	西安 800 + 江汉 1200	40%（80 + 20%）	2/4/33/60/93/165/226	21.9
200	西安 800 + 江汉 1200	40%（100 + 0%）	2/3/28/53/82/148/204	21.9

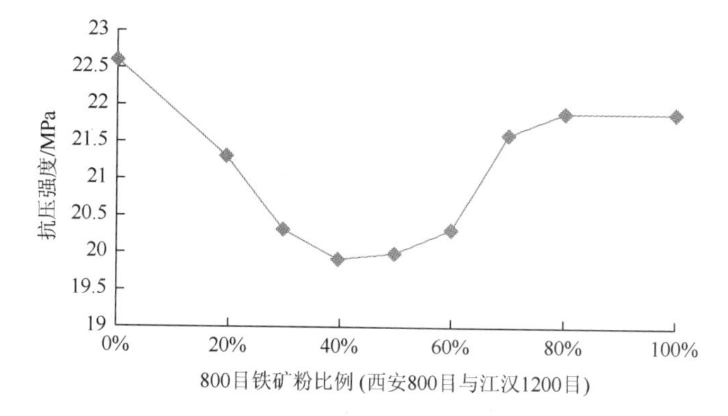

图 3-8　强度-铁矿粉比例（西安 800 目）关系图

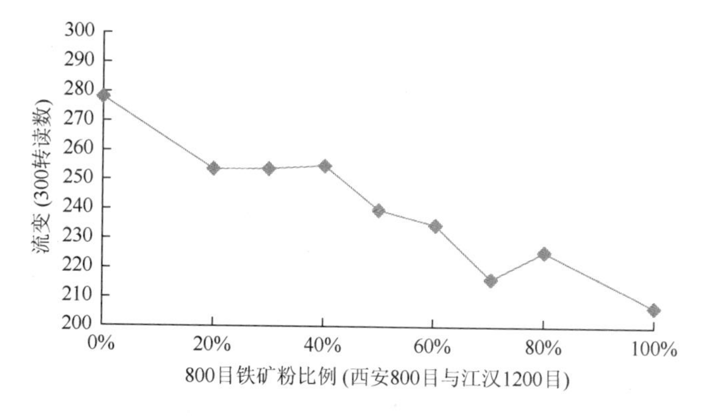

图 3-9　流变-铁矿粉比例（西安 800 目）关系图

从图 3-8 强度性能看，西安 800 目与江汉 1200 目铁矿粉复配，随着西安 800 目铁矿粉的比例逐渐增加，抗压强度呈现先逐渐减小，后逐渐增大，最高强度值仍然是在江汉 1200 目比例为 100%时得到。

从图 3-9 流变性能看，总体来说，随着西安 800 目铁矿粉的比例逐渐增大，流变性能逐渐变好，浆体流动性最好；在西安铁矿粉含量为 100%时流变性最好。

与其他水泥浆体系相比较，西安 800 目铁矿粉流变性最好，江汉 1200 目铁矿粉流变性次之，其他目数铁矿粉流变性较差。

（5）江汉 200 目与西安 800 目铁矿粉颗粒级配实验见表 3-15、图 3-10、图 3-11。

表 3-15　800 目与江汉 200 目颗粒二级级配优选实验

硅粉目数	铁矿粉目数	铁矿粉比例	流变性	抗压强度/MPa
200	西安 800 + 江汉 200	40%（0 + 100%）	5/7/49/90/138/243/>300	21
200	西安 800 + 江汉 200	40%（20 + 80%）	4/5/46/87/136/242/>300	20.3
200	西安 800 + 江汉 200	40%（40 + 60%）	3/5/39/73/115/204/283	19.9
200	西安 800 + 江汉 200	40%（60 + 40%）	2/4/33/61/95/168/230	19.3
200	西安 800 + 江汉 200	40%（80 + 20%）	2/4/31/60/94/167/229	20.5
200	西安 800 + 江汉 200	40%（100 + 0%）	2/3/28/53/82/148/204	21.9

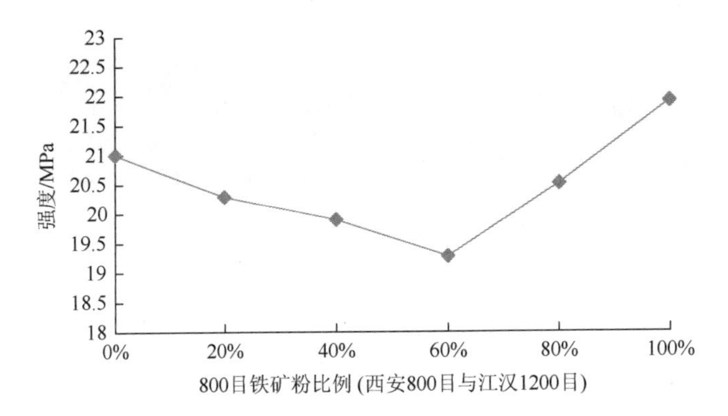

图 3-10　强度-铁矿粉比例（西安 800 目）关系图

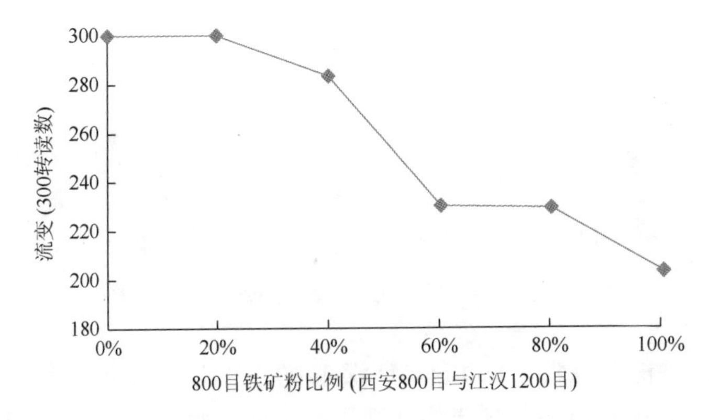

图 3-11　流变-铁矿粉比例（西安 800 目）关系图

从图3-10强度性能看，西安800目与江汉200目铁矿粉复配，强度先逐渐降低，在西安800目铁矿粉含量为60%时降到最低，然后逐渐增大，最后在800目铁矿粉比例为100%时得到最大值。

从图3-11流变性能看，总体来说，随着西安800目铁矿粉的比例逐渐增大，流变性能逐渐变好，浆体流动性好；在西安铁矿粉含量为100%时流变性最好。

5. 实验结论

1）最佳颗粒级配

表3-16　（从抗压强度看）几种铁矿粉最佳颗粒级配

颗粒级配/目数	最佳配比	最大强度	流变性能	混灰时间/s
80～1200	0：100%	22.6	6/8/40/74/116/199/278	15
200～1200	70%：30%	23.3	4/6/38/72/111/202/284	20
400～1200	0：100%	22.6	6/8/40/74/116/199/278	15
800～1200	0：100%	22.6	6/8/40/74/116/199/278	15
200～800	0：100%	21.9	5/7/49/90/138/243/＞300	15

表3-17　（从流变性能看）几种铁矿粉的最佳颗粒级配

颗粒级配/目数	最佳配比	最大强度	流变性能	混灰时间/s
80～1200	40：60	20.4	3/5/38/71/111/192/255	25
200～1200	20%：80%	21.5	4/6/35/64/98/178/248	20
400～1200	20%：80%	20.5	4/6/36/67/104/185/257	28
800～1200	100%：0%	21.9	2/3/28/53/82/148/204	15
200～800	100%：0%	21.9	2/3/28/53/82/148/204	15

（1）表3-16，从抗压强度看，江汉200目与江汉1200目铁矿粉复配体系强度最高，最佳比例为江汉200目：江汉1200目＝70%：30%。

（2）表3-17，从流变性能看，西安800目铁矿粉单独使用时体系流变性最好。

（3）对于密度为2.10g/cm^{3}的水泥浆体系，在表3-16、表3-17各种级配下流变性及混灰时间均较好，所以选择强度最高的江汉200目＋江汉1200目铁矿粉复配体系作为最佳颗粒级配。

（4）但是对于更高密度的水泥浆体系，如2.50g/cm^{3}的水泥浆体系，可能流变性及混灰时间成为主要的考察因素，所以对于更高密度水泥浆的级配采取如下路线：先用江汉200目、江汉1200目体系进行更高密度水泥浆体系的研究，若其流变性及混灰时间能够达到要求，则选择江汉200目、江汉1200目的体系作为更高密度的水泥浆体系；若此体系不可行（流变性差，混灰困难），再考虑用先 800 目水泥浆体系或进一步寻找更优的颗粒级配体系。

（5）对于 2.10g/cm^3 水泥浆，由于密度较低，只用基本配方（水泥、硅粉、铁矿粉、降失水剂、消泡剂、水），流变、强度、浆体稳定性能即可满足要求；但是对于更高密度要求的水泥浆体系，则可能要再加入分散剂、稳定剂、增强剂等添加剂，才能达到要求的流变、强度、浆体稳定性等性能。

2）铁矿粉粒径对水泥浆性能的影响

（1）从表 3-18、图 3-12 可以看出，随着铁矿粉目数的变大，即铁矿粉变细，水泥抗压强度逐渐增大。这是因为铁矿粉粒径越小，铁矿粉在水泥浆中分散越均匀，水泥浆性能越稳定，内部填充越密实，所以水泥石强度越高。

表 3-18 不同目数铁矿粉对水泥浆性能的影响

序号	硅粉目数	铁矿粉目数	平均粒径/um	铁矿粉比例/%	流变性	强度
1	200	80 目		40	4/6/45/83/127/221/>300	19.6
2	200	江汉 200 目	50	40	5/7/49/90/138/243/>300	21
3	200	江汉 400 目	36	40	6/8/52/95/147/260/>300	21.2
4	200	800 目		40	2/3/28/53/82/148/204	21.9
5	200	江汉 1200 目	2	40	6/8/40/74/116/199/278	22.6

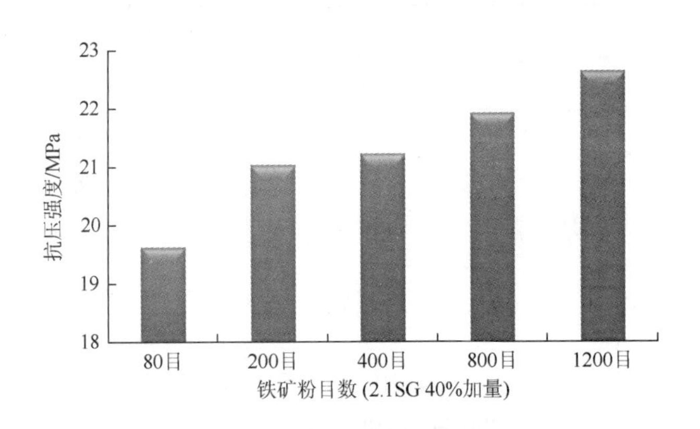

图 3-12 铁矿粉目数对抗压强度的影响

（2）从图 3-13 可以看出，随着铁矿粉目数变大，流变性能变差，这是由于铁矿粉粒径越小，产生的摩擦力越大，水泥浆越黏稠，所以流变性能变差；但在 800 目时流变性能最好，1200 目与 800 目相比流变较差，但较其他目数较小的铁矿粉，流变性能也很好，估计可能是 800 目与 1200 目铁矿粉与水泥的颗粒级配效果较好，也可能是 800 目铁矿粉的粉体形状较规则。

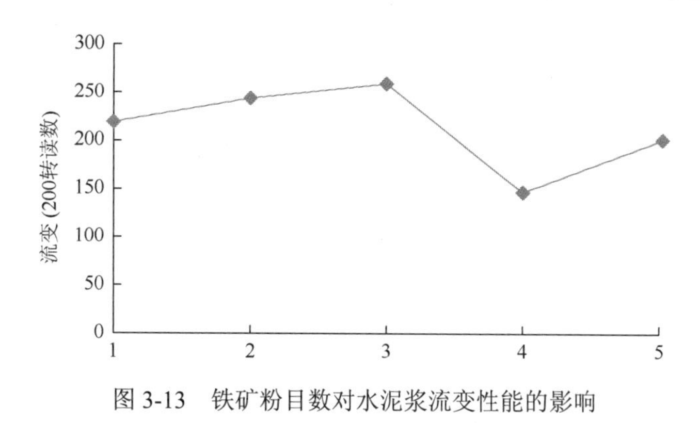

图 3-13　铁矿粉目数对水泥浆流变性能的影响

3.1.4.2　2.30g/cm³ 水泥浆性能实验

1. 基本配方

100%水泥 + 35%硅粉 + 115%～145%铁矿粉 + 6%降失水剂 + 0.6%消泡剂 + 水。

2. 性能评价方法

（1）抗压强度评价（90℃，常压，24h）。
（2）流变性能评价（90℃养护 20min）。
（3）沉降稳定性评价（水泥浆静置 10min）。

3. 实验材料

所需实验材料详见表 3-19 所示。

表 3-19　实验材料列表

实验材料	目数
硅粉	渔阳 120 目
	渔阳 200 目
	渔阳 300 目
铁矿粉	连云港 300 目
	唐山 250 目
	江汉 200 目
	江汉 400 目
	江汉 800 目
	江汉 1200 目
	唐山 1200 目
水泥	嘉华 G 级水泥

4. 实验内容

（1）铁矿粉加量对于水泥浆性能的影响实验。
（2）两种铁矿粉复配水泥浆性能实验。

5. 实验数据及分析

由表 3-20、图 3-14 可以看出，1200 目铁矿粉比 200 目铁矿粉在相对应的添加比例下抗压强度要高 1～2MPa，这是由于 1200 目铁矿粉颗粒较细，在水泥浆中的填充作用更明显，形成的水泥石更密实，再就是因为 200 目铁矿粉配制的水泥浆沉降稳定性差，在进行抗压强度实验时，水泥石上部强度较低的部分容易破裂。

表 3-20　水泥浆性能实验表

硅粉目数	铁矿粉目数	铁矿粉比例/%	流变性	抗压强度/MPa	沉降稳定性
200	江汉 200	125	5/7/61/96/149/256/>300	8	2mm 沉降
		130	5/6/37/60/111/198/282	8.5	3mm 沉降
		135	4/5/30/58/92/163/227	7.5	3mm 沉降
		140	3/4/27/53/85/152/210	7.1	5mm 沉降
		145	3/4/21/41/64/117/161	6.1	7mm 沉降
	江汉 1200	125	6/8/38/70/108/195/277	10	无
		130	6/8/33/61/94/166/234	9	无
		135	6/8/34/60/91/165/226	7.8	无
		140	5/6/27/49/77/141/200	7.8	无
		145	4/5/21/39/63/117/167	8.1	无

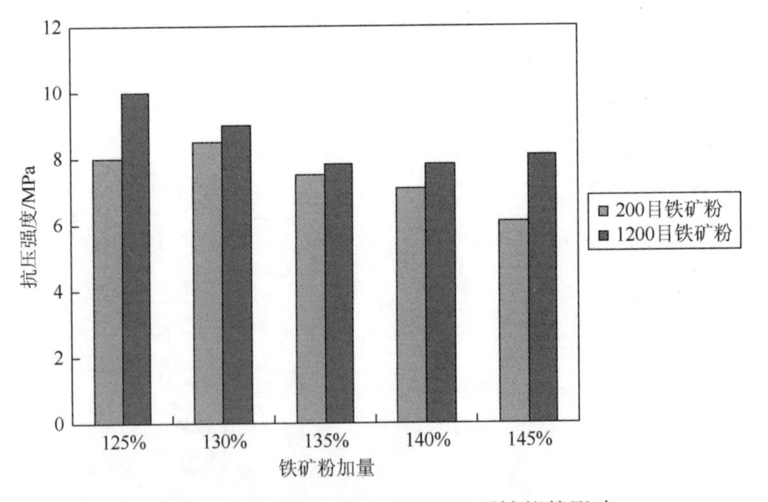

图 3-14　铁矿粉加量对水泥石抗压性能的影响

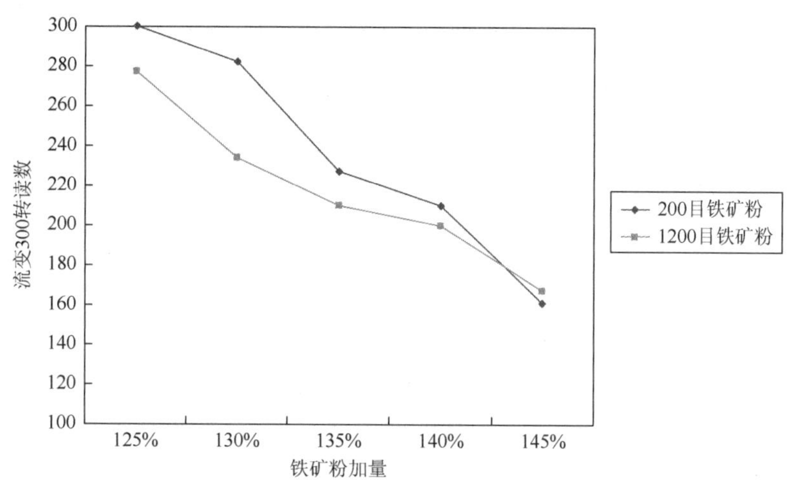

图 3-15　铁矿粉加量对水泥浆流变性能的影响

由图 3-15 可以看出，随着铁矿粉加量的增加，300 转读数逐渐降低，水泥浆流动性增强，在相同加量下 1200 目铁矿粉比 200 目铁矿粉配制的水泥浆流动性要好。

3.1.4.3　2.50g/cm^3 水泥浆性能实验

1. 基本配方

100%水泥 + 35%硅粉 + 210%铁矿粉 + 6%降失水剂 + 0.45%消泡剂 + 水

2. 性能评价方法

（1）抗压强度评价（160℃，21MPa，24h）。
（2）流变性能评价（90℃养护 20min）。
（3）沉降稳定性评价（水泥浆静置 10min）。
（4）混灰时间（40s 以内）。

3. 实验材料

所需实验材料见表 3-21 所示。

3-21　实验材料列表

实验材料	目数
硅粉	渔阳 200 目
铁矿粉	唐山 100 目
	江汉 200 目
	江汉 400 目
	江汉 800 目
	江汉 1200 目
	江汉 2000 目
水泥	山东 G 级水泥

通过分析发现，唐山铁矿粉粉体性状与江汉铁矿粉粉体性状相近，实验室没有江汉100目铁矿粉，所以用唐山100目铁矿粉代替。

4. 实验过程

主要进行的工作为不同粒径铁矿粉之间的级配，具体如下

（1）100～1200目颗粒级配。

（2）200～1200目颗粒级配。

（3）400～1200目颗粒级配。

（4）100～400目颗粒级配。

（5）200～800目颗粒级配。

5. 实验数据及分析

（1）唐山100目-江汉1200目铁矿粉颗粒级配实验见表3-22、图3-16。

表3-22　唐山100目与江汉1200目颗粒二级级配优选实验

硅粉目数	铁矿粉目数	铁矿粉比例	流变性	抗压强度/MPa
200	唐山100＋江汉1200	210%（0＋100%）	3/5/28/52/84/164/240	
200	唐山100＋江汉1200	210%（20＋80%）	2/4/25/47/75/141/199	30.5
200	唐山100＋江汉1200	210%（40＋60%）	2/3/24/45/73/139/195	
200	唐山100＋江汉1200	210%（60＋40%）	2/3/22/43/71/133/189	25.8
200	唐山100＋江汉1200	210%（80＋20%）	2/4/34/65/104/192/270	
200	唐山100＋江汉1200	210%（100＋0%）	3/4/42/87/139/256/＞300	

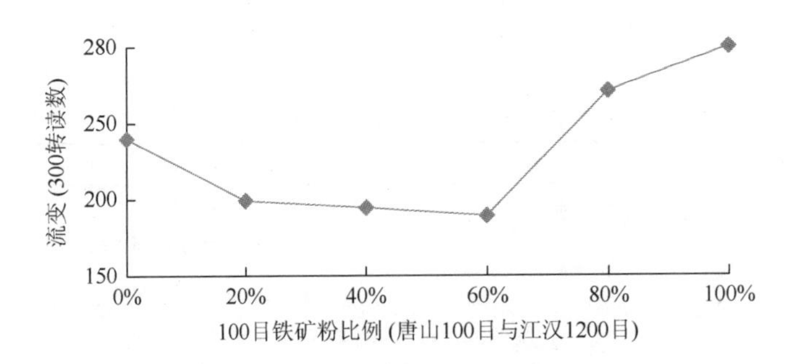

图3-16　流变-铁矿粉比例关系图

（2）江汉200目与江汉1200目铁矿粉颗粒级配实验见表3-23、图3-17。

表 3-23　江汉 200 目与江汉 1200 目颗粒二级级配优选实验

硅粉目数	铁矿粉目数	铁矿粉比例	流变性	抗压强度/MPa
200	江汉 200 + 江汉 1200	210%（0 + 100%）	3/5/28/52/84/164/240	
200	江汉 200 + 江汉 1200	210%（20 + 80%）	4/5/28/51/81/154/221	
200	江汉 200 + 江汉 1200	210%（40 + 60%）	3/4/29/54/88/162/233	
200	江汉 200 + 江汉 1200	210%（60 + 40%）	1/2/23/46/74/142/201	23.1
200	江汉 200 + 江汉 1200	210%（80 + 20%）	2/3/28/57/93/173/245	
200	江汉 200 + 江汉 1200	210%（100 + 0%）	3/4/44/87/140/260/>300	

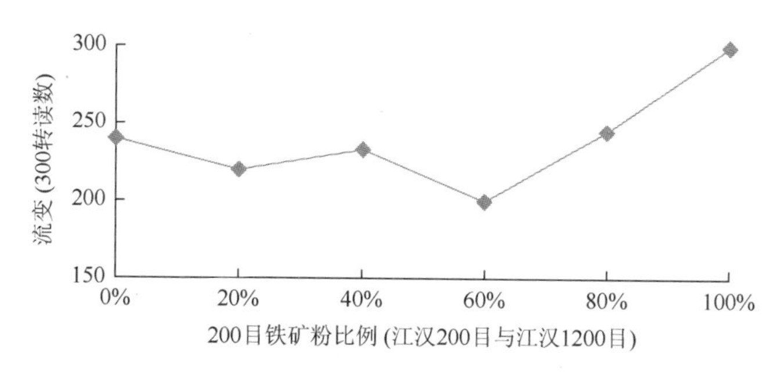

图 3-17　流变-铁矿粉比例关系图

（3）江汉 400 目与江汉 1200 目铁矿粉颗粒级配实验见表 3-24、图 3-18。

表 3-24　江汉 400 目与江汉 1200 目颗粒二级级配优选实验

硅粉目数	铁矿粉目数	铁矿粉比例	流变性	抗压强度/MPa
200	江汉 400 + 江汉 1200	210%（0 + 100%）	3/5/28/52/84/164/240	
200	江汉 400 + 江汉 1200	210%（20 + 80%）	3/5/28/52/83/159/220	26
200	江汉 400 + 江汉 1200	210%（40 + 60%）	3/4/29/55/89/170/242	
200	江汉 400 + 江汉 1200	210%（60 + 40%）	2/3/29/57/93/170/236	
200	江汉 400 + 江汉 1200	210%（80 + 20%）	2/3/30/61/99/188/267	
200	江汉 400 + 江汉 1200	210%（100 + 0%）	3/4/41/83/140/265/>300	

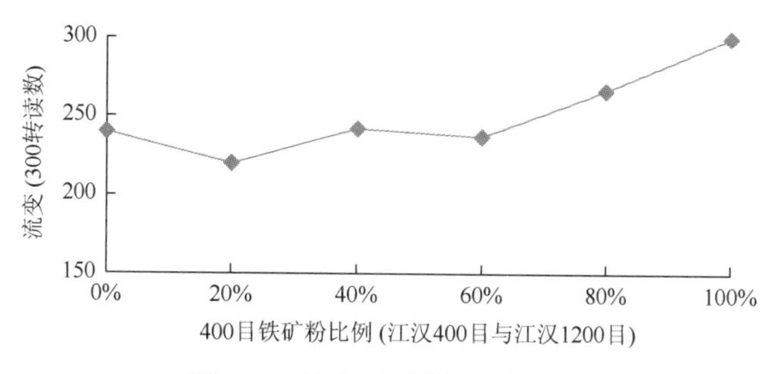

图 3-18　流变-铁矿粉比例关系图

（4）唐山 100 目与江汉 400 目铁矿粉颗粒级配实验见表 3-25、图 3-19。

表 3-25 唐山 100 目与江汉 400 目颗粒二级级配优选实验

硅粉目数	铁矿粉目数	铁矿粉比例	流变性	抗压强度/MPa
200	唐山 100 + 江汉 400	210%（0 + 100%）	3/4/42/87/139/256/>300	
200	唐山 100 + 江汉 400	210%（20 + 80%）	3/5/43/87/142/258/>300	
200	唐山 100 + 江汉 400	210%（40 + 60%）	3/4/40/79/131/250/>300	
200	唐山 100 + 江汉 400	210%（60 + 40%）	2/3/35/71/117/224/>300	
200	唐山 100 + 江汉 400	210%（80 + 20%）	2/3/37/75/125/234/>300	
200	唐山 100 + 江汉 400	210%（100 + 0%）	3/4/41/83/140/265/>300	

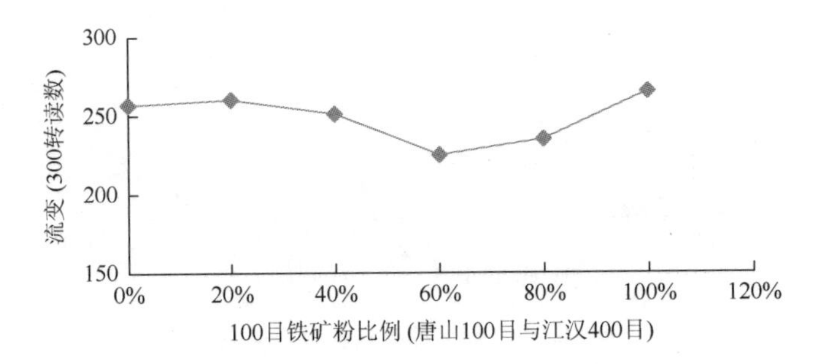

图 3-19 流变-铁矿粉比例关系图

（5）唐山 100 目与江汉 800 目铁矿粉颗粒级配实验见表 3-26、图 3-20。

表 3-26 唐山 100 目与江汉 800 目颗粒二级级配优选实验

硅粉目数	铁矿粉目数	铁矿粉比例	流变性	抗压强度/MPa
200	唐山 100 + 江汉 800	210%（0 + 100%）	11/14/50/81/120/206/282	
200	唐山 100 + 江汉 800	210%（20 + 80%）	5/7/41/74/117/205/281	
200	唐山 100 + 江汉 800	210%（40 + 60%）	5/7/44/79/121/211/290	
200	唐山 100 + 江汉 800	210%（60 + 40%）	5/7/41/75/116/206/278	
200	唐山 100 + 江汉 800	210%（80 + 20%）	5/7/41/76/119/212/294	
200	唐山 100 + 江汉 800	210%（100 + 0%）	3/4/44/87/140/260/>300	

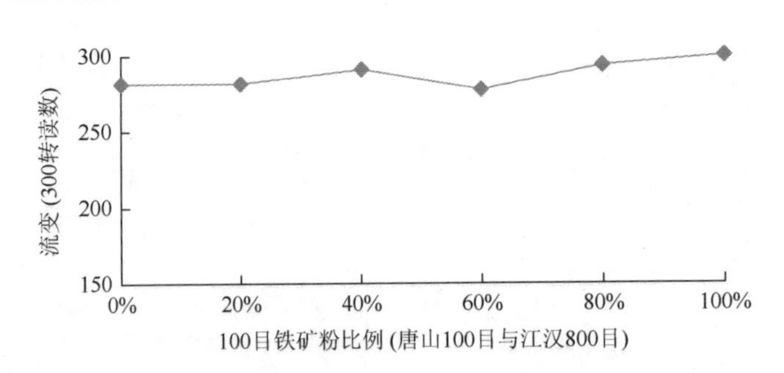

图 3-20 流变-铁矿粉比例关系图

6. 实验结论

1）最佳颗粒级配规律

可以发现不同铁矿粉级配规律如下：

（1）流变最好的级配为 100 目～1200 目级配，级配比例为 100 目占 60%。

（2）1200 目铁矿粉参与级配的水泥浆流变性能最好，不同铁矿粉粒径差别越大，级配效果越好，如 100 目～1200 目级配＞200 目～1200 目级配＞400 目～1200 目级配。

（3）以上五种级配的最优比例一般为 20%∶80%或 60%∶40%。

2）铁矿粉粒径对水泥浆性能的影响

表 3-27　不同目数铁矿粉对水泥浆性能的影响

序号	铁矿粉目数	平均粒径/um	铁矿粉比例/%	流变性	强度
1	100 目		210	3/4/42/87/139/256/＞300	
2	200 目	50	210	3/4/44/87/140/260/＞300	
3	400 目	36	210	3/4/41/83/140/265/＞300	
4	800 目		210	11/14/50/81/120/206/282	
5	1200 目	2	210	3/5/28/52/84/164/240	
6	2000 目		210	浆体无流动性	

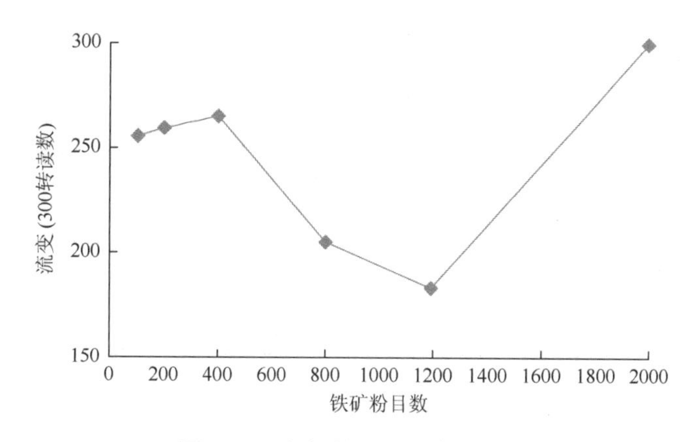

图 3-21　流变-铁矿粉目数关系图

由表 3-27、图 3-21 可以看出：

（1）100 目到 400 目时，随着铁矿粉目数逐渐增大，水泥浆流变性能逐渐变差，在该区间内，铁矿粉粒径为几十微米，与水泥的粒径相似。水泥浆性能逐渐变差的原因可能为铁矿粉粒径越小，铁矿粉颗粒越多，颗粒间摩擦越大，造成水泥浆流变变差。

（2）400 目到 1200 目时，随着铁矿粉目数逐渐增大，水泥浆流变性逐渐变好，在该区间内，铁矿粉粒径为几微米，与水泥颗粒有一个数量级的差别。水泥浆性能逐渐变好的原因可能为铁矿粉与水泥颗粒间形成级配，有利于水泥浆流变性能的提高。

（3）当大于 1200 目时，随着铁矿粉目数逐渐增大，水泥浆流变性能逐渐变差，最后配浆困难，浆体失去流动性，在该区间内，铁矿粉粒径为 1 微米以内。水泥浆性能逐渐变差的原因可能为，随着铁矿粉目数的增大，铁矿粉粒径逐渐减小，颗粒比表面积增大，由于铁矿粉表面水化吸水，从而降低了用于水泥水化反应的需水量，使浆体变稠，最后失去流动性。

通过以上研究：

（1）优选了铁矿粉、硅粉的厂家、目数，水泥浆密度从 2.10～2.50SG；

（2）从流变性能、抗压强度看，江汉 200 目与江汉 1200 目铁矿粉复配体系强度最高，最佳比例为江汉 200 目∶江汉 1200 目 = 30%∶70%；也可以单独使用江汉 1200 目铁矿粉，体系的性能同样较好；

（3）非规则颗粒级配技术高密度体系的框架建立，有利于体系的流变性能和抗压强度性能的改善，也有利于体系其他非常规性能的改善，特别是水泥石的致密性，最终也有利于水泥石的防窜及防腐蚀功能的改善。

3.2 水泥浆防漏失技术

3.2.1 主要面临的漏失问题现状

一般水泥浆的正常密度为 1.9SG，且含有大量固相颗粒，水泥浆产生的高液柱压力极易造成水泥浆向地层的大量漏失。在水泥浆要封隔的地层中，如果存在漏失地层或可能发生诱发性漏失层位，则水泥浆漏失难以避免。当注水泥条件不适应循环条件下的压力平衡，即破坏了平衡压力固井时，将可能发生水泥浆漏失，这种情况称为漏失井注水泥。无论从基本固井条件或从保障注水泥封隔质量的原则出发，在井漏状态下，不允许下套管注水泥，如果漏失则结果是注水泥的质量将不能获得有效的保证。因此要保证质量进行漏失注水泥应充分详尽掌握井下状况。包括地层的孔隙压力，深度及循环漏失压力以及漏失层位，深度及循环漏失压力和漏层的类型，特点及其漏失的原因。并以所掌握的漏失情况为基础，在注水泥前对漏失层进行处理，并获得处理后井下新的压力平衡关系，即新的循环压力漏失条件与数据。除此而外，应该按新的地层平衡压力条件，拟定防止井漏的注水泥方案，控制返至设计井深的水泥浆柱的流动液柱压力小于漏失层的漏失压力，达到正确的控制漏失效果。

表 3-28 东方某区某块井漏资料统计

项目	DF4	DF2	DF3	DF4	DF6	DF5	DF7	DF8	DF10
垂深	2777	2852	2805	2807	2760	3109	2637	2757	2725
泥浆比重	1.56	1.65	1.7	1.68	1.7	1.78	1.6	1.62	1.65
软件模拟 ECD	1.812	1.836	1.860	1.928	1.869	1.955	1.857	1.854	1.842
现场施工	正常	正常	正常	井漏	正常	井漏	正常	正常	井漏

表 3-28 为东方某区某地井漏资料统计表，从表 3-28 可以看出，固井作业易井漏，探井作业时出现 3 次 9-5/8”套管固井过程中失返的案例，分别为 DF4/5/10 井。具体情况为：

（1）DF4 井：以排量 11.2bpm 顶替至水泥浆即将出套管鞋时，发生井漏，降低排量顶替至碰压，井口无返出，井口基本无泵压。发生漏失时井底 ECD：1.88。

（2）DF5 井：顶替至 450 冲，重浆返至套管以上 160m，发生井漏，低排量顶替至碰压，井口无返出，井口基本无泵压。发生漏失时井底 ECD：1.89。

（3）DF10 井：顶替至首浆返至套管以上 200m，发生井漏，低排量顶替至碰压，井口无返出，井口压力上涨约 160psi。发生漏失时井底 ECD：1.82。

井漏原因分析：

（1）位置关系：东方 1 气田处于底辟西块，各井目的层距底辟模糊带边缘 6.0～7.5km。受底辟的影响，局部地层存在微裂缝，存在薄弱地层。

（2）发生漏失后，固井前置液及水泥浆堵漏能力欠佳，未能起到堵漏作用。

注水泥过程中发生井漏应该采取相应的常规措施：

（1）注水泥前应对井漏做好完善处理，使注水泥在无漏失情况下进行。但在实际注水泥作业中，可能面临两种情况，即在注水泥期间发生漏失或未发生漏失。如果油田区块及地质地层有漏失存在，设计必须按可能漏失情况进行设计选择。

（2）按预防井漏发生的设计进行选择：在设计中，应尽可能降低环空液注压力，使之小于地层破裂压力，或者小于注水泥前循环钻井液时环空当量压力梯度，其设计与措施包括：①控制水泥上返高度，或经地质与采油同意的情况下降低水泥上返高度，或选择分级注水泥方案；②降低水泥浆密度；③增加冲洗隔离液数量，尤其是紊流冲洗液；④加入分散剂，在较小排量下达到紊流，降低摩阻力。

（3）已发生漏失情况下的措施选择：①防漏设计按预防漏失情况进行设计选择。例如：降低水泥浆密度，增加冲洗隔离液数量，加入分散剂和降低顶替的泵量；②管柱的下部结构，尤其是浮鞋浮箍，开启应有较大的尺寸，防止桥塞堵漏材料造成套管内堵塞憋泵；③注水泥前，先行用井浆加入桥塞堵漏材料注入井内，然后注入冲洗隔离液。④控制注替水泥浆排量，在尾随的水泥浆中加入触变性处理剂。⑤采用如表 3-29 所示的颗粒状材料进行漏失封堵，堵塞岩层表面或内部形成桥塞。其中使用黑沥青时井下温度不超过 100℃，使用核桃壳类材料注意套管内堵塞，一般不要长纤维堵漏材料。对于天然裂缝和溶洞漏失，使用这类材料不会有效。

表 3-29　水泥浆中常用堵漏材料

类型	名称	材料特征	每袋水泥加量/kg	需水量/(L/kg)
颗粒状	硬沥青	分粒度的	2.3～23	7.6/23
	珍珠岩	膨胀	14～30	7.6/30
	胡桃壳	粒度	0.5～2.5	3.2/25
	炭黑	粒度	0.5～5.0	7.6/23
薄片状	赛珞玢	薄片	0.05～1.0	无
纤维状	尼龙	短纤维	0.05～0.10	无

虽然一般可能不需要长的纤维堵漏材料，但是，新的固井技术发现，纤维材料可能对水泥浆的漏失控制和水泥石的性能改善具有更好的效果。

3.2.2　水泥浆漏失评价技术

参考第 1 章 1.2 章节中的“地层裂缝动态漏失评价技术”。

3.2.3　水泥浆漏失控制技术

水泥浆的漏失控制技术最近几年得到了较大的发展，特别是采用纤维处理的水泥浆漏失技术，不仅可解决现场的实际漏失问题，而且有利于水泥石性能的改善；常规的水泥浆通过与纤维混合，就转变成了堵漏水泥浆体系。可控制漏失的纤维水泥浆中含有纤维质，在漏失地层中，纤维形成一种惰性纤维网状物，从而使循环恢复正常，纤维添加到水泥浆中，在井底的裂缝处形成网状桥堵，有助于产生所需的滤网和相应滤饼。纤维水泥浆适用于所有温度和泥浆密度条件，与所有水泥浆添加剂和大多数水泥浆配方配伍。纤维水泥浆，除可消除固井作业过程中的水泥浆漏失，也可降低昂贵的补救性挤注作业的概率。纤维属于惰性材料，可以连续添加到水泥浆中，在混浆槽中将纤维材料添加到水泥浆中，容易分散，不会堵塞泥浆槽和泥浆管线，对水泥浆的稠化时间和最终抗压强度的形成没有影响。使用时可以只在有可能发生漏失的层段向水泥浆中加入惰性纤维材料配制防漏失水泥浆，这样在固井作业中一方面迅速封堵漏失层，另一方面又减少多余泥浆的返排量，从而降低处理费用。

3.2.4　纤维品种对水泥浆堵漏效果的影响

水泥浆基本配方：320gF/W + 1.6gPC-X60L + 32gPC-G80L + 6gPC-F45L + 800gSD G + 纤维，实测密度 1.90g/cm^3。

不同纤维时裂缝堵漏效果见表 3-30。

表 3-30　不同纤维对裂缝堵漏效果

序号	纤维种类及加量	裂缝宽度/mm	实验压力/MPa					堵漏成功率/%	结论
			1	2	3	5	5		
1	0	0.5	X	-	-	-	-	0	不具备堵漏能力
2		0.5	√	√	√	√	√		
3	BX-S 2.4g	0.5	X	-	-	-	-	67	不能完全封堵
4		0.5	√	√	√	√	√		
5		0.5	√	√	√	√	√		
6	BX-S 3.6g	0.5	√	√	√	√	√	100	完全封堵
7		0.5	√	√	√	√	√		

续表

序号	纤维种类及加量	裂缝宽度/mm	实验压力/MPa					堵漏成功率/%	结论
			1	2	3	5	5		
8		0.5	X	-	-	-	-		
9	BX-L 2.4g	0.5	√	√	√	√	√	67	不能完全封堵
10		0.5	√	√	√	√	√		
11		0.5	X	-	-	-	-		
12	BX-L 3.6g	0.5	√	√	√	√	√	67	不能完全封堵
13		0.5	√	√	√	√	√		
14		0.5	√	√	√	√	√		
	BX-L 1.2g + BX -S 1.2g	0.5	√	√	√	√	√	100	完全封堵
15		0.5	√	√	√	√	√		
16		0.5	√	√	√	√	√		
17	BX-L 1.8g + BX -S 1.8g	0.5	√	√	√	√	√	100	完全封堵
18		0.5	√	√	√	√	√		
19	PC-B60 8g	0.5	X	-	-	-	-	0	不具备堵漏能力
20	PC-B60 8g	0.5	X	-	-	-	-		
21	PC-B60 12g	0.5	√	X	-	-	-		
22	PC-B60 12g	0.5	X	-	-	-	-	＜33	不能完全封堵
23	PC-B60 12g	0.5	X	-	-	-	-		
24	PC-B60 16g	0.5	√	√	√	√	√		
25	PC-B60 16g	0.5	√	√	√	√	√	100	完全封堵
26	PC-B60 16g	0.5	√	√	√	√	√		

备注：X. 代表完全漏失，不具备封堵能力；√. 代表堵住，具备封堵能力；-. 表示未进行实验。

从堵漏实验结果来看，在相同加量纤维的情况下，单独使用 BX-S 与 BX-L 效果没有两者按 1∶1 混合后的堵漏效果好。0.3%的加量（BWOC）就能够 100%封堵住 0.5mm 的裂缝。

3.2.5　纤维对水泥浆性能的影响

分别分析混合纤维 B62（BX-S 与 BX-L 按 1∶1 混合）与之前常用的 PC-B60 对水泥浆性能的影响规律。

从表 3-31、图 3-22、图 3-23 可以看出，纤维 B62 的加入对流变性能有一定的影响，但控制在 0.5%的加量是合适的；其次，纤维 B62 对稠化及失水影响都不大，属于误差范围以内，同时有利于水泥石抗压强度的提高。

表 3-31　B62 对水泥浆性能影响规律（聚合物水泥浆体系）

序号	密度/(g/cm^3)	加量/(g/600mL)	流动度/Cm（常温，养护前）	稠化时间/min（75℃，35MPa）	抗压强度/MPa（90℃，常压，48h）	API 失水/ml（75℃，6.9MPa，30min）
1	1.90	0	23（图 3-22）	279	45.3	31mL
2	1.90	2.4	21（图 3-23）	280	47.5	32mL
3	1.90	3.6	20	255	48.8	35mL

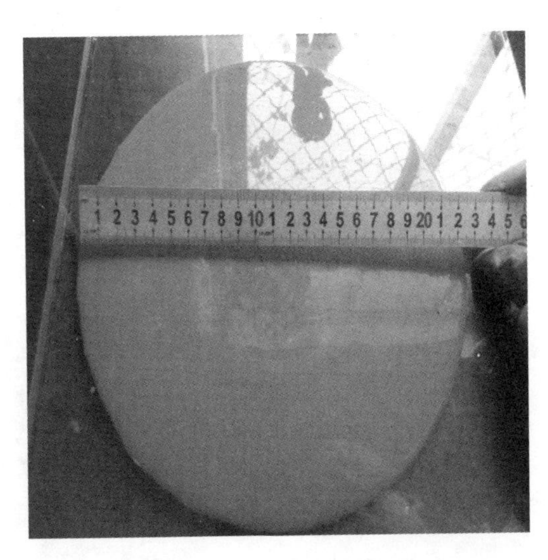

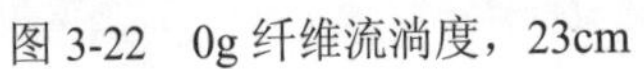

图 3-22　0g 纤维流淌度，23cm

图 3-23　2.4g 纤维流淌度，21cm

通过以上研究：从堵漏实验结果来看，在相同加量纤维的情况下，单独使用 BX-S 与 BX-L 效果没有两者按 1∶1 混合后的堵漏效果好；0.3%的加量（BWOC）就能够 100%封堵住 0.5mm 的裂缝。纤维 B62 的加入对流变性能有一定的影响，但控制在 0.5%的加量是合适的；其次，纤维 B62 对稠化及失水影响都不大，属于误差范围以内，同时有利于水泥石抗压强度的提高。

3.3　水泥浆的防气窜技术

3.3.1　区块面临防窜问题现状

钻井和完井过程中，可能由于井下不同地层段面上压力不平衡或者环空压力低于地层压力而发生环空流体运移，造成地层流体侵入环空，通过环空侵入的流体可能进入低压层段，也可能上窜到地面，与油水窜相比，气窜发生的可能性更大，且危险性更大。在程度较低时，气窜也可能是一般性的气侵，几乎在所有含有气层的井中都可能出现气侵问题，只不过问题的严重程度有很大差别。情况严重时，可能在钻进或完井过程中由于压力不平衡而造成井下失控而发生井喷；较轻微的气侵，在井口可能只有几磅/平方英寸的压力；而常常可能发生在井下地层间的流体窜通一般不易发现，这种井下地层间的气窜，在地面很难显示出来，所以难以发现，在这种情况下，投产后的气量减少，气体流入上部亏空地层，使增产措施效果降低。固井气窜可发生严重的后果，这些后果有时不太易于立即发现，严重的可能在井口形成压力，并形成天然气的流动，造成全井的报废，需要补救注水泥浆堵住气流使气压降到采油厂要求或地区性规定的安全压力之内。由于很难确定窜槽的位置，特别是难以确定小于毫米等级的窜槽位置；并且窜槽通常很窄，难以填进水泥，有时挤水泥压力过高反而会破坏水泥的胶结甚至压裂地层，从而使井下窜通更为严重，所以挤水泥效果往往不理想；且补救注水泥成本也很高，特别是设备费用较高，所以补救注水泥施工并不是解决气窜的最佳选择，目前，一般把气窜的控制重点放在气窜防止上。气窜是一个很复杂的问题，它与液体密度的控制、泥浆的驱替、水泥浆性能、水泥的水化及水泥与套管及地层的胶结等密切相关，需要针对不同的情况进行针对性的预防和控制。

东方某气田中深层属于高温高压气藏，最高地层压力可达 1.93。东方某气田中深层纵向上自上往下可划分为 4 个气组在高温高压气藏，特别注重气窜发生的可能，气窜的发生意味着整口井固井封隔失效，固井质量的不合格会严重影响后期的生产开发。

3.3.2　防气窜水泥浆组成选择

3.3.2.1　增加气窜阻力的乳胶乳液

20 世纪 90 年代以来，胶乳水泥浆体系得到了较好的应用，胶乳水泥浆中所采用的胶乳是由粒径为 0.05～0.5μm 的微小聚合物粒子在乳液中形成的悬浮体系，多数胶乳体系含有约 50%固相，一部分胶粒挤塞，充填于水泥颗粒间，使滤失饼渗透率降低，还有一部分在压差下，在水泥颗粒间聚集成膜，进一步使滤失饼渗透率降低。胶乳加入水泥中，形成胶乳水泥体系，乳胶水泥水化期间，胶乳粒子（10～120μm）由于相对稀释以及在温度、压力、高矿化度和水泥浆中钙镁阳离子及硅酸盐阴离子的作用下与胶乳中的稳定成分作用，使胶乳在水泥基质中絮凝，这些絮凝物与稳定的胶乳颗粒在水泥基质中聚结起来在水泥浆体系中形成立体填充并在井眼壁面形成致密封隔层和抑制渗透的胶乳膜，防止气体或液体侵入水泥浆柱。正是这种作用，使得胶乳体系有时对水泥浆的化学成分具有一定的依赖性并进而产生不可控制性。

胶乳水泥浆的作用与常规的 PVA 体系不同，胶乳水泥浆通过胶粒挤塞，并在水泥颗粒间充填，使滤饼渗透率降低，一部分胶粒在压差作用下在水泥颗粒间聚集成膜，进一步降低滤饼的渗透率，胶乳黏度较低，可以有效保证水泥浆的泵注流动性，提高顶替效率。在水泥浆中应用，可以提高水泥浆的常规性能，使其具有明显的速凝、早强、低失水、直角稠化等特点，不但可以保证水泥浆的动态保水性，而且可以改善水泥环与套管、地层之间的胶结性能，并通过胶乳优越的胶结性能，最大限度地降低水泥与地层、套管之间的环隙，并减少水泥环水化收缩产生的微裂纹和砂孔，降低和避免流体窜现象的发生。胶乳水泥中由于胶乳的存在，能够有效地赋予水泥环以韧性，使水泥石的动态力学性能得到明显改善，提高水泥环抗射孔、压裂等动态冲击能力，减少射孔或钻井过程中水泥环的破坏概率。研究表明采用胶乳水泥浆固井后，其胶乳水泥石的动态弹性模量得到改善，动态断裂韧性可提高 300%，破碎吸收能可提高 90%。此外，胶乳水泥具有更好的致密性以及不渗透性，具有较强的抗腐蚀能力，可以有效延长生产井的寿命，是一类具有优良性能的水泥浆体系，因而在固井作业中得到较为广泛的应用。虽然胶乳具有抗高温、防气窜、保护油气层的特点，但是，胶乳水泥浆本身具有乳液稳定性差、易起泡、加量大、成本高、对环境敏感、室内试验与现场实际差距大等问题。应用时应对体系进行全面的大量的失水、稠化时间、抗压强度、初终凝时间、析水、流变性等适应性基础评价。

油服已有的研究显示，胶乳体系具有较好的气体抑制效果，已有的研究在高温高压下进行，并对在具有极高温度和压力情况下的气窜抑制效果进行了分析评价，研究表明，胶乳是一类能够较好增加水泥浆抗气侵阻力的防窜添加剂。

在一般水泥浆中掺加适量胶乳液后，水泥在水化过程中，加入的胶粒聚集并包裹在水泥水化产物表面，最终形成聚合物的薄膜覆盖了 C-S-H 凝胶。同时，由于胶乳在水泥微缝隙间形成桥接而抑制了缝隙的发展。胶乳水泥与常规水泥相比，具有如下优异特性：

（1）可降低水泥浆的滤失量和施工性能；

（2）可减小水泥石的收缩量，改善水泥环与套管和地层胶结特性；

（3）可增加水泥石弹性和抗冲击性能，延长油气井生产寿命，降低射孔时水泥环的碎裂；

（4）有良好的防气窜性能。

在常规水泥浆中加入适量通过表面活性剂稳定下的高分散乳化聚合物的水泥浆。一方面，由于胶粒比水泥颗粒小得多（胶粒粒径为 0.05~0.5μm，水泥粒径为 20~50μm），一部分胶粒与水泥形成良好级配而堵塞充填于水泥颗粒和水化物的孔隙，降低滤饼的渗透率。另一部分胶粒在压差的作用下，在水泥颗粒之间聚集成膜覆盖在滤饼上，进一步降低滤饼的渗透率。另一方面，当气体与胶乳接触时或胶乳颗粒的浓度超过某一临界值时，胶乳颗粒就凝聚形成一层薄的聚合物膜覆盖在水化产物的表面，在气窜即将发生时，这种不能渗透聚合物胶膜就阻止了气体的进一步窜入环空，防止气窜的发生。

丁苯胶乳是油井水泥中常用的一种胶乳，它的生产工艺成熟、原料丰富、成本低、综合性能优异。但由于新鲜水泥浆体呈高碱性，水合初期会有大量的 Ca^{2+}、Mg^{2+}、SO_4^{2-} 等，而丁苯胶乳的乳化剂多为阴离子型的，造成丁苯胶乳加入时因破乳而产生凝聚现象。

中海油服已有体系高温下配方：嘉华 G 级水泥 + 35%硅粉 + 0.3%消泡剂 + 2.5%稳定剂 AD-AIR3000L + 1.2%分散剂 CF342S + 0.8%发气剂 A + 1.6%稳定剂 B + 16%胶乳 PCR1002L + 1.4%缓凝剂 CH312S + 钻井水 + 0.4%缓凝剂 H25L + 50%加重剂 CD20。

其性能：水泥浆密度为 2.3g/cm³；API 失水为 40mL；自由水为 0；稠化时间为 6 小时 18 分；24 小时抗压强度为 2500psi；PV 为 0.045Pa·s；YP 为 6.132Pa；8 桶/分泵速可紊流；与隔离液、泥浆相容；其防气窜能力如图 3-24 所示。

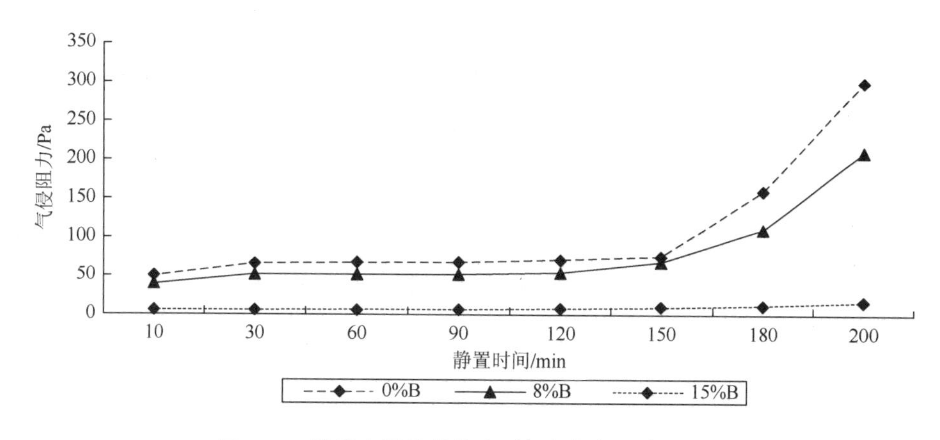

图 3-24　胶乳水泥浆的静止时间与气侵阻力的关系

从实测水泥浆的气侵阻力可知，不加胶乳的水泥浆气侵阻力很低，在接近初凝时（200min），其气侵阻力当量密度也仅 0.0085g/cm³。而分别加入 8%和 15%胶乳的水泥浆，不仅水泥浆静置后其气窜阻力较高（当量密度分别为 0.02g/cm³ 和 0.025g/cm³），且在接近初凝时（200min），阻力迅速增加（当量密度分别为 0.105g/cm³ 和 0.15g/cm³），即在水泥浆易发生气侵的危险时刻浆体抗气窜能力迅速增加，而有利于防止气窜的发生。

3.3.2.2　防气窜水泥浆体系用 PC-GS12L

PC-GS12L 是一种多作用的油井水泥外加剂，它由专门选择和特殊处理过的微硅组成。微硅是一种矿物质，它由超细的、无固定形状的玻璃球体的二氧化硅组成。大的表面面积（21^2/g）和非结晶的二氧化硅的高含量（89%～90%）给了 PC-GS12L 良好的凝固硬化特性。微硅将与水泥水化作用产生的氢氧化钙反应，形成更多的 C-S-H 结晶体结构，从而捆绑水泥，增加水泥石强度。PC-GS12L 中的二氧化硅是以无固定形状的非结晶体状态存在，因此，PC-GS12L 对人体并无伤害。

PC-GS12L 由无固定形状的二氧化硅含量为 89%～90%的球体微硅微粒组成，这种微粒直径小于 0.15mm，这导致 PC-GS12L 的表面面积达到 21m²/g。这些特殊的微粒特性给 PC-GS12L 提供了大量的实用的作用：①零自由液；②低失水；③低黏度；④早期强度发展快；⑤高抗压强度；⑥水泥浆良好稳定性；⑦抗腐蚀。

虽然 PC-GS12L 是作为一种防气窜剂研制使用，但是使用这个产品的公司认识到它不仅仅是一种防气窜剂，它还是一种适于油井水泥使用的多作用添加剂。

1. 零自由液

PC-GS12L 非常大的表面积（大于 21m²/g）使其呈亲水趋势，并使水泥浆具有稳定性和零自由液。

2. 低失水

PC-GS12L 中极度优质的微粒通过填充水泥浆孔隙空间，很好地加强了失水的控制性，因此减少了水泥滤饼的渗透性。

3. 低黏度

PC-GS12L 中十分细小的球状微粒使水泥浆具有润滑性能，这导致可以设计出低黏度及良好稳定性的水泥浆。这种十分重要的性能使当量循环密度最小化，尤其是在大斜度井和小井眼井的应用中。

4. 早期强度发展

PC-GS12L 将提高水泥石的早期强度发展，这是因为水化反应的增快和高的凝固硬化反应。

5. 高抗压强度

PC-GS12L 能提高水泥石的抗压强度 API 标准值的 30%以上，与二氧化硅微粒（含量 90%）的高凝固硬化反应的高吸水性能提高了抗压强度，更高的抗压强度，尤其在低密度水泥石中，减少了使用首尾水泥浆的要求。

6. 改良的黏结性

PC-GS12L 中优质的微粒占据了水泥颗粒间的孔隙空间，补偿了水泥石的收缩。结合 PC-GS12L 的极好的水硬化反应，确保了水泥与套管和地层的高黏结性。

7. 水泥浆的稳定性

PC-GS12L 所产生的间隔表面张力和塞进水泥浆里的微粒有助于其他材料的悬浮，尤其是大的和重的微粒，例如增稠剂和硅粉。PC-GS12L将让沉淀物不沉淀，例如在低密度和水平井水泥浆中。

8. 抗腐蚀

PC-GS12L中小的微粒将占据大水泥浆颗粒间的交错空间，增补的CSH在间隙的区域中形成，并形成一个稠密的方阵，水泥石具有更低的渗透性，所以会比常用的水泥石具有更好的抗腐蚀性。

PC-GS12L可在大范围的固井中使用，包括：①不透气水泥浆；②低密度水泥浆；③水平井固井；④小井眼固井；⑤高抗压强度水泥浆；⑥抗腐蚀水泥浆；⑦地热井固井；⑧固井质量的提高。

3.3.2.3　防气窜水泥浆体系用膨胀剂

水泥与套管和水泥与地层之间的良好的固结质量，对于有效地封隔地层来说是很重要的。固结不好会影响采油和注水（气）的效果。泥浆顶替不良、由于过多的泥饼造成的水泥与地层固结质量差、由于内部压力或热应力导致的套管伸缩和钻井液或地层流体引起的水泥污染等因素，都可能导致地层间的串通。在这些情况下，在水泥与套管或水泥与地层之间的界面上常常出现较小的间隙，或称“微环隙”。凝固后能够轻度膨胀的水泥体系，可作为一种封闭微环隙和提高固井质量的有效措施。这种固结质量的提高是由于机械阻力或水泥在套管与地层之间胀紧的结果。即使在套管或地层的表面留有泥浆，采用这种水泥也会同样获得良好的固结质量。

早期的波持兰水泥的厂家为避免水泥石的膨胀而限制某些碱性杂质的数目，并将水泥的膨胀称为“缺陷”。在无约束的环境下，如公路或建筑物中，水泥石的膨胀会导致破裂和失效。而在井下环境下，水泥受到套管和地层的限制，因而，水泥一旦膨胀将会堵塞间隙，进一步膨胀将减小水泥内部的孔隙度。

大多数可膨胀的油井水泥体系要依赖于钙铝矾的形成。钙铝矾的膨胀体积要大于水泥内部所形成的其他成分的体积；因此，水泥浆凝固后出现的膨胀是由于施加在结晶体上的内压所引起的。工业上有四种钙铝矾类的膨胀水泥体系。

（1）K型水泥是一种波特兰水泥、硫酸钙、石灰和无水的硫代铝酸钙的混合物。这种水泥是由两种单独烧结的水泥经相互研磨而制得的。K型水泥体系通常可膨胀0.05%～0.2%。

（2）M型水泥可由波特兰水泥、铝酸钙耐火水泥和硫酸钙混合配制，或由波特兰水泥相互研磨的产品、铝酸钙水泥和硫酸钙混合配制。

（3）S型水泥是一种大批量配制的水泥体系，它是由C3A含量较高的波特兰水泥与10.5%～15%的石膏混配的。

（4）钙铝矾基膨胀水泥的第四种方法是在含有5%的C3A的波特兰水泥中加入硫酸钙半水化合物，其配方与S型水泥相似。这类体系是触变性的，如果不需要体系具有太大的触变性，可通过加入水泥分散剂的方法将触变性消除。

通过以上研究，分析了莺琼盆地区块面临的气窜难题，分析了油气水窜的种类；介绍了国内外防窜能力评价装置及方法；介绍了防气窜水泥浆的基本组成，主要包括胶乳、防窜增强剂及膨胀剂。

3.4 水泥石的防二氧化碳腐蚀技术

3.4.1 莺琼盆地区块面临腐蚀问题现状

腐蚀是现代工业和日常生活中广泛存在的现象，对现代工业造成了巨大的危害，全世界每年因腐蚀造成的损失和用于腐蚀治理的费用数以百亿美元。在我国，仅石油工业每年由于腐蚀造成的损失就达四百多亿元。石油钻井过程中的固井作业，可以为地层封隔和套管封固提供有效的支撑，固井水泥环柱通过封隔油、气、水，支持套管，保护套管，延长油气井的使用周期。处于油井井眼中的水泥环柱及套管，不可避免的也会遭受各种腐蚀的影响，水泥环柱是地层流体侵蚀套管的屏障，水泥环柱的先导腐蚀可引起和加快套管的腐蚀和破坏。处于油、气、水封隔被破坏的井内的套管，如同完全处于腐蚀介质中一样。同时，水泥环柱的腐蚀，可能严重地影响水泥石的强度，进而降低水泥环柱的封隔支撑效果，因此水泥环柱的腐蚀、腐蚀机理及抗腐蚀材料应用在固井作业中显得极其重要。

莺琼盆地包括东方区块、乐东区块等，气田二氧化碳含量为14.3%～72%，储层温度为 140～166℃。固井作业的水泥环柱，可能受到井下二氧化碳的作用，产生强度的下降甚至破坏，与硫化氢相比，二氧化碳对水泥石和井下管柱的腐蚀更为普遍和严重，近年来，在一些油气田的开发中，遇到大量的二氧化碳，因此，二氧化碳对水泥石的碳化腐蚀引起人们的关注。二氧化碳的碳化腐蚀影响水泥石的微观结构、孔隙率和抗折、抗压强度。严重的二氧化碳腐蚀，套管外壁几乎没有任何黏附水泥石的痕迹。采用具有 API 强度和渗透率的水泥，在几个月内受到富含二氧化碳流体作用，将产生严重的侵蚀；二氧化碳对水泥石的碳化程度除了与二氧化碳介质本身的性能及其分压和相对湿度等相关联外，也与水泥石本身的性质密切相关。因此，在地层条件确定的情况下，如何改善水泥石的性能，提高水泥石的抗腐蚀能力，对于固井作业来说就显得特别重要。

3.4.2 腐蚀机理及抑制方法

3.4.2.1 二氧化碳对水泥环柱的腐蚀

二氧化碳作为石油和天然气的伴生气存在于油气层或地层水中，一般油气层条件下，二氧化碳很容易处于超临界状态下（临界状态为 31℃，7.3MPa），当环境相对湿度大于 50%时，二氧化碳就会降低水泥石的碱性，改变水泥石的 pH 环境，腐蚀油井水泥石（碳化腐蚀）和金属管材（甜蚀）。二氧化碳对水泥石的腐蚀是一个渐进的过程，随着碳化程度的增加，水泥石中的胶结组分减少，渗透率增大，抗压强度降低甚至强度完全受到破坏。当水泥石被完全碳化失去对套管的保护作用后还会造成套管外壁的腐蚀、穿孔甚至断裂，从而缩短油气井的生产寿命，给油气田造成巨大的经济损失。研究表明：H 级水泥或 H 级加砂水泥在湿环境下存在二氧化碳时，其 21 天后水泥石的抗压强度损失 50%，42 天后抗压强度完全丧失。国内的有关单位对 G 级水泥的研究也证实，存在二氧化碳时水泥石的抗压强度在 180 天后损失 50%，可见水泥石的碳化腐蚀是相当严重的。二氧化碳对水泥石的腐蚀主要通过影响水泥石中已有的化学物质、参与化学反应、改变水泥石的组成结构而起作用。

依据腐蚀的性能和对水泥石产生的影响，可以将水泥石的腐蚀分为溶蚀性腐蚀、化学腐蚀和膨胀型腐蚀。①溶蚀性腐蚀：由于水溶解水泥石中的氢氧化钙晶体，且溶解的速度受扩散控制和溶液中腐蚀性离子浓度的影响，水泥石孔隙度越大、孔隙连通性越好、溶液中腐蚀离子浓度越高，溶蚀越快。这是因为常规水泥浆凝结硬化形成的水泥石中有大量的氢氧化钙晶体，这些晶体的溶解度很高，可被与其接触的地层水溶解，氢氧化钙晶体的溶解使水泥石孔隙溶液中氢氧化钙浓度逐渐降低。当低于某一值时，在较高氢氧化钙浓度下才能稳定的某些水化产物（如高碱性水化硅酸钙和水化铝酸钙）将分解，这种作用持续进行，水泥石的结构便逐渐被破坏，结果导致水泥石的强度不断降低，渗透率不断增大。如果水中存在SO_4^{2-}、Cl^-、HCO_3^-、Mg^{2+}等离子，氢氧化钙晶体的溶解度将增大，水泥石的溶蚀加快，而且水泥石渗透率越高，水的流动度越大，氢氧化钙晶体溶解越快。②化学腐蚀：除酸性条件外，这类腐蚀是因水中的 Cl^-、HCO_3^-、Mg^{2+}等与水泥石中的氢氧化钙发生置换反应，生成易被水溶解（或无胶结性能）的物相如 $Ca(HCO_3)_2$、$CaCO_3$、$Mg(OH)_2$ 等，这种作用消耗氢氧化钙，破坏水泥石结构。③膨胀型腐蚀：最典型的是硫酸盐腐蚀，膨胀型腐蚀是SO_4^{2-}与水化铝酸钙反应，生成具有多个结晶水的水化硫铝酸钙（俗称钙矾石），其体积将增大数倍，当体积膨胀产生的内应力超过水泥石的结构强度时，水泥石将产生裂纹而被破坏。试验研究结果表明，高抗硫酸盐 G 级油井水泥在SO_4^{2-}、Cl^-、HCO_3^-、Mg^{2+}的溶液中硫酸盐膨胀腐蚀很微弱。

常温下，水泥环中的二氧化碳与水发生作用，生成碳酸盐类，继而与水泥石中的氢氧化钙和 CSH 作用，生产碳酸钙，降低水泥石的强度。

$$CO_2 + H_2O \rightarrow H_2CO_3 \rightarrow H^+ + HCO_3^-$$

$$Ca(OH)_2 + H^+ + HCO_3^- \rightarrow CaCO_3$$

$$CSH + H^+ + HCO_3^- \rightarrow CaCO_3 + \text{无定型硅胶}$$

若更多的充满二氧化碳的水浸入水泥石基体中，则

$$CO_2 + H_2O + Ca(OH)_2 \rightarrow Ca(HCO_3)_2$$

$$Ca(HCO_3)_2 + Ca(OH)_2 \rightarrow 2CaCO_3 + H_2O$$

高温条件下二氧化碳对水泥石的侵蚀效应：

$$\mathrm{CSH(120℃)}\xrightarrow{\mathrm{Ca(OH)_2}}\alpha-\mathrm{C_2SH}$$

$$\mathrm{CSH(120℃)}\xrightarrow{\geq 35\%\text{硅粉}}\mathrm{C_5S_6H_5}(\text{雪硅钙石})\xrightarrow{150℃}\mathrm{C_6S_6H_5}(\text{硬硅钙石})$$

$$\mathrm{C_7S_{12}H_3}(\text{特鲁白钙沸石})\xrightarrow[\text{活性}\mathrm{SiO_2}]{216\sim316℃}$$

$$\xrightarrow[\mathrm{CO_3^{2-}}]{140\sim300℃}\mathrm{C_7S_6H}(\text{碳酸钙石})$$

在高温情况下，水泥石中的氢氧化钙和水化硅酸钙反应，使 C_xSH_y 变成 $CaCO_3$。氢氧化钙碳化时，摩尔体积由 33.6 cm^3 增至 36.9cm^3，体积膨胀，使水泥石渗透率降低；反之，C_xSH_y 与二氧化碳反应生成高聚合硅胶，使水泥石渗透率增加。$CaCO_3$ 是多晶型的，一般以两种晶型存在，即方解石和纹石（或霰石）。纹石在低压下是亚稳定的，多晶型 $CaCO_3$ 的转变如下：

$$\mathrm{C_xSH_y}\xrightarrow{\mathrm{CO_2}}\text{球霰石}\xrightarrow{\leq 26.7℃}\text{纹石}\xrightarrow{\leq 30.0℃}\text{方解石}$$

这一转化过程受缓慢的动力学控制，$CaCO_3$ 的生成降低了水泥石的强度。

一般而言，地层漏失压力低，限制了固井水泥浆的密度（或常规密度水泥浆的返高），套管直接裸露于富含腐蚀性离子的地层水中；可能导致套管外壁被严重腐蚀破坏，另外，所用固井水泥浆组分不耐地层水中 SO_4^{2-}、Cl^-、HCO_3^-、Mg^{2+} 等离子的腐蚀，水泥石致密性差，低温条件下早期强度低，地层水腐蚀水泥环后与套管外壁直接接触。符合 API 推荐强度和渗透率的水泥，几个月内就会受到富含二氧化碳流体的严重侵蚀，严重地影响油田生产作业的正常进行。

3.4.2.2　水泥石孔隙结构对水泥石腐蚀的影响

水泥石腐蚀与水化相和孔隙结构的关系研究表明，各种水泥的水化相耐介质腐蚀能力是不同的。因此研究水泥石腐蚀时，必须考虑各单水化相的耐腐蚀特性及在各种腐蚀介质作用下的腐蚀性能，研究促使耐腐蚀水化相生成的方法，研制耐腐蚀水泥。水泥石的腐蚀总是和它的孔隙结构和孔隙率密切相关的。孔隙结构决定腐蚀介质向水泥硬化体内部渗透的速度。水泥石孔隙特别是贯通孔道，构成了腐蚀介质的通道。因此孔隙大小和结构影响腐蚀介质进入水泥石内部的速度和能力。水泥石的孔隙分三种类型：①胶凝孔，1～3nm；②毛细孔，＜100nm；③宏观孔，＞10000nm。研究表明：腐蚀流体穿过胶凝孔的渗透速度非常小，胶凝孔对大多数液体实际上是不渗透的，水泥石的渗透性主要由毛细孔和宏观孔决定的。图 3-25 所示为水泥石的总孔隙率、毛细孔隙率及胶凝孔隙率随水化程度的变化。从图 3-26 清楚地看出：随着水化程度的加深，总孔隙率下降，毛细孔隙率下降，胶凝孔隙率上升。

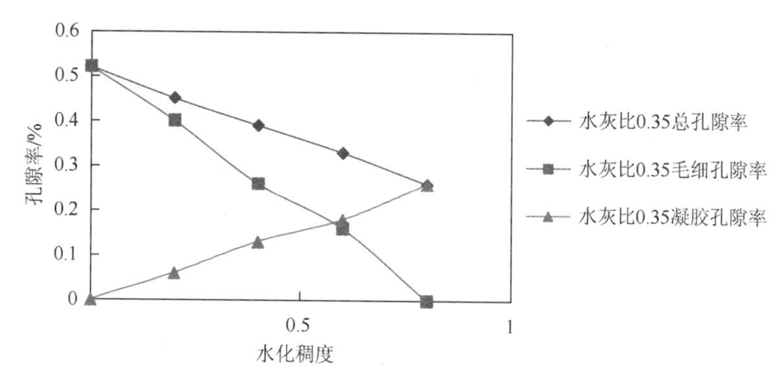

图 3-25　水灰比 0.35 时的孔隙率变化

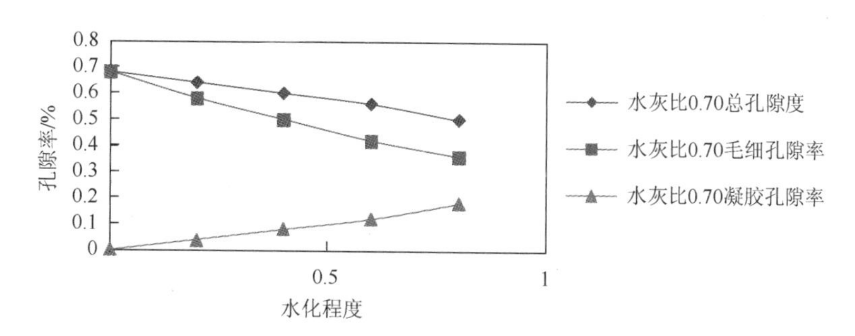

图 3-26　水灰比 0.7 时的孔隙率变化

水泥石的孔隙率服从如下关系式：

$$\Phi = 1 - \frac{1 + 0.23\alpha\rho}{1 + \rho^{R}} = \frac{R - 0.23\alpha}{1 + \rho^{R}}$$

式中，Φ 为水泥石孔隙率；α 为水化程度；ρ 为水泥石密度；R 为水灰比。

通过加入化学外加剂、外掺料、改变水化温度、调整水泥组成从而改善水泥石的孔隙分布、毛细孔壁性质，继而改善水泥石的孔隙率和渗透性，就可以改善水泥石的抗腐蚀性能，降低腐蚀介质水泥石的影响。

3.4.2.3　水泥石的腐蚀抑制方法

莺琼盆地气田群的部分层位含有一定量的二氧化碳，它对固井水泥石的碳化作用，将不断降低水泥石强度和增大水泥石的渗透率等，导致水泥环封隔地层和保护套管的作用逐渐失效。为提高东方气田群井下二氧化碳环境条件下水泥环的长期封固质量，用具有非渗透且抗二氧化碳碳化腐蚀的水泥体系封固该层位是提高其耐久性的有效方法，这种处理方法具有防腐蚀和抗气窜的双重效果。

水泥石腐蚀机理研究表明，在腐蚀性溶液中，影响水泥石耐久性的主要因素是水泥浆凝结硬化形成的水泥石物相组成中氢氧化钙晶体的相对含量和水泥石的致密性。因此，在水泥浆中加入能改善水泥石物相的耐腐蚀性材料，降低水泥石的渗透率，改善水泥石微观结构，是提高水泥石耐腐蚀能力的有效途径，在水泥浆中加入某种特殊材料，与水泥水化生成的氢氧化钙反应生成抗腐蚀能力强的新物相，消耗氢氧化钙，使水泥石中无大的氢氧化钙晶体，甚至无氢氧化钙晶体存在，与氢氧化钙反应后剩余的部分能与水泥浆中的固相颗粒形成良好级配，使水泥石致密性好、连通性差、渗透率低是一种较好的抑制方法，同时加入一些外加剂，与二氧化碳作用形成致密的反应膜和封闭层以及改善水泥石的孔隙物质性能都可以提高水泥石防腐蚀的能力。

（1）在水泥组成中加入针对性的外加剂可提高抗二氧化碳腐蚀性能，如道威尔的 XP1 体系以及水泥浆中 $MgCl_2$ 的加入可以改善水泥石早期抗二氧化碳腐蚀的效果。

（2）注水泥结束后，向井内注入环氟树脂溶液，在射孔孔眼及水泥通道的水泥石表面形成薄而强度高的环氟树脂封闭剂层，防止二氧化碳对水泥石的腐蚀。

（3）水泥浆中的分散剂、聚合物降滤失剂及胶乳等可以改善水泥石的颗粒联接和胶结方式，改善孔隙性能和孔隙中填充物的性质，特别是提高填充液体的黏度，改善水泥石的密封性能，形成非渗透水泥石防止二氧化碳向水泥石深部渗透、扩散、移动进而提高水泥石抵抗二氧化碳腐蚀的能力。

（4）掺入由褐煤或低沥青质制造的 C 级粉煤灰，可提高水泥抗二氧化碳腐蚀能力，C 级粉煤灰具有粉煤灰所具有的火山灰性质及黏结性，可能含高达 10%的石灰。

（5）减少水灰比（加减阻剂）及加入酸式膨胀剂能提高水泥石抗二氧化碳腐蚀性能。

（6）对水泥石腐蚀机理的研究，可以发现采用抗腐蚀性水泥浆添加剂可以有效地防止二氧化碳产生的腐蚀。如加入非晶态的具有粒细（平均粒径约为 0.1μm）、比表面积大、活性高的二氧化硅，加入一些不渗透剂，提高水泥石密实度，降低水泥石渗透率，可以提高水泥石的抗腐蚀性。

通过对水泥石腐蚀机理的分析研究，要降低水泥石的腐蚀，可以从上述已知的六个方面考虑，为了降低二氧化碳对东方气田群水泥石的腐蚀，我们对水泥浆体系采取了四项防窜措施，包括采用胶乳体系，添加非渗透剂，进行超细颗粒的填充处理以及加入膨胀剂。通过进行水泥浆固相颗粒的级配，提高水泥石的致密性，降低 HCO_3^- 与水泥水化产物的接触面积，延缓腐蚀速度，改善水泥石的腐蚀控制效果。胶乳水泥浆本身具有上述所要求的防腐蚀效果。胶乳水泥浆具有用水量小、致密性好、耐酸碱、防气窜等优点，是良好的抗二氧化碳碳化腐蚀的水泥浆。在胶乳水泥浆中加入一种与之兼容的、具有憎水和提高水泥石致密性的抗二氧化碳缓蚀剂，必将大大延缓固井水泥环的碳化腐蚀，提高油、气田的开采寿命。

3.4.3 腐蚀评价方法

3.4.3.1 研究方法的建立

项目进行的二氧化碳和硫化氢环境下的腐蚀实验方法为，在现场条件下先让水泥养护一段时间（24 小时），然后再在二氧化碳和硫化氢环境下研究水泥石的腐蚀（30 天或 90 天），即先形成后腐蚀。

然后研究对比其腐蚀前后有关性能的变化，包括：渗透率、抗压强度的变化、腐蚀侵入深度、腐蚀后水泥石的微观形态等。

腐蚀程度评价测试方法：

（1）水泥石渗透率变化分析：使用岩心流动装置测定水泥石腐蚀后渗透率的变化。该方法的基本原理是达西渗流定律，它主要对比评价腐蚀前后水泥石渗透率的变化值。但实际上水泥石的渗透率很低，大多数水泥石的渗透率都低于 $1\times10^{-5}\mu m^2$，其难以测定。并且渗透率测试过程中对模块的制备要求高，模具与水泥胶结界面有微小的通道、模块腐蚀得不完全都可能导致渗透率测试数据不准确。

（2）强度分析：使用强度测定仪测定水泥石腐蚀前后抗压强度衰退值：

$$K_P = (P_0 - P_1)/P_0 \times 100\%$$

式中，K_P 为水泥石腐蚀前后抗压强度的折损率，无因此量；P_0 为未腐蚀的水泥石强度，MPa；P_1 为腐蚀后水泥石强度，MPa。

该方法虽然简单易行，但是有学者通过研究指出：有时早期腐蚀后的水泥石抗压强度并未如常规理解中的会减少，反而会增大，这就造成评价数据的失真。

（3）微观形态分析：用电子扫描电镜（SEM）。

（4）晶相及在水泥中的含量分析：用 X 光衍射技术（XRD）。

（5）二氧化碳/硫化氢的侵入深度分析：一般经过二氧化碳或硫化氢腐蚀后，水泥石形貌特征会发生显著的变化，其中被硫化氢腐蚀后变化更为明显：水泥石呈现出暗黑色。因此，可以考虑将水泥石切割开，通过切割端面水泥石色泽的变化情况来测量水泥石的腐蚀深度。在该过程中要保证端面切割完整，尽量避免端面被污染。

综上所述，通过抗压强度折损率和渗透率变化情况来评价二氧化碳或硫化氢对水泥石的腐蚀情况具有一定的局限性，相对而言，腐蚀产物的微观结构分析和腐蚀深度更便于评价。因此，本次实验采用后两种评价方法：腐蚀产物的微观结构分析、腐蚀深度。

3.4.3.2　高温高压腐蚀养护试验装置

根据实验要求，通过在中间容器中反应以及从气瓶注入气体等方法，使釜体中二氧化碳和硫化氢的浓度达到实验要求的条件，在一定温度（70℃，160℃）、压力（21MPa，15MPa）条件下养护后，取出试样分析其物理化学性能。图 3-27 是高温高压条件下模拟井下水泥石腐蚀实验装置结构示意图。该装置组成主要包括高温高压试验釜、温度控制系统、二氧化碳和硫化氢分压控制装置：①高温高压试验釜用于将养护好的水泥石放置其中，并模拟井下的静态腐蚀环境；②热电偶及温度自动控制系统主要是对高温高压试验釜进行加温及恒温控制，模拟井下的静止温度；③二氧化碳和硫化氢气瓶及调压阀，这主要是根据实验所需的分压向高温高压试验釜内提供充足的二氧化碳和硫化氢。

在高温高压反应釜中放入养护后的水泥石块，按图 3-27 接好仪表和管线；由①处加入二氧化碳，由④处加入硫化氢，加温至 70℃，160℃（温度由②处的温控设备控制）；由①处补充压力至 12MPa（压力可调），然后进行腐蚀实验。

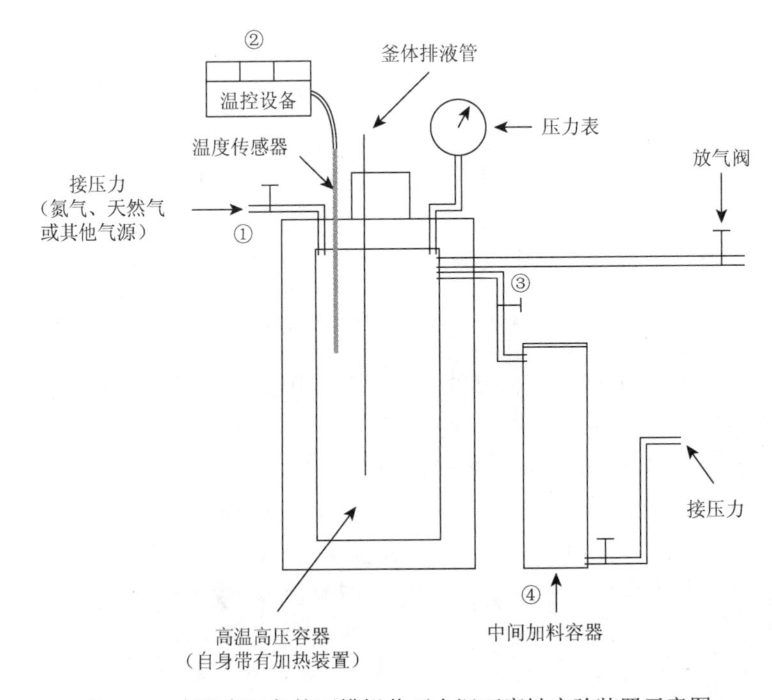

图 3-27　高温高压条件下模拟井下水泥石腐蚀实验装置示意图

设计改造的高温高压条件模拟井下水泥石腐蚀实验装置中反应腐蚀釜很关键，以下对其特殊设计进行简要介绍，如图 3-28 所示：

（1）进出气由气体控制阀控制，左盖处设置出气阀。

（2）釜筒采用 G3 镍基合金油管，左右釜盖与釜筒密封连接，通过固定螺栓固定，密封圈为聚四氟乙烯。

（3）设计最大工作压力：50MPa，在釜筒中部设计压力控制监测装置；设计最高工作温度：100℃，在釜筒中部和两端各设置温度控制监测装置。

（4）釜筒采用环绕丝进行电加热。

（5）为了降低 G3 油管爆裂的安全风险，G3 油管外套上Φ339.7 套管。

以上为装置的结构示意图及其特殊结构的简要介绍，以下为高温高压条件下模拟井下水泥石腐蚀实验装置实物图，见图 3-29。

3.4.3.3　腐蚀实验操作流程

二氧化碳或硫化氢腐蚀水泥石实验的具体操作程序如下：

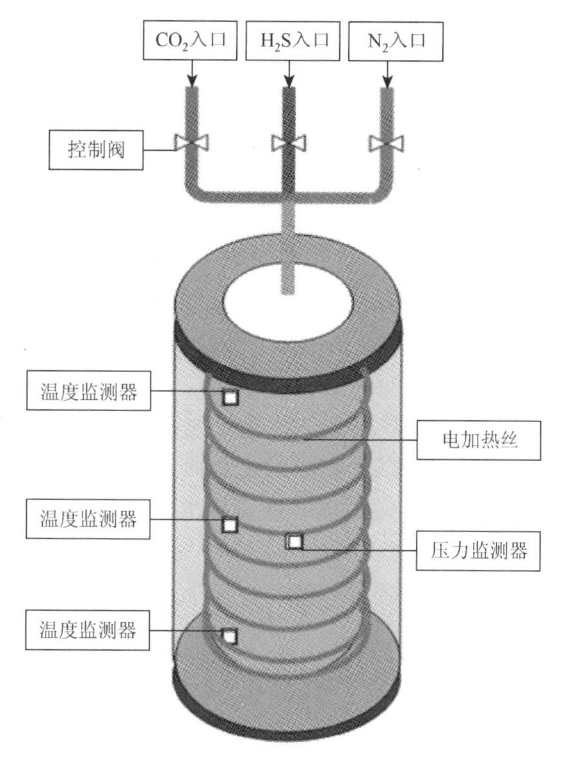

图 3-28　高温高压水泥石腐蚀釜釜体结构示意图

图 3-29　高温高压条件下模拟井下水泥石腐蚀实验装置实物图

（1）按照美国石油学会（API）相关规范配制水泥浆体系，将配制好的水泥浆装入养护模具并放置于高温高压养护釜中养护 24h。养护结束后脱模制备成圆柱形的水泥石试样，给其编上相应的编号。

（2）将养护好的水泥石试块用抗腐蚀的胶绳按一定的顺序连接好，然后整体放置到高温高压腐蚀釜内，向高温高压腐蚀釜内加入蒸馏水，预留 20cm 的高度。盖上釜盖，待密封后，通入高纯度的 N_2 除氧，目的是消除高温高压腐蚀釜内残留的氧气对后续腐蚀实验的影响。

（3）除氧完成后，根据实验方案加温并向高温高压腐蚀釜内通入二氧化碳或硫化氢，在温度达到实验温度后，将二氧化碳或硫化氢加入设定的分压值，然后随时观察高温高压腐蚀釜内的二氧化碳或硫化氢压力、温度的变化并及时调整。

（4）当腐蚀养护时间达到 30 天或 90 天甚至更长时间后，关闭加温装置和气源，待高温高压腐蚀釜内温度降到常温后，取出水泥石试样。

（5）将水泥石试样在清水中冲洗、烘干，然后切割开水泥石试样，测定水泥石试样端面的腐蚀深度，取水泥石外端面和其结合部位的样品并对该样品进行电镜扫描和 X 射线衍射分析，根据分析结果来研究腐蚀前后水泥石的结构变化进而评价各水泥浆配方或特定材料的抗腐蚀性能。

通过以上研究：介绍了东方区块面临的二氧化碳腐蚀的挑战；介绍了水泥石的腐蚀机理及抑制方法，同时也介绍了腐蚀的评价方法；介绍了树脂、聚合物降滤失剂、胶乳、粉煤灰、膨胀剂、活性高的二氧化硅等都能有效延缓水泥石的腐蚀。

3.5　水泥环防应力破坏技术

3.5.1　研究目的和意义

在石油和天然气井所钻地层和套管的环形空间注水泥，其作用主要是防止在所钻各地层之间出现流体窜流而保证长期层间封隔，必须在整个油气井寿命期间及报废之后都能实现有效的层间封隔。有的井特别是天然气井，即使注水泥时钻井液顶替良好并且水泥石在初期也起到了封隔作用，但井内条件变化可产生足够应力而破坏水泥环的完整性，其结果将导致层间封隔失效，这可由后期天然气窜流、环空带压或更坏的套管挤毁实例给予证实。国外一般简称环空带压为 SCP（sustained casing pressure），有时也简称为 SAP（sustained annular pressure）。随着国内外天然气用量的迅速增加，井下的地质环境越来越复杂，固井后的环空带压问题越来越突出，使作业商也越来越意识到气井水泥环短期和长期封隔的重要性。

截至 2012 年 12 月统计资料，南海东方区块总共 53 口在开发气井，其中 44 口带压，大部分是油套管带压，但也有表套和技套带压

3.5.2　环空带压的危害及气井固井的特殊性

自天然气开发以来，环空带压或井口窜气问题就一直困扰固井技术人员与作业商。环空带压或井下层间窜流会严重影响气井的产量，降低采收率，对气田开发后续作业如酸化压裂和分层开采等造成不利影响。环空带压或层间窜流不突出时，会增加压力监测与井口放压的成本；严重时需要关井，有时会导致整口井甚至整个井组报废。从环境保护和安全的角度考虑，作业商经常要通过关井或修井来解决该问题，所造成的关井停产损失或修井费用相当巨大。补救环空带压或层间窜流的方法，或者是采用常规高成本的修井作业，或

采用苛刻的挤水泥、挤注凝胶作业，或采用其他有效的补救方式。目前常规的补救方法如修井或挤水泥现场实施难度大，成功率低，成本高。

气井产生环空带压的原因是由于天然气比重明显低于油和水，在水泥浆中其上浮力更大；天然气不像原油那样具有高的黏滞力，因而更加活跃，水泥浆失重时更易发生气窜；天然气分子远比水分子、油分子的体积小，比油水的穿透能力强。如果水泥浆的防窜能力差或固井时顶替效果差，或由于地层应力、温度和压力变化以及一些随时间推移引起的其他原因等，导致水泥环密封性发生失效，随着开发时间的延长，就会发生环空带压、井口窜气或层间窜流问题。

3.5.3　气井固井后环空带压的规律

1. 确定准确气源位置难度大

尽管在地面很容易发现气井环空压力异常，但是导致环空带压的气源却不容易确定。环空气的气源可能来自产层，也有可能来自非目的层。非目的层气层可能是导管、表层套管、技术套管后的过路气层，由于气源确定难度大，采取有针对性的补救措施难度也大。

2. 环空带压的压力差别大

天然气井环空带压时，根据每口井储层压力与气体窜流通道的不同，环空带压值也有很大差别。带压程度轻时环空压力接近大气压，高的时候接近储层的压力。井口释放气体的体积小的时候基本接近零，多的时候一天接近 1000m^3。通过井口进行压力释放，环空压力能降至零，可是当重新关闭环空时，随着时间的延长，压力又会升至原来的值。

3. 气井开采时间

气井开采时间越长，环空带压的概率也越大。环空带压存在于井固井后的任何时期，环空带压与井的寿命紧密相关，开采时间越长越易带压。据墨西哥湾 OCS 地区的统计，开采 15 年的井地面能测量出环空带压（一层或几层套管带压）的概率占到总井数的大约 50%。

3.5.4　国内外气井固井环空带压典型示例

1. 墨西哥湾地区气井环空带压情况

在墨西哥湾的 OCS 地区，大约有 15500 口生产井、关闭井及临时废弃井。美国矿物管理服务机构（MMS）对该地区井进行了统计，有 6692 口井约 43%至少有一层套管环空带压。在这些环空带压的井中，共有 10153 层套管环空带压，其中 47.1%属于生产套管带压，16.3%属于技术套管带压，26.2%属于表层套管带压，10.4%属于导管带压。该地区大部分井下入几层套管柱，从而使判定环空带压的原因与采取有针对性的补救措施困难，每口井补救费用高达 100 万美元。

2. 加拿大天然气井或油井环空带压情况

在加拿大，环空带压存在于不同类型的井中。南阿尔伯特的浅层气井、东阿尔伯特的重油井和 ROCKY 山麓的深层气井，都不同程度地存在环空带压问题。在加拿大环空带压问题绝大多数是由于环空封固质量不好，天然气窜至井口造成的，原油有的时候是盐水也能沿着窜流通道窜出地面。

3. 国内天然气井环空带压的情况

气窜是一个世界性难题，近年来国内尽管做了许多工作，但是目前国内深层气井固井质量普遍较差，固井施工中问题突出，固井后环空带压问题突出，给以后的安全生产带来了巨大隐患。大庆庆深气田相继出现升深 8、徐深 10、徐深 901、徐深 606、达深斜 5 井环空带压；四川龙岗地区龙 1、龙 2、龙 3 井的 Φ244.5mm 与 Φ177.8mm 技术套管环空带压。龙岗 3 井试油时发现 Φ244.5mm 与 Φ177.8mm 环空间压力达到 18MPa，经接管线出井场，卸压点火燃烧。塔里木的克拉气田有 11 口井环空带压，克拉 2-10 井 Φ250.8mm 技术套管固井施工达到设计要求，但投产后套压达到 53.8MPa（7800psi）。根据国外气井环空带压的一般规律，随着天然气开采时间的延长，国内气井环空带压问题也会越来越突出。

3.5.5　环空带压或井口窜气的原因分析

国外天然气开发时间长，环空带压问题暴露早，通过对不同地区及不同井的综合分析，认为环空带压的原因主要有以下四个方面：油管和套管泄露，固井时顶替效率低，水泥浆体系选择或配方设计不合理，固井后由于地层应力、温度和压力变化以及一些随时间推移引起的其他原因导致水泥环封隔失效。

1. 油管和套管泄露

生产油管的泄露会导致严重的环空带压问题。封隔器密封失效或内管柱螺纹丝扣连接差、管体腐蚀、热应力破裂或机械断裂都会产生气体泄露。生产套管是用来防止油管气体泄露的，由于泄露气体产生的压力使生产套管密封失效，会造成很大风险。外管柱受压，会导致井口窜气或层间窜流，会对人身、井口设备及环境造成很大的危险。

2. 顶替效率低

提高顶替效率是保证层间封隔和防止环空带压问题的一项重要措施。固井的主要目的就是要对套管外环空进行永久性封固，为满足这一要求，就必须彻底驱替环空内的钻井液，使环空充满水泥浆。如果驱替钻井液不彻底，就会在封固的产层间形成连续的窜槽，从而使层与层之间窜通，影响封固质量。水泥胶结和密封的持久性也与顶替效率有关，防止环空带压的第一步就是要提高固井时的顶替效率。国外研究表明，一般来说顶替效率达到90%时固井质量良好；顶替效率达到95%时，固井质量优质。

3. 水泥浆设计不合理

水泥浆设计不合理主要表现在以下几个方面：水泥浆失水量高；浆体稳定性差，自由水量高；水泥石体积收缩大；设计水泥浆时只考虑其性能满足施工要求，未考虑水泥石（如杨氏模量、泊松比等）的力学性能由于井下温度、压力、应力变化能否满足长期封隔的需要。一般来说，如果水泥石的杨氏模量大于岩石的杨氏模量，套管内温度及压力发生较大变化时，水泥环很可能会发生拉伸断裂。

4. 由于井下条件变化导致水泥环密封失效

环空带压可在固井后较长一段时间内发生，有的时候固井质量很好，可是由于后期钻井作业的影响，或后期增产作业的影响。在没有化学侵蚀的条件下，水泥环本身的机械损坏、套管与水泥之间的胶结失效或水泥与地层之间的胶结失效都可以破坏层间封隔。水泥环的机械损坏会导致裂缝出现，而胶结失效会导致微环隙形成。两种作用均产生可通过任一种流体的高传导通道。水泥环本身的机械破坏可能由井内压力增加（试压、钻井液密度加大、套管射孔、酸化压裂、天然气开采）所引起，还可能由井内温度较大升高或地层载荷（滑移、断层、压实）所造成。出现层间封隔失效的另一种原因是微环隙形成，微环隙既可在套管与水泥之间出现（内微环隙），也可在水泥与地层之间形成（外微环隙）。这可能是因井内温度和（或）压力变化使套管发生径向位移而引起，特别是当水泥凝固后井内压力或温度降低时，水泥体系收缩会引起外微环隙出现。

3.5.6 目前国内外主要预防及解决环空带压问题的措施

3.5.6.1 预防环空带压的技术措施

1. 切实提高固井时的顶替效率

不管水泥浆体系的可靠性怎样强，要想实现可靠的层间封隔，必须要提高固井时的顶替效率。为提高顶替效率，首先要保证钻井时钻出的井眼条件好；钻井液性能优异，尽量实现低黏度、低切力、低失水、低含砂量；完钻后要认真通井、洗井，充分调整钻井液性能；下套管时保证较高的套管居中度，固井施工中尽量活动套管；筛选综合性能好且与钻井液、水泥浆配伍性好的前置液体系；设计合适的固井施工排量，强化配套技术措施。

2. 切实做到“三压稳”

气井固井施工中必须保证“三压稳”，即固井前、固井过程中和候凝过程中水泥浆失重时的压稳。固井前和固井过程中的压稳比较容易实现，水泥浆凝固失重条件下的压稳一般容易被忽略，这也是影响天然气井固井质量的一个主要原因。

3. 设计满足封固要求的水泥浆体系

根据封固地层的特性及井下条件设计出满足封固质量要求的水泥浆体系。水泥浆性能要求防窜性好，能适应注替过程、凝固过程及长期封隔等各方面的需要。水泥浆有较低的失水量（小于 50mL），较低的基质渗透性，短的过渡时间和快的强度发展，同时浆体稳定性好，水泥石体积不收缩。

4. 水泥石力学性能

能承受井下温度、压力、应化的变化以前水泥石的抗压强度是评价水泥浆性能的一项标准，但是该指标并不能作为是否成为有效层间封隔的指标，还需要其他的指标准来进行综合评价，如杨氏模量、泊松比、抗拉强度、剪切强度、胶结强度。认真评价这些性能，有助于水泥浆设计及降低环空带压发生的概率。

根据每口井的具体情况，对水泥环在该井的生产寿命期间在建井、完井、增产和生产作业承受的外载进行分析、设计与评价，然后对套管、水泥、地层进行有限元分析，确定出水泥石的力学性能（如杨氏模量、泊松比等），在生产期间水泥石力学性能能承受应力的变化。

若水泥石抗拉强度与杨氏弹性模量比值高且水泥杨氏弹性模量低于岩石的则将是机械耐久性最好的水泥。这方面的要求与特定井下条件有关，如井眼尺寸、套管性能、岩石机械性能及预计载荷的变化等。

3.5.6.2　解决环空带压的技术措施

1. 利用修井作业来解决环空带压问题

针对套管外环空带压问题，常规的补救方法是采用钻机进行修井作业。采用修井作业需要起出油管，注入或挤入水泥来封闭水泥环中的裂缝和窜流通道。根据裂缝、信道的位置、孔隙度、渗透率的不同，挤水泥作业有可能封闭不了气窜的通道。作业商通过对修井作业安全及成本方面的综合考虑，一般不愿治理环空带压问题。采用钻机进行修井作业施工危险性大，易造成人身伤害，也易对设备造成损害甚至报废。井喷或溢流也会对环境造成危害。采用常规修井作业的成本及风险有的时候超过了环空带压的成本及风险。

2. FUTUR 活性固化水泥技术

2007 年斯伦贝谢（Schlumberger）公司研究出了 FUTUR 活性固化水泥技术来解决环空带压问题。FUTUR 活性固化水泥施工不需要额外的固井设备，采用常规固井工艺，将 FUTUR 活性固化水泥作为领浆及尾浆注入即可。为保证封固质量，领浆及尾浆的长度应至少达到 150m。FUTUR 活性固化水泥具有自修复特性，当发生气窜时，不需要人工干预，FUTUR 活性固化水泥会自动活化，将裂缝封堵。该技术已成功应用在加拿大阿尔伯特油田的环空带压井及德国、意大利地下储气库井。FUTUR 活性固化水泥应用密度范围为1.40～1.92g/cm^3，应用温度范围为20～138℃。

3. LifeCem 或 LifeSeal 自动密封水泥

与斯伦贝谢公司的FUTUR活性固化水泥技术类似，哈里伯顿公司也推出了LifeCem或LifeSeal水泥。与FUTUR活性固化水泥机理类似，环空存在油气窜流时，在没有地面人工干预的情况下，水泥环能进行膨胀，会封闭窜流通道。水泥环的这种自密封特性，是通过在水泥浆中加入特种外加剂来实现的，采用常规注水泥设备就可以进行施工。LifeCem或LifeSeal自密封水泥已成功在70多口陆地或海上的井中进行了成功应用，应用区域包括中东、亚洲、里海地区、欧洲、拉丁美洲、美国。

4. 压力活性密封剂

为经济和安全地除墨西哥湾的环空带压问题，W&T海洋公司应用了压力活性密封剂。与常规修井作业相比，每口井可以节约100万美元。压力活性密封剂的作用机理与血液在伤口处的凝结类似。密封剂在进入窜流通道前处于液体状态，在存在压差窜流通道的点，配方中的单体和聚合物在配方中发生化学聚合交联。反应进行过程中，聚合交联剂黏附在窜流通道上并不断黏结，同时密封整个窜流通道，聚合后的密封剂在窜流通道上呈纤维状。如果不存在压差，密封剂仍处于液体状态，不会堵塞井眼。该方法已成功在墨西哥湾、荷兰、美国的刘易斯安娜及哈萨克斯坦、澳大利亚进行了成功应用，现场实践证明，该方法成功率高，成本低。

5. 遇油气膨胀封隔器

根据不同情况，可以在套管上安装一个或几个封隔器。封隔器随套管下入，不需要坐封压力，膨胀器遇油气就会发生膨胀。在胶结不好的部位、窜流通道或微环隙，封隔器膨胀都会建立起良好的密封，来阻止层间以及气层到井口的窜流。遇油气膨胀封隔器可膨胀至其体积的2倍，不但能封闭窜流通道，并且能承受压差。未激活时，封隔器处于潜伏状态，水泥环出现封隔失效时，工具遇油气膨胀会自动封闭窜流通道。

3.5.7　水泥增韧性研究现状

3.5.7.1　水泥增韧技术研究现状

常以SBR胶乳（丁苯乳液）、纤维提高水泥石增韧，膨胀剂提高胶结性。近几年随着材料科学的发展，一些新的材料也被用于增加水泥石韧性。

探讨丙烯酸酯（Acrylic latex）乳液、乳胶粉（其中包括：Vae、Acrylic、SBR）以及乳液沥青在固井水泥浆中的应用以及对水泥石韧性的作用，发现这些材料具有潜在的应用性，有可能成为今后重点推广的材料。

3.5.7.2　水泥石力学评价方法现状

根据影响水泥环长期耐久性的因素和水泥环实际所处的环境，建立有效的环空水泥石耐久性评价方法是一项比较困难的工作。从目前几个比较大的油田服务公司在该方面所采用的评价方法来看，几乎都沿用了美国材料测试学会标准（ASTM），在具体方法上还未统一（图 3-30）。如：在水泥石韧性方面，Total 公司采用 ASTM C190-85、ASTM C496-90、ASTM C384-86 来测定 Young’modulus，Poisson’sratio；BJ 公司采用 ASTM C190-85、ASTM C384-86 评价水泥石的韧性；Cementing Solutions INI 公司用 ASTM C469-94、ASTM C469-96 测定静态水泥石弹性模量和 Poisson ratio，这些评价方法示意图见图 3-30。在水泥石胶结性方面，Cementing Solutions INI 公司采用图 3-31 所示的方法测定水泥石黏结性。

国内目前还没发现关于这方面内容的报道，几个国外大公司在该方面也未建立一个统一的标准。如何建立有效的环空水泥石耐久性评价方法将是需要研究的重要内容，因此该内容也将成为需要解决的技术难点。

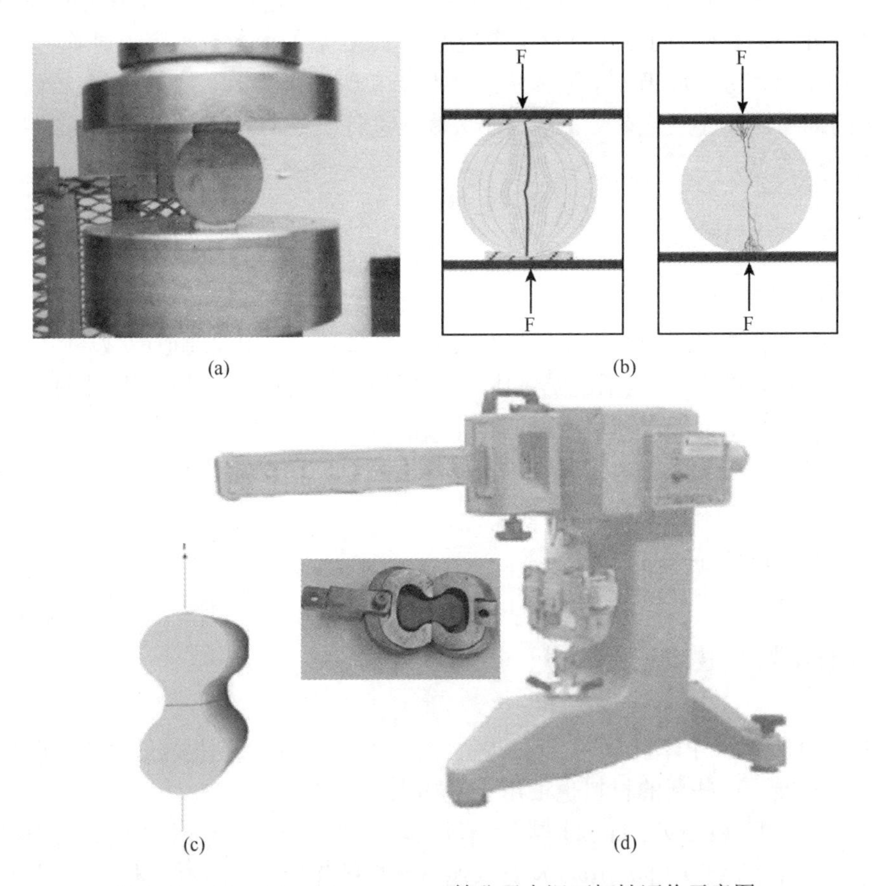

图 3-30　BJ、Schlumberger、CSI 等公司水泥石韧性评价示意图

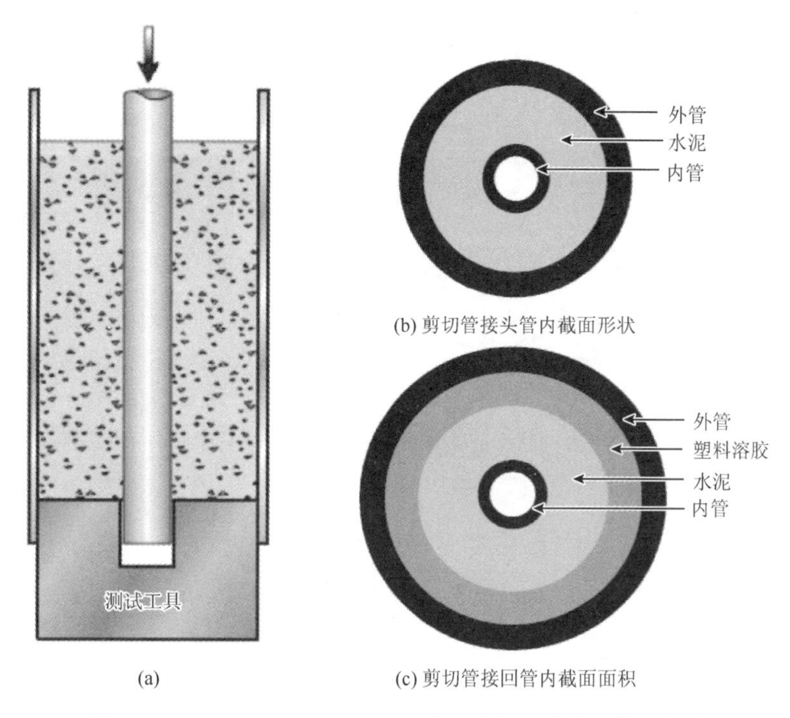

(a)

(b) 剪切管接头管内截面形状

(c) 剪切管接回管内截面面积

图 3-31　Cementing Solutions INI 公司水泥石胶结评价示意图

3.5.8　水泥石力学评价方法的建立

3.5.8.1　三轴抗压强度

图 3-32　TAW2000 型微机控制岩石三轴试验机

三轴抗压强度是岩石力学中经常测定的参数，其实质是对处于三向受压环境中的地壳岩体的力学性状的一种模拟。相对于其他一些所谓的常规实验，三轴实验属较复杂的高级实验，它可以获取相应于岩体不同围压（或深度）的抗压强度、抗剪强度、弹性模量、泊松比以及准确的凝聚力和内摩擦角等数据。若使用三轴侍服压力机，还能得到应力-应变（σ-ε）的全程曲线，进而获得岩石的残余应力、永久变形数据等。由于水泥石在井下的实际受力情况与地下岩石极其相似，因此，三轴抗压强度与单轴抗压强度相比，更能够反应水泥石的实际受力情况，具有很好的现实意义。故在此进行简要叙述。

三轴抗压强度测试对于水泥石在井底的实际受力拟合得更为贴近，对于固井行业了解井下情况和改善作业水泥配方有积极作用。针对增韧后的水泥石进行了三轴抗压强度的测试，经过对各大院校的考察，选定长江大学石油工程学院的 TAW2000 型微机控制岩石三轴试验机（长春市朝阳实验仪器有限公司）进行相关实验。仪器如图 3-32 所示。

进行测试的水泥石试样规格为：ϕ25mm×50mm。可利用取芯机进行取芯。试样应该上下平整，以确保实验结果的准确，如图 3-33 所示。

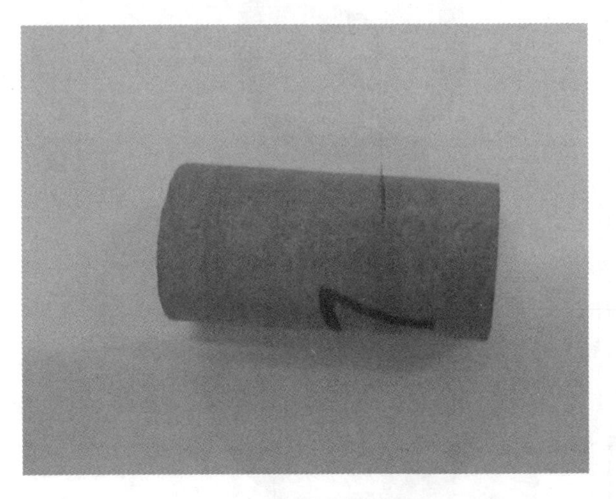

图 3-33　进行三轴测试的水泥石试样图示

实验进行时的界面如图 3-34 所示。

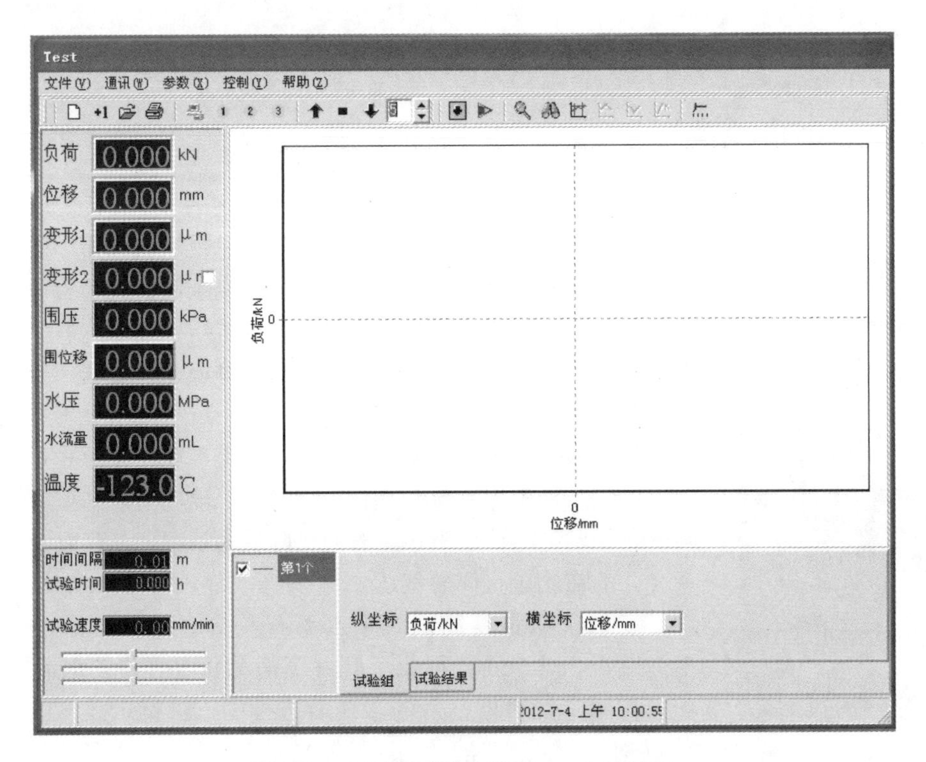

图 3-34　三轴测试软件界面——初始界面

典型的水泥石三轴抗压强度测试结果如图 3-35 所示。

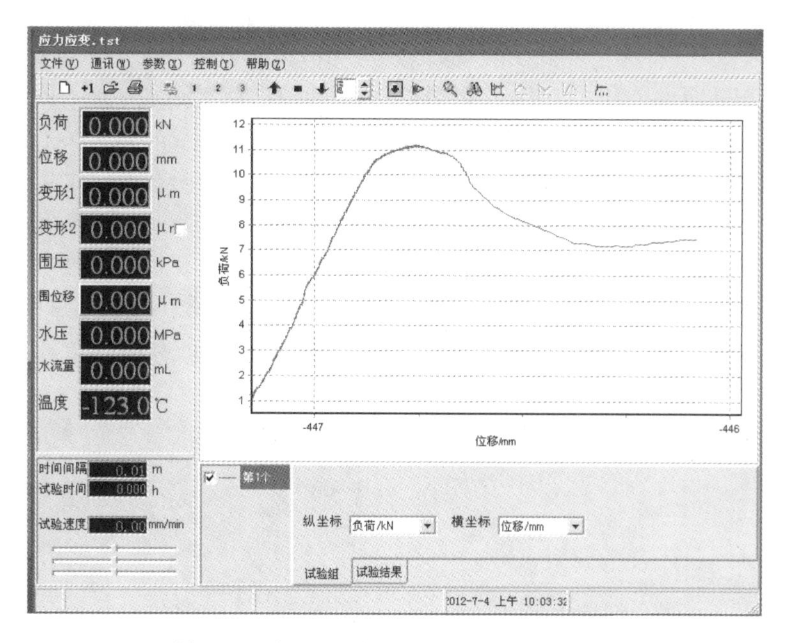

图 3-35　水泥石三轴抗压强度测试典型结果

3.5.8.2　水泥环应变-温变破坏模拟装置

“水泥环应变-温变破坏模拟装置”为中海油服与中国石油大学、中海油湛江分公司共同设计制造，此设备主要功能是对各种水泥石的韧弹性进行现场模拟评价。研发的装置能够满足井底 160℃温度及 10 000psi 井底压力要求和模拟现场尾管固井作业后的试压、温变等作业要求，检验井底水泥环韧弹性及层间封隔性能，为试压作业提供可靠参数。与此同时，项目过程中能完善水泥石韧弹性评价方法，建立水泥石三维有限元模型，预测不同类狗腿脚水泥石的韧弹性性能，并提出其他防止水泥石环空带压问题的解决方法。

设备的详细介绍，参考第 1 章节中的“1.3 水泥环应力-应变破坏模拟装置技术”。

3.5.9　增韧材料的研选

3.5.9.1　胶乳（丁苯乳液）增韧技术

油田注水泥作业称固井，其目的是达到水泥环与地层、套管胶结良好，实现层间长期有效封隔，以确保油气井长期安全生产。大量生产实践和室内研究发现：一方面，水泥浆在泵送到位候凝时，常由于水泥浆柱压力逐渐下降（称“失重”）到低于油、气、水层的压力，而发生油、气、水浸入环空，形成层间窜漏，甚至造成井口冒气；另一方面，固井后形成的环空水泥石是一种脆性硅酸盐水泥材质，易遭受外力而破坏，这对于要求层间精细封隔的产层来说，完井射孔常造成层间窜层。修井作业常由于管柱撞击套管造成环空水泥破裂，这一点在斜井、大位移井中表现得更为突出。为了获得固井的长期有效层间封隔，要求水泥浆具有防窜性能和水泥石具有韧性，通常的做法是水泥浆中加入胶乳。用于固井的胶乳是一种水包油型乳液，粒度在200～500nm，固含量约为40%。水泥浆加入胶乳，一方面，在水泥浆失重时，胶乳颗粒存在水泥浆孔隙溶液及吸附在水泥水化产物上，增加水泥浆空隙的密实性，一定程度阻挡油、气、水的窜入；另一方面，胶乳在硬化的水泥石中相互交联成膜，形成互穿网络结构，提高水泥石的抗拉强度和抗折强度，宏观上表现为增加水泥石的韧性。图3-36说明了胶乳（或粉）在水泥中浆硬化过程示意图。图3-37是经胶乳改性（10%的well600乳胶粉）的水泥石，与空白相比，其脆性明显降低。

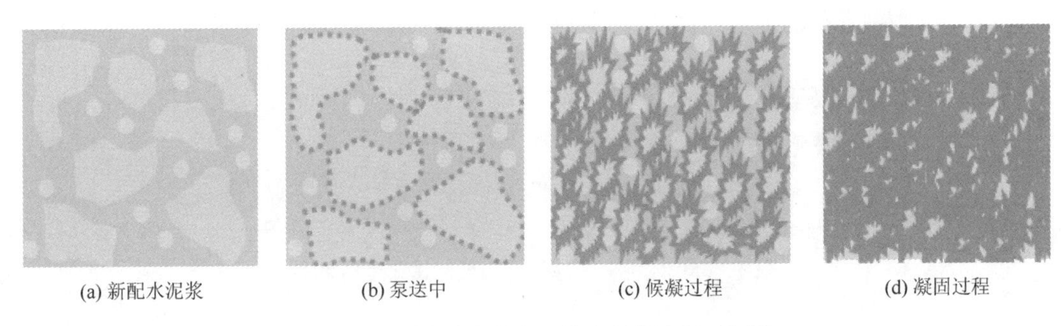

(a) 新配水泥浆　　(b) 泵送中　　(c) 候凝过程　　(d) 凝固过程

图3-36　固井胶乳在水泥浆中硬化过程示意图

图3-37　用铁锤敲击乳胶粉改性水泥石

硅酸盐水泥水化后形成的水泥石（或混凝土），脆性大，这不利于其耐久性。聚合物改性混凝土在建材行业应用广泛。

从文献报道及实际应用出发，所用的聚合物主要为丁苯乳液（SBR），如Halliburton公司的Latex2000、Latex3000，Schlumberger公司的D600G等。在国外公司的固井材料目录中，也有丙烯酸乳液（acrylic）产品牌号，如BJ公司的BA-10，Halliburton公司的LAP-1、Halad447。近几年，在抗二氧化碳腐蚀方面，应用环氧树脂改性水泥也有报道。另外，乳液喷雾干燥后得到的乳胶粉，在固井中的应用也引起了人们的重视，如Schlumberger公司的专利报道了Vae（醋酸乙烯酯乳胶粉）、丁苯乳胶粉可作为固体防气窜剂。

本节开展丁苯乳液的市场研选。主要从水泥浆适用性评价，以及对水泥石力学性能的影响两个方面开展工作。

丁苯乳液（SBR）是由丁二烯（BD）与苯乙烯（ST）通过自由基乳液共聚合而制得的（图3-38），是合成橡胶中最为重要的一类。用于固井的丁苯乳液是经过特殊制造而成，特别在聚合时乳化体系的选择上。由于制造丁苯乳液的原料之一是丁二烯，其为气体，具有爆炸性，因而目前固井所用的乳液大多数为具有生产丁二烯的大的石化厂所生产，或靠近大型石化厂的小企业。如国内的兰州石化厂（304橡胶厂）、齐鲁石化、上海BASF的高桥石化等。本实验，主要研选兰州石化厂胶乳、BASF胶乳、天津渤星胶乳、长江大学胶乳进行研选。

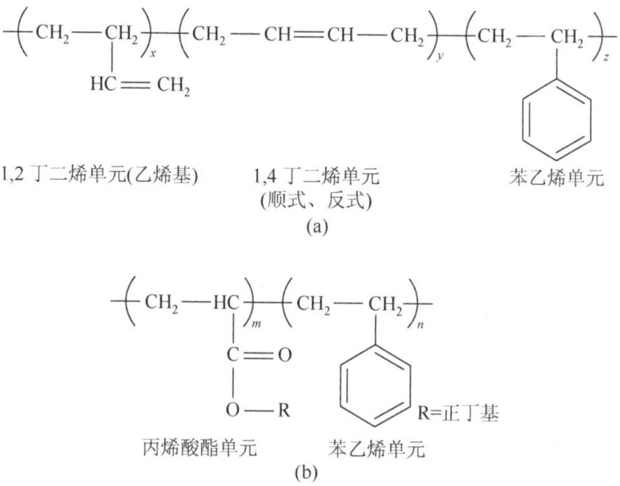

$$-\!\left(CH_2-\underset{\substack{|\\ HC=CH_2}}{CH}\right)_x\!-\!\left(CH_2-CH=CH-CH_2\right)_y\!-\!\left(CH_2-\underset{\substack{|\\ C_6H_5}}{CH}\right)_z\!-$$

1,2丁二烯单元(乙烯基)　1,4丁二烯单元(顺式、反式)　苯乙烯单元

(a)

$$-\!\left(CH_2-\underset{\substack{|\\ C=O\\ |\\ O-R}}{HC}\right)_m\!-\!\left(CH_2-\underset{\substack{|\\ C_6H_5}}{CH}\right)_n\!-$$

R=正丁基

丙烯酸酯单元　苯乙烯单元

(b)

图3-38 自由基乳液共聚制备丁苯乳液线路图

1. 水泥浆适用性评价

1）材料收集及其基本性质

所收集的胶乳及其相关信息见表3-32。

表3-32 所收集的胶乳材料及基本性能

名称及来源	基本性能及相关信息
兰州304胶乳	偏黄白色乳液，室温成膜后不发黏，有胶乳味，固含量45%
BASF胶乳	白色乳液，室温成膜后不发黏，成膜好，无胶乳味，固含量44%
天津渤星胶乳	白色乳液，室温成膜后不发黏，成膜好，无胶乳味，固含量42%
长江大学胶乳	白色乳液，室温成膜后发黏，有胶乳味，固含量48%
吉庆胶乳	偏黄白色乳液，室温成膜后皲裂，有单体味重，固含量37%
三元胶乳	偏黄白色乳液，室温成膜好，固含量42%

备注：部分乳液偏黄可能是储存期过长造成的。

2）丁苯乳液的红外光谱表征及苯乙烯含量测定

取上述胶乳一药勺并置于干净玻璃上，室温晾干并成膜。一是观察其成膜性以及成膜后的表面状况，以此判断其玻璃化温度（*T*g）；二是取出少量在带有 ATR 装置的红外光谱仪中获得其红外光谱，结果见图 3-39。关于丁苯乳液的 IR 表征结果见表 3-33。

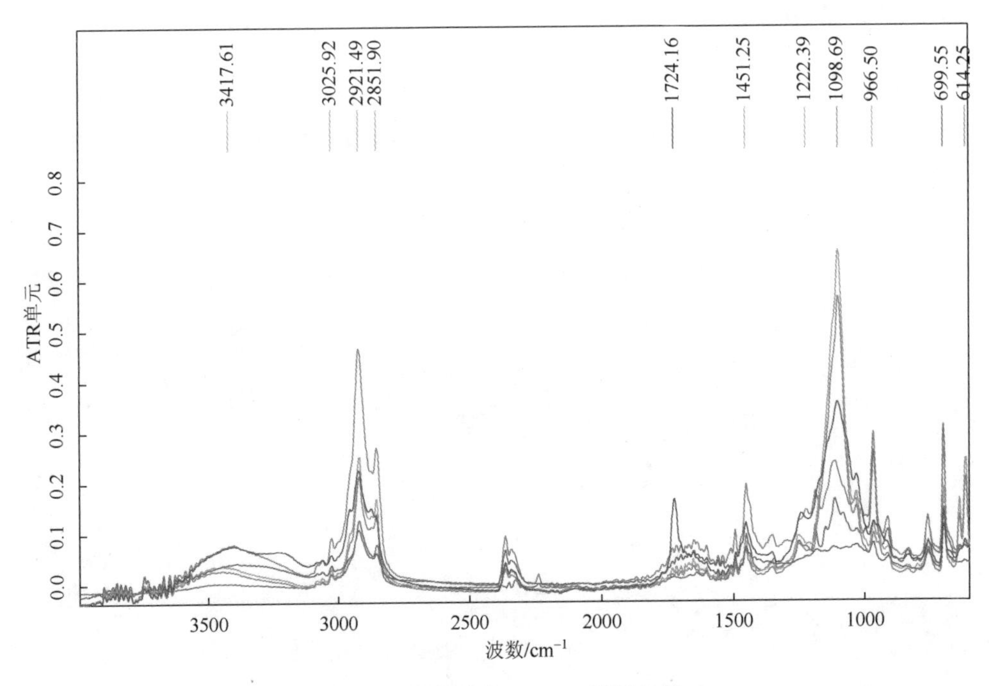

图 3-39　固井胶乳 ATR-IR 谱图分析

表 3-33　固井胶乳 IR 谱图归属单元

特征吸收	归属
3000 以上	不饱和碳上的 υ-CH，如苯乙烯单元、丁二烯单元
2800～3000	饱和碳上的 υ-CH
2237	苯乙烯分子中少量聚丙烯腈单元中 υ-CN
1650	顺式、反式 1，4 丁二烯单元 υ-C = C
1638	1，2 丁二烯单元 υ-C = C
1583	苯乙烯单元苯环骨架振动
1351，1451	顺式与反式 1，4 丁二烯单元 CH_2 变形振动及 1，2 丁二烯单元 CH 面外弯曲振动
968	反式 1，4 丁二烯单元 CH 摇摆吸收
994	1，2 丁二烯单元 CH 面外弯曲振动
913	1，2 丁二烯单元 CH_2 振动吸收
838	可能为顺式或反式 1，4 丁二烯单元 CH 振动吸收
757，699	单取代芳环质子面外变形振动，确定为苯乙烯单元 = CH 的面外变形振动

由表3-33知，699cm^{-1}处的吸收峰是单取代芳环的标志，且不受丁苯乳液或苯丙乳液中其他单元的影响，可作为苯乙烯单元的特征峰。757cm^{-1}处的吸收峰虽也是苯乙烯单元的特征峰，但其相比699cm^{-1}处的峰要小。对于丁苯乳液中丁二烯单元的吸收峰多，其中反式1，4丁二烯单元中＝CH面外弯曲振动在968cm^{-1}所产生的吸附峰最强，且不受苯乙烯单元的影响，因此以968cm^{-1}处的吸附峰作为丁二烯单元的特征峰。

根据Lambert-Beer定律，特征峰处的吸收与组分含量成正比，则有

$$A_{699} = K_{699}C_{\mathrm{ST}}L$$

$$A_{968} = K_{968}C_{\mathrm{BA}}L$$

其中，A_{699}和A_{968}分别表示苯乙烯单元与丁二烯单元的特征峰的吸收（峰面积或峰高），其百分含量比分别为C_{ST}和C_{BA}，L表示膜厚度。

由此可得：K_{699}和K_{968}分别为苯乙烯单元与丁二烯单元的摩尔吸收系数。

$$\frac{A_{699}}{A_{968}} = \frac{K_{699}C_{\mathrm{ST}}}{K_{968}C_{\mathrm{BA}}} = K\frac{C_{\mathrm{ST}}}{C_{\mathrm{BA}}} \tag{3-1}$$

假设丁苯乳液中苯乙烯单元含量为x，在成膜后的丁苯乳液中加入已知量的聚苯乙烯，那么此时，丁苯乳液中苯乙烯单元与丁二烯单元的含量可表示为

$$C_{\mathrm{ST}} = \frac{W_{\mathrm{PST}} + xW_{\mathrm{SBR}}}{W_{\mathrm{PST}} + W_{\mathrm{SBR}}} \tag{3-2}$$

$$C_{\mathrm{BA}} = \frac{(1-x)W_{\mathrm{SBR}}}{W_{\mathrm{PST}} + W_{\mathrm{SBR}}} \tag{3-3}$$

其中，W_{SB}R和W_{PS}T分别表示成膜后的丁苯乳液的量和所加入的聚苯乙烯量。联合式(3-1)～式（3-3）可得

$$\frac{A_{699}}{A_{968}} = \frac{K}{1-x}\frac{W_{\mathrm{PST}}}{W_{\mathrm{SBR}}} + \frac{Kx}{1-x} \tag{3-4}$$

对于指定的丁苯乳液，其中苯乙烯单元含量x是固定的，因此通过不同的WPST加量，以$\frac{A_{699}}{A_{968}}$对$\frac{W_{\mathrm{PST}}}{W_{\mathrm{SBR}}}$作图，进行线性回归，可求出$x$。

以$\frac{A_{699}}{A_{968}}$对$\frac{W_{\mathrm{PST}}}{W_{\mathrm{SBR}}}$作图，进行线性回归，结果见图3-40，其线性回归方程为：$Y = 0.2776X + 1.0114$，相关系数R_2为0.9972。

采用上述所建立的测定方法，测定6个乳液样品中的苯乙烯的含量，结果见表3-34。

由上述测定结果知，各产地胶乳苯乙烯含量存在差异，在36.8%～55.1%波动。苯乙烯是丁苯乳液中的硬单体，其含量直接影响胶乳的玻璃化温度（Tg），苯乙烯含量高，胶乳Tg高，最低成膜温度低。对于建材行业中的胶乳改性水泥，Tg要求较为严格。对于固

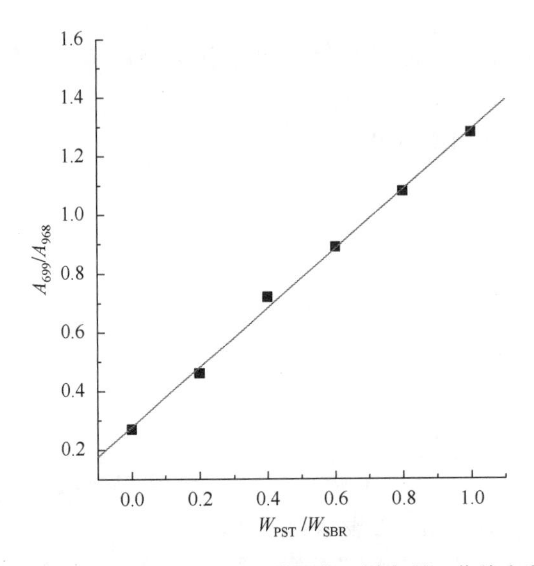

图 3-40　固井胶乳 ATR-IR 谱图苯乙烯含量工作线方程

表 3-34　乳液中苯乙烯含量

乳液	产地及来源	苯乙烯含量/%	相对标准偏差（RSD）/%
SBR 乳液 1	上海高桥 BASF 石化	39.4	2.01
SBR 乳液 2	兰州石化	36.8	1.27
SBR 乳液 3	齐鲁石化	47.2	2.43
SBR 乳液 3	长江大学，固井	48.6	1.74
SBR 乳液 3	三元，固井	40.8	2.64
SBR 乳液 3	吉庆，固井	55.1	3.57

井，由于井底温度通常要远高于 *Tg*，所以在固井应用的胶乳对 *Tg* 的要求不那么严格。至于 *Tg* 多少为宜，目前还没深入研究。

3）丁苯乳液水泥适用性评价

在低温（75℃）和高温（120℃）下，对各丁苯乳液分别开展流变、失水、加量、强度等水泥浆适用性评价内容。结果见表 3-35 和表 3-36。

表 3-35　75℃时胶乳水泥浆适用性评价

名称	BASF 胶乳（5%）*	渤星胶乳（5%）	长江胶乳（5%）	兰州胶乳（5%）	齐鲁胶乳（5%）
流变	/	/	/	/	增稠，略破乳
API 失水，mL	/	/	/	/	/
稠化状况	可调	可调	可调	可调	/

备注：

基本配方为：800g 水泥 + 250g 水 + 20g PC-G80L + 8g PC-F44L + *x* g PC-H21L + 2g 胶乳消泡剂 + 40g 胶乳；

“/” 表示没有开展，“*” 加量 BWOC。

表 3-36　120℃时胶乳水泥浆适用性评价

名称	BASF 胶乳（7%）*	渤星胶乳（7%）	长江胶乳（7%）	兰州胶乳（7%）	齐鲁胶乳（7%）
流变	无稳定剂，破乳	无稳定剂，不破乳	无稳定剂，破乳	无稳定剂，破乳	/
API 失水/ml	/	/	/	/	/
稠化状况	可调	可调	可调	可调	/

备注：基本配方为：600g 水泥 + 210g 硅粉 + 250g 水 + 20g PC-G80L + 8g PC-F44L + x g PC-H21L + 2g 胶乳消泡剂 + 40g 胶乳；

“/” 表示没有开展，“*” 加量 BWOC。

由上述评价结果知：在 75℃，除齐鲁石化的胶乳（羧基改性 SBR 乳液）外，其余几款胶乳都具有较好的水泥浆适用性，不需额外加入胶乳稳定剂，胶乳不存在破乳问题，且根据缓凝剂的加入量获得稠化时间可调。在 120℃，需配套胶乳稳定剂，方可在此温度下获得稠化可调剂。在 120℃的试验中，当程序升温到 100℃时，水泥浆突然稠度上升，这是由于胶乳破乳的原因。至于渤星胶乳不需格外胶乳稳定剂的原因是，在该胶乳中已经加入稳定剂。

4）乳液稳定剂的研选

在高温下，加剧了水泥浆中胶乳颗粒的相互碰撞，以及水泥浆中孔隙溶液中的 Ca^{2+} 等矿化度离子也促使了胶乳破乳的概率。胶乳破乳后，水泥浆迅速增稠，甚至成为“豆腐渣”，失去可泵性。为了防止胶乳颗粒的破乳发生，需加入稳定剂，增加胶乳在高温下及高矿化度溶液（如海水配浆及盐水水泥浆）的稳定性。胶乳稳定剂其实为乳化剂。Halliburton 公司的专利报道，一种具有如下结构的表面活性剂，可防止胶乳在高温破乳，其商品牌号为：Stablizer 413B 和 413C。

以胶乳为增韧材料，分析其对水泥石的力学性能的影响，结果见表 3-37。

表 3-37　胶乳增韧材料力学评价

项目	胶乳加量/%		
	0	5	10
抗压强度（CS）/MPa	30.1	25.3	22.7
直接拉伸强度（TS）/MPa	3.1	2.4	1.9
间接拉伸强度/MPa	/	/	/
三点弯曲/N	/	/	/
单轴抗压强度/MPa	45.7	33.8	28.6
杨氏模量（YM）/GPa	10.4	8.2	6.8
泊松比	/	/	/

备注：

基本配方为水泥 800g + 水 310g + PC-G80L 20g + PC-F44L 8g + 胶乳消泡剂 2g + 胶乳 x g.按胶乳固含量为 50%计算，在基本配方中扣除胶乳中的水；

在 35℃/1d，采用沈阳欧科压力机测定抗压强度；在 35/℃7d，采用长春 200t 试验机测定单轴抗压强度及求出模量和泊松比；在 35℃/7d，采用上海倾技万能材料试验机配套 “8” 字模具，测定直接拉伸强度。“/” 表示没有测定。

从表 3-37 可以看出，空白浆（不加胶乳的配方）、5%、10%胶乳加入量，其 35℃/7d 的单轴抗压强度分别为 45.7MPa、33.8 MPa、28.6MPa，模量分别为 10.4 MPa、8.2 MPa、6.8GPa。这些结果说明，在水泥浆中加入胶乳后能明显降低水泥石模量。在降低水泥石模量的同时，水泥石的抗压强度和直接拉伸强度也得到了降低。

3.5.9.2 纤维材料

由于水泥基材料是一种抗压强度远大于其抗拉强度的材料。为了提高水泥基材料的抗拉强度，在其中加入纤维，可提高其抗拉强度、抗弯强度、抗疲劳特性及耐久性，以及减少混凝土塑性裂缝和干缩裂缝。所用的纤维称为“建筑工程纤维”。

目前所用的工程纤维见表 3-38。

表 3-38 常见纤维

工程纤维	密度/(g/cm^3)	抗拉强度/MPa	弹性模量/GPa	极限伸长率/%
聚丙烯纤维	0.91	350～700	3.0～5.0	15～35
聚丙烯腈纶	1.1	360～510	4.0～10.0	12～20
聚酯纤维	1.26	550～750	4.0～6.0	9～17
聚酰胺纤维	1.14	590～950	2.5～6.6	16～28
对位芳纶	1.43	2740～3320	59～120	1.5～3.3
间位芳纶	1.38	562～662	9.8～17	17～25
高分子量聚乙烯	0.97	1800～3400	60～130	2.5～4.0
PCN 基碳纤维	1.8	4000～5500	250～295	1.6～1.8
纤维素碳纤维	1.6	200～600	25～35	1.5～2.0
玻璃纤维	2.6	2400～4400	55～86	4.0～5.2
钢纤维	8.0	1470～2500	176～196	1.0～2.0

目前，关于工程纤维用于油田固井的文献报道有：

BJ 公司报道：采用硅灰石矿纤增韧水泥石。Halliburton 公司报道：采用 PAN 基碳纤维增加水泥石基体的导热性，防止由于热效应产生水泥石破坏；加入体积百分比为 28%的抗碱玻璃纤维（CEM-FIL HP，源于圣戈班公司）增强泡沫水泥浆；采用抗碱玻璃纤维增韧水泥石；采用亲水改性聚丙烯纤维提高水泥石抗裂破坏性能。Schlumberger 公司报道：采用对酰胺纤维（芳纶），增强水泥石，防止由于温度压力变化对水泥石破坏；采用尼龙、聚丙烯纤维增加抗拉强度；采用淬火冷拔钢纤维与弹性体组成增韧水泥石。另外，美国布鲁克海文国家实验室（Brookhaver National Laboratory）科研人员，研究了微钢纤维、微碳纤维增强热采井的水泥石耐久性。Al-Darbi 等报道：用人的毛发，经短切后，增强固井水泥石塑性收缩和增加抗拉强度。

本节选取了文献报道的各种纤维，从水泥浆适用性及参数优化上，以及对水泥石力学性能的影响共两个方面，探讨其在油井水泥浆中的应用。

1. 合成纤维

合成纤维是将人工合成的、具有适宜分子量并具有可溶（或可熔）性的线型聚合物，经纺丝成形和后处理而制得的化学纤维。用于水泥基的纤维通常为 3～12mm 的短切纱。其品种包括 PP 纤维、聚酯、尼龙、芳纶等。

本节首先探讨其在水泥浆中的适用性，其次探讨其增强作用（增加抗拉强度）。所收集的合成纤维见表 3-39。

表 3-39　待评价的纤维

编号	类别	规格	来源
KT-PP	聚丙烯	3，6，9，12mm	中纺院凯泰公司
TA-PP	聚丙烯	6，9，12mm	山东泰安同伴纤维有限公司
MT-PAN	尼龙	6mm	美国迈图公司（原翰森公司）
KT-polyester	聚酯	6，9mm	中纺院凯泰公司
TA-polyester	聚酯	6，9mm	山东泰安同伴纤维有限公司
YJ-FL	芳纶	6mm	上海英嘉特种纤维材料有限公司
YJ-FL-P	芳纶	100 目	上海英嘉特种纤维材料有限公司

1）合成纤维的水泥浆适用性评价

实验结果见表 3-40。

表 3-40　合成纤维水泥浆适用性定性描述

编号	类别	加量范围/%	配浆时的描述
KT-PP	聚丙烯纤维，6mm	0.5～2.0	由于 PP 纤维柔软，6mm 加量可达 1%，水泥浆增稠不厉害
KT-PP	聚丙烯纤维，9mm	0.5～2.0	9mm 加量达 1%时，水泥浆增稠。合适加量在 0.6%为宜
KT-PP	聚丙烯纤维，12mm	0.5～2.0	12mm 合适加量在 0.3%为宜
KT-polyester	聚酯，6mm	0.5～2.0	由于聚酯纤维相对 PP 纤维细，加入量要相比 PP 少。合适加量为 0.3%

备注：
纤维加量为依据水泥量，BWOC；
配方：800g 水泥 + 300g 水 + 32g PC-G80L + 8g PC-F40L + 纤维。

2）合成纤维对水泥石力学性能的影响

由于合成纤维的耐温性差，本节未开展相关力学评价工作。

2. 无机纤维（inorganic fibre）

无机纤维是以矿物质为原料制成的化学纤维。主要品种有玻璃纤维、石英玻璃纤维、玄武岩纤维和金属纤维等。

本节首先探讨各无机纤维在水泥浆中的适用性，其次探讨其增强作用（增加抗拉强度）。所收集的合成纤维见表 3-41。

表 3-41　所筛选的无机纤维

编号	类别	规格	来源
XF-GF	耐碱玻纤	3mm，6mm，9mm，12mm	襄樊汇尔杰玻璃纤维有限公司
XF-GF-S	耐碱玻纤水分散型	3mm，6mm，9mm，12mm	襄樊汇尔杰玻璃纤维有限公司
SX-Baslte	玄武岩纤维	6mm，9mm，12mm	山西巴塞奥特科技有限公司
JL-C	碳纤维	3mm，6mm	吉林航源碳纤维有限公司
YJ-C-P	碳粉	100 目	上海英嘉特种纤维材料有限公司

1）合成纤维的水泥浆适用性评价

配制 1.90SG 水泥浆，然后加入表 3-41 中各规格一定量纤维，定性描述其对水泥浆流变性的影响，结果见表 3-42。

表 3-42　合成纤维水泥浆适用性定性描述

编号	类别	加量范围/%	配浆时的描述
XF-GF	耐碱玻纤水分散型，6mm	0.25～1.0	对于水分散型玻纤，由于在水泥浆中分散成单丝，水泥浆增稠厉害，6mm 最多加量 0.5%，Schlumberger 采用水分散型进行堵漏
XF-GF	耐碱玻纤，6mm	0.5～3.0	集束型玻纤，最大加入量为 2%，若强力搅拌，当纤维分散成单丝时，水泥浆增稠厉害
XF-GF	耐碱玻纤，9mm	0.5～3.0	集束型玻纤，最大加入量为 1.5%。配完浆后加入，不能强力搅拌
XF-GF	耐碱玻纤，12mm	0.5～3.0	集束型玻纤，最大加入量为 1%。配完浆后加入
SX-Baslte	玄武岩纤维，6mm	0.5～2.0	玄武岩纤维，加入水泥浆中成单丝状，最多加入量为 0.8%
SX-Baslte	玄武岩纤维，9mm	0.5～2.0	玄武岩纤维，加入水泥浆中成单丝状，最多加入量为 0.5%
JL-C	碳纤维，3mm	0.5～3.0	碳纤维由于柔软性好，相比玻纤、玄武纤维加量明显好。在 3%加入量下，水泥仍具有较好的流动性，由于碳纤维价格高，未再增加加入量
YJ-C-P	碳粉，100 目	0.5～3.0	Halliburton 一品牌 Willlife684 为 100 目碳粉。碳粉对水泥浆流变性影响小，加量在 3%也未增稠水泥浆

备注：

纤维加量依据水泥量，BWOC；

配方：水泥 800g + 水 300g + PC-G80L 32g + PC-F40L 8g + 纤维。

为了发挥纤维的增加抗拉强度，需增加加入量和增加纤维长度，但是加入量增加、纤维长度增加，均对水泥浆流变性影响很大。特别对于柔软性差的玻璃纤维、玄武岩纤维，对水泥浆流变性影响很大。玻璃纤维单丝可通过黏结剂（聚合物胶），制成集束性，在很大程度上增加纤维的单位体积加入量。如：水分散型的玻璃纤维最大加入量为 0.5%

（BWOC），而集束性的玻纤，加入量可达到 2.5%（BWOC）。无机纤维，对水泥浆的其他性能影响小，如失水、强度发展等。

2）无机纤维对水泥石力学性能的影响

在不影响水泥石流变性的各无机纤维的加量下，测定水泥浆中加入纤维后对抗压强度、直接拉伸强度的影响，结果见表 3-43。

表 3-43　所考察的无机纤维对抗压强度、直接拉伸强度的影响

编号	类别	规格/加量	抗压强度/MPa	直接拉伸强度/MPa
	空白		45.1	2.7
XF-GF-S	玻纤水分散型	6mm/0.5%	42.3	2.6
XF-GF	玻纤	6mm/1.0%	38.7	3.1
XF-GF	玻纤	6mm/2.0%	32.6	4.7
SX-Basalt	玄武纤	6mm/0.2%	44.4	3.0
SX-Basalt	玄武纤	6mm/0.4%	40.3	2.9
JL-C	碳纤维	3mm/0.5%	38.6	3.8
JL-C	碳纤维	3mm/1.0%	38.7	4.2
YJ-C-P	碳粉 100 目	100 目/0.2%	40.5	2.8
YJ-C-P	碳粉 100 目	100 目/1.0%	34.7	3.1

备注：

加量依据水泥加入量，BWOC；

配方：800g 水泥 + 300g 水 + 32g PC-G80L + 8g PC-F40L + 纤维；

水泥石 60℃养护 7d 后测定抗压强度、直接拉伸强度（8 字模量拉伸）。

从表 3-43 可知，纤维加入后，水泥石抗压强度均不同程度受到影响。这是由于纤维加入后，增加了水泥基体的完整性，所用增加了破裂时的界面，所以抗压强度在纤维加入时表现下降的现象，且随着加入量的增加，下降量更明显。进一步发现，在不影响水泥石流变性的前提下，各纤维均表现出加量在 1.0%以上时，才有明显的增加直接拉伸强度的增加。

另外，采用 YJ-C-P 的 100 碳粉，并没有明显增加水泥石的抗拉强度。而 Halliburton 公司的 welllife684 的数据表中，表面碳粉具有明显的增加水泥石的抗拉强度。经进一步分析，很可能 welllife684 为碳纳米管。大量文献表明，碳纳米管具有明显的增加混凝土的抗折、抗弯强度。所以，关于碳粉或碳纳米管增强水泥石韧性的研究，还需后继进一步研究。因为，碳粉或碳纤维，虽价格昂贵，但并不影响水泥石的流变性。

通过以上研究：介绍了气井环空带压的规律、原因、案例及解决的一些具体措施；详细介绍了胶乳（丁苯乳液）的增韧技术；详细介绍了合成纤维及玻璃纤维的增韧技术，纤维增加水泥石抗拉强度，在无机纤维方面，耐碱玻璃纤维较适合于固井用。6～9mm 的水分散型玻纤可用于水泥浆堵漏用加量为0.5%左右（BWOC）；6～9mm的集束型玻纤可用于水泥石增韧，加量在1%～2%（BWOC）。

3.6　适合莺琼盆地气田固井水泥浆体系的建立与性能评价

3.6.1　水泥浆基本框架的建立

前面5个章节基本确立了针对莺琼盆地区块的面临"防漏、防窜、防腐蚀、防应变"破坏所需的体系及功能材料，主要包括：

3.1章节构建了高密度体系框架，优选了铁矿粉、硅粉的厂家、目数，水泥浆密度2.10～2.50SG；优选了江汉200目-江汉1200目铁矿粉复配体系强度最高，最佳比例为江汉200目∶江汉1200目＝30%∶70%；也可以单独使用江汉1200目铁矿粉，体系的性能同样较好；非规则颗粒级配技术高密度体系的框架得到建立。

3.2章节优选了堵漏材料，BX-S与BX-L两者按1∶1混合后（简称B62）的堵漏效果好；0.3%的加量（BWOC）就能够100%封堵住0.5mm的裂缝；纤维B62的加入对流变性能有一定的影响，但控制在0.5%的加量是合适的；其次，纤维B62对稠化及失水影响都不大，属于误差范围以内，同时有利于水泥石抗压强度的提高。

3.3章节分析了东方区块面临的气窜难题，分析了油气水窜的种类；介绍了国内外防窜能力评价装置及方法；优选了防气窜材料，主要包括胶乳、防窜增强剂及膨胀剂。

3.4章节着手解决东方区块二氧化碳腐蚀问题，介绍了东方区块面临的二氧化碳腐蚀的挑战；介绍了水泥石的腐蚀机理及抑制方法，介绍了腐蚀的评价方，同时还介绍了树脂、聚合物降滤失剂、胶乳、粉煤灰、膨胀剂、活性高的二氧化硅等都能有效延缓水泥石的腐蚀。

3.5章节着手莺琼盆地区块水泥环完整性技术研究，介绍了气井环空带压的规律、原因、案列及解决的一些具体措施；详细介绍了胶乳（丁苯乳液）的增韧技术；详细介绍了合成纤维及玻璃纤维的增韧技术，优选了玻纤B62可用于水泥石增韧。

综合上述内容，铁矿粉颗粒级配＋胶乳（或树脂）＋防窜剂＋膨胀剂＋耐碱纤维构成体系的基本框架，功能材料具体为：

（1）铁矿粉颗粒级配：高密度体系框架；

（2）耐碱玻纤B62：兼具增韧和堵漏效果；

（3）胶乳：防窜能力强、水泥石韧性好、抗腐蚀等特点；

（4）防窜剂PC-GS12L：可以与水泥水化产生的二氧化钙反应，形成更多的具有胶结作用的C-S-H硅钙胶凝体，阻碍流体通道，水泥石渗透率低，具有较好防窜、防腐及高强效果；

（5）PC-B10S、PC-B20膨胀剂：具有微膨胀效果，具有较好防窜功能；

（6）树脂：本身具有活性环氧官能团，在碱性环境中，官能团会打开，并发生分子间聚合，从而形成大分子树脂，进一步降低渗透率和防腐蚀。

表 3-44　胶乳高密度体系材料组成

	胶乳高密度体系
油井水泥	山东“G”级水泥
加重剂	PC-D20（250 目）及 PC-D20（120 目）铁矿粉
硅粉	PC-C81（120 目）及 PC-C82（300 目）
混浆水	淡水
降失水剂	PC-G80L（S）
缓凝剂	PC-H40L
分散剂	PC-F44S\F41L
防窜增强剂	PC-GS12L
增韧、防窜、防腐蚀剂	胶乳 PC-GR1
堵漏、增韧剂	玻璃纤维 PC-B62
膨胀剂	PC-B20\B10
胶乳抑泡剂	PC-X66L
常规消泡剂	PC-X60L

表 3-45　树脂高密度体系材料组成

	树脂高密度体系
油井水泥	山东“G”级水泥
加重剂	PC-D20（250 目）及 PC-D20（120 目）铁矿粉
硅粉	PC-C81（120 目）及 PC-C82（300 目）
混浆水	淡水
降失水剂	PC-G80L（S）
缓凝剂	PC-H40L
分散剂	PC-F44S\F41L
防窜增强剂	PC-GS12L
防腐蚀剂	树脂乳液 PC-B83L
堵漏、增韧剂	玻璃纤维 PC-B62
膨胀剂	PC-B20\B10
树脂抑泡剂	PC-X66L
常规消泡剂	PC-X60L

3.6.2 体系防窜性能评价

3.6.2.1 防窜评价方法

对于防窜性能的评价，目前公认及最流行的方法主要有有四种：

（1）稠化过渡时间小于 30min，即稠化过渡时间从 30BC 达到 100BC 的拐角时间越短越好；水泥浆的迅速稠化，将使浅层气向井眼环空的运移启动和运移的时间变短，浅层气的集聚强度和急剧趋势变缓，浅层气的产生和危害变小，因此能够极大降低固井作业风险。

（2）水泥浆的静胶凝强度发展性能，是实验室常用来检验水泥浆在一定条件下的抗气窜性能的参考数据。一般要求水泥浆的静胶凝强度由 $100lb/100ft^2$①发展至 $500lb/100ft^2$ 的时间足够短才能够有效地预防气窜的产生，理想的过渡时间小于 30min。

（3）SPN 值计算法，SPN 值反映了水泥浆失水量及水泥浆凝固过程阻力变化系数 A 值对气窜的影响，

$$\mathrm{SPN} = Q_{\mathrm{API}}A$$

$$A=0.1826(T_{100\mathrm{BC}}^{0.5} - T_{30\mathrm{BC}}^{0.5})$$

水泥浆 API 失水量越低，稠化时间 $T_{100\mathrm{BC}}$ 与 $T_{30\mathrm{BC}}$ 的差值越小，即在此稠化时间内阻力变化越大，A 值越小，SPN 值也越小，防气窜能力越强（表 3-46）。

表 3-46 SPN 值与防窜能力级别

SPN（数值）	防窜能力级别
0＜SPN＜10	防气窜效果极好
10＜SPN＜21	防气窜效果中等
SPN＞2l	防气窜效果差

（4）中国石油化工集团公司企业标准“川东北天然气井固井技术规范”，见表 3-47。

表 3-47 川东北天然气井固井技术规范

SPN（数值）	防窜能力级别
0＜SPN≤3	防气窜效果好
3＜SPN≤6	防气窜效果中等
SPN＞6	防气窜效果差

① $100/ft^2 = 4.882431 = g/m^2$。

3.6.2.2 胶乳高密度体系防窜实验结果

胶乳高密度体系稠化实验结果见表3-48，不同SG条件下的防窜性能评价见表3-49～表3-51。

表3-48 胶乳高密度体系稠化实验结果

胶乳种类	加量BWOC/%	稠化曲线描述
胶乳1#	10	曲线平稳
	18	曲线台阶
胶乳2#	10	曲线平稳
	18	曲线台阶
胶乳3#	10	曲线平稳
	18	曲线台阶
胶乳4#（理想）	10	曲线平稳
	18	曲线平滑

备注：浆体1.90SG，BHCT＝160℃水泥浆配方，600g“G”级水泥＋210g硅粉（120目）＋6g F44S＋108g PC-GR＋2g胶乳消泡剂＋24g PC-GS12L＋18g PC-G80L＋12g H41L＋2g PC-X60L＋2g PC-B20＋3g纤维＋180g淡水。

表3-49 1.90SG防窜性能评价

胶乳加量/%	温度/℃	稠化时间/(h：min)	30BC-100BC过渡时间/min	游离液/mL	FL失水/mL	抗压强度MPa（/24h）	SPN
3	160	4：54	18	0	48	29	5.8
5	108	4：45	14	0	36	29.4	2.77
10	108	3：30	11	0	16	25	0.62
18	160	3：08	6	0	10	15.6	0.32

备注：1. 90SG水泥浆配方，600g“G”级水泥＋210g硅粉（120目）＋6g F44S＋18g～108g PC-GR＋2g胶乳消泡剂＋24g PC-GS12L＋18g PC-G80L＋H41L＋2g PC-X60L＋2g PC-B20＋3g纤维＋270-180g淡水。

表3-50 2.10SG防窜性能评价（18%胶乳）

温度/℃	稠化时间/(h：min)	30BC-100BC过渡时间/min	游离液/mL	FL失水/mL	抗压强度/MPa(/24hr)	SPN	备注
160	3：36	3	0	21	14.6	0.39	防窜极好

备注：水泥浆配方，500g“G”级水泥＋175g硅粉（120目）＋5g F44S＋90g PC-GR＋2g胶乳消泡剂＋30g PC-GS12L＋12g PC-G80L＋6g H41L＋2g PC-X60L＋5g PC-B20＋2.5g纤维＋210g 淡水＋85g D20（250目）＋215g D20（1200目）。

表 3-51　2.30SG 防窜性能评价（18%胶乳）

温度/℃	稠化时间/(h：min)	30BC-100BC 过渡时间/min	游离液/mL	FL 失水/mL	抗压强度/MPa（/24hr）	SPN	备注
160	5：47	6	0	22	13.1	0.65	防窜极好

备注：水泥浆配方，400g“G”级水泥 + 140g 硅粉（120 目）+ 4g F44S + 72g PC-GR + 2g 胶乳消泡剂 + 32g PC-GS12L + 8g PC-G80L + 4g H41L + 2g PC-X60L + 4g PC-B20 + 2g 纤维 + 215g 淡水 g + 100g D20（250 目）+ 400g D20（1200 目）。

通过以上实验结果表明：胶乳高密度体系具有较好的防窜效果，无论从稠化过渡时间及 SPN 来看，都满足体系液态凝固过程中的防窜要求。

3.6.2.3　树脂高密度体系防窜试验结果

1. 水泥浆配方

水泥浆配方见表 3-52。

表 3-52　水泥配方

材料		2.1SG	2.2SG	2.3SG	混合方法
		加量/g			
水泥	山东水泥"G"	500	500	400	干混
温度稳定剂	C81（120 目）	175	175	140	
加重剂	D20（1200 目）	215	300	420	
加重剂	D20（250 目）	85	75	100	
配浆水	淡水（燕郊）	250	250	245	湿混
降失水剂	PC-G80L	35	35	28	
缓凝剂	PC-H40L	9	10	8	
防窜增强剂	PC-GS12L	40	40	32	
树脂乳液	PC-B83L	20	20	16	
树脂乳液消泡剂	PC-X62L	2.5	2.5	2	
消泡剂	PC-X60L	1	1	0.8	

2. 水泥浆性能

水泥浆性能见表 3-53。

表 3-53　水泥性能

试验项目	实验条件	试验结果		
		2.1SG 配方	2.2SG 配方	2.3SG 配方
混灰时间/s	4000r/min	20	20	20
实测密度/cm^3	常压密度计	2.10	2.20	2.30
流变/90℃养护	3/6/30/60/100/200/300	8/15/50/85/125/198/257	9/16/52/84/123/209/291	7/12/46/77/114/200/295
	300/200/100/60/30/6/3	257/201/119/82/45/12/6	291/206/116/78/47/13/6	295/205/110/70/37/8/5
自由液/mL	2h	0	0	0
API 失水/mL	90℃，30min，1000psi	20.5	21.2	19.8
沉降稳定性	90℃养护后静置 20min	0cm	0cm	0cm
抗压强度/MPa	160℃，21MPa，24h	29.4	26.8	18.5
稠化时间/min	160℃，65MPa	245	224	294
30BC-100BC 过渡时间/min		10	11	10
SPN 值		1.17	1.23	1.19

由表 3-52 和表 3-53 知树脂高密度体系具有较好的防窜效果，无论从稠化过渡时间及 SPN 来看，都满足体系液态凝固过程中的防窜要求，但对比胶乳高密度体系，防窜效果略差。

3.6.3　体系堵漏性能评价

3.6.3.1　堵漏评价方法

借鉴 3.3.2 中漏失评价方法，主要包括：①常规网孔板和固定宽度的裂缝进行模拟流体的漏失；②动态裂缝漏失，使用动态裂缝漏失仪评价。

3.6.3.2　胶乳高密度体系堵漏评价结果

实验材料选用 PC-B62 型增韧堵漏剂，其外观为灰白色矿物纤维，长度约 0.5cm，直径为 15～18nm，主要依靠混杂纤维的阻裂和增韧特性，利用纤维对载荷的传递，使水泥石内部缺陷的应力集中减小，增加水泥石的抗冲击性能力；在挠曲载荷作用下提高水泥石形成可见裂缝时的载荷能力，防止水泥石的应力开裂，在疲劳载荷作用下阻止裂缝扩展并在强冲击载荷作用下对裂纹尖端应力场形成屏蔽而提高水泥石的断裂韧性。防止因射孔产生的水泥环破裂导致的层间互窜（即“二次界面窜流”）；有利于防止水泥石、套管的腐蚀和套损的发生；与其他外加剂配伍性好，不影响水泥浆的其他工程性能，且适用温度范围宽（25～180℃）。通过纤维搭桥形成网状屏蔽防漏结构，对渗漏、诱导性漏失或压力系数底的较大漏失均有很好的防漏、堵漏效果。

测试堵漏性能的实验步骤如下：①配制 500mL 水泥浆；②在 90℃温度下搅拌 20min；③倒入堵漏装置井筒内；④观察不加压水泥浆漏失情况并记录漏失量的大小。

2.30SG 水泥浆配方，400g“G”级水泥 + 140g 硅粉（120 目）+ 4g F44S + 72g PC-GR + 2g 胶乳消泡剂 + 32g PC-GS12L + 8g PC-G80L + 4g H41L + 2g PC-X60L + 4g PC-B20 + 2g 纤维 + 215g 淡水 + 100g D20（250 目） + 400g D20（1200 目）。

表 3-54　堵漏 0.5mm 裂缝研究

裂缝宽度/mm	纤维的加量/g	实验压差/MPa	实验结果
0.5	0	1	全部漏失
	2	2.02	漏失 1/6 体积堵住
		3.0	不漏失
		5.0	
	4	1.6	漏失 1/4 体积堵住
		2.0	不漏失
		4.16	
		5.17	

表 3-55　堵漏 1mm 裂缝研究

裂缝宽度/mm	纤维的加量/g	实验压差/MPa	实验结果
1mm	2（0.5%）	0.3	全部漏失
	4（1%）		
	8（2%）		
	10（2.5%）	0.76	无漏失
		1.5	
		3.0	
		4.0	
		5.4	

由表 3-54 和表 3-55 可知，对于 2.30SG 的胶乳水泥浆，加量 0.5%的纤维可以堵住 0.5mm 的裂缝，加量 2%的纤维不能封堵住 1mm 的裂缝，加到 2.5%时，且在配完浆后最后再加纤维，可以堵住 1mm 的裂缝。对于纤维的加入还需有要求，需在配完水泥浆后再加入纤维才可以起到封堵作用，若先将纤维放入配浆水中水化再配浆，高转速会打散纤维结构，加有 2.5%纤维的水泥浆体不能封堵住 1mm 的裂缝。

纤维的加量直接影响纤维网的致密性。从理论上说，单位面积上纤维的数量越多形成的网结构就越致密。但在实际操作中，纤维加量并不能越多越好，因为过多的纤维会严重影响水泥浆的流变性能，增大泵压，甚至会使水泥浆失去泵送能力。室内研究，在保证水泥浆良好流变性能的基础上，对4～6mm长度纤维加量与水泥浆的漏失控制性能的关系进行了堵漏试验研究。

3.6.3.3　树脂高密度体系堵漏评价结果

测试堵漏性能的实验方法同胶乳体系，结果见表3-56和表3-57。

2.30SG水泥浆配方，400g“G”级水泥＋140g硅粉（120目）＋4g F44S＋24g PC-B83L＋2g树脂消泡剂＋32g PC-GS12L＋28g PC-G80L＋8g H40L＋0.8g PC-X60L＋4g PC-B20＋295g淡水＋D20（250目）＋420g D20（1200目）＋2g纤维。

表3-56　堵漏0.5mm裂缝研究

裂缝宽度/mm	纤维的加量/g	实验压差/MPa	实验结果
0.5	0	1	全部漏失
	2	2.0MPa	不漏失
		3.0	不漏失
		5.0	
	4	2	漏失1/5体积堵住
		2.0	不漏失
		4.16	
		5.17	

表3-58　堵漏1mm裂缝研究

裂缝宽度/mm	纤维的加量/g	实验压差/MPa	实验结果
1mm	2（0.5%）	0.5	全部漏失
	4（1%）		
	8（2%）		
	10（2.5%）	1.0	无漏失
		1.5	
		3.0	
		4.0	
		5.4	

由表3-56和表3-57知，对于2.30SG的树脂水泥浆，加量0.5%的纤维可以堵住0.5mm的裂缝，加量2%的纤维不能封堵住1mm的裂缝，加到2.5%时，且在配完浆后最后再加纤维，可以堵住1mm的裂缝。对于纤维的加入还需有要求，需在配完水泥浆后再加入纤维才可以起到封堵作用，若先将纤维放入配浆水中水化再配浆，高转速会打散纤维结构，加有2.5%纤维的水泥浆体不能封堵住1mm的裂缝。

3.6.4 体系防腐蚀性能评价

3.6.4.1 腐蚀评价方法

采用 3.4.3 章节所讲评价方法进行。

3.6.4.2 高密度体系腐蚀评价结果

高密度体系腐蚀评价结果见表 3-58。

表 3-58 160℃条件下二氧化碳腐蚀水泥石腐蚀深度数据

试样编号	160℃×21MPa（二氧化碳分压 15MPa）腐蚀深度/mm		
	体系	1 个月	3 个月
1#	常规 2.30SG 体系（铁矿粉加重）	2.5	4
2#	15%BX 胶乳（铁矿粉加重）	0.5	1.1
3#	15%BSF 胶乳（铁矿粉加重）	0.5	1.3
4#	15%SY 胶乳（铁矿粉加重）	0.5	1.3
5#	15%JH 胶乳（铁矿粉加重）	0.5	1.1
6#	7.5%胶粉（铁矿粉加重）	0.4	1
7#	20%勃兴固体防腐剂（铁矿粉加重）	0.7	2
9#	15%CRC（铁矿粉加重）	2.4	4
10#	20%JZFF 防腐剂（铁矿粉加重）	2.3	3.5
11#	20%WSF 防腐剂（铁矿粉加重）	0.9	2
13#	常规 2.30SG 体系（重晶石粉加重）	1.5	3
14#	15%JH 胶乳（重晶石粉加重）	1	2.2
15#	15%BX 胶乳（重晶石粉加重）	1.3	2.2
17#	15%SY 胶乳（重晶石粉加重）	0.8	2
18#	7.5%胶粉（锰矿粉加重）	0.6	1.5
20#	15%BX 胶乳（锰矿粉加重）	1.4	2.5
22#	15%BSF 胶乳（锰矿粉加重）	1	2
24#	15%BX 胶乳（1200 目纯铁矿粉加重）	0.6	1.2
25#	5%BX 胶乳（铁矿粉加重）	2.5	4
26#	10%BX 胶乳（铁矿粉加重）	1.1	1.5
27#	15%BX 胶乳（铁矿粉加重）	0.8	1
28#	20%BX 胶乳（铁矿粉加重）	0.2	0.5

续表

试样编号	160℃×21MPa（二氧化碳分压 15MPa）腐蚀深度/mm		
	体系	1 个月	3 个月
29#	7.5%树脂粉末（铁矿粉加重）	0.2	0.4
30#	15%树脂乳液（铁矿粉加重）	0.2	0.4
31#	10%树脂乳液（铁矿粉加重）	0.2	0.4
32#	5%树脂乳液（铁矿粉加重）	0.2	0.5
33#	常规 2.30SG 体系（铁矿粉加重）	—	4
34#	10%DQ 胶乳（铁矿粉加重）	—	1.5
35#	15%DQ 胶乳（铁矿粉加重）	—	1
36#	20%DQ 胶乳（铁矿粉加重）	—	0.5
37#	30%DQ 胶乳（铁矿粉加重）	—	0.4
38#	10%WH 胶乳（铁矿粉加重）	—	1.2
39#	15%WH 胶乳（铁矿粉加重）	—	0.9
40#	20%WH 胶乳（铁矿粉加重）	—	0.5
41#	30%WH 胶乳（铁矿粉加重）	—	0.4

1#配方：400g“G”水泥 + 140g SSA120 + 100g CD250 + 500g CD1200 + 280g FW + 24gG80L + 24g GS12L + 8g F45l + 10g H40L + 4g X66L + 2g X60L + 2g B10 + 2g 纤维。

2#配方：400g“G”水泥 + 140g SSA120 + 100g CD250 + 500g CD1200 + 220g FW + 60g BXGR + 24g G80L + 24g GS12L + 8g F45l + 10g H40L + 4g X66L + 2g X60L + 2g B10 + 2g 纤维。

3#配方：400g“G”水泥 + 140g SSA120 + 100g CD250 + 500g CD1200 + 210g FW + 60g BSFGR + 9g CJ201 + 24g G80L + 24g GS12L + 8g F45l + 10g H40L + 4g X66L + 2g X60L + 2g B10 + 2g 纤维。

4#配方：400g“G”水泥 + 140g SSA120 + 100g CD250 + 500g CD1200 + 220g FW + 60g SYGR + 24g G80L + 24g GS12L + 8g F45l + 10g H40L + 4g X66L + 2g X60L + 2g B10 + 2g 纤维。

5#配方：400g“G”水泥 + 140g SSA120 + 100g CD250 + 500g CD1200 + 210g FW + 60g JHGR + 9g CJ201 + 24g G80L + 24g GS12L + 8g F45l + 10g H40L + 4g X66L + 2g X60L + 2g B10 + 2g 纤维。

6#配方：400g“G”水泥 + 140g SSA120 + 60g CD250 + 480g CD1200 + 270g FW + 30g 胶粉 + 24g G80L + 24g GS12L + 8g F45L + 10g H40L + 2g X60L + 2g B10 + 2g 纤维。

7#配方：300g“G”水泥 + 60g 勃兴固体防腐剂 + 105g SSA120 + 480g CD1200 + 240g FW + 18g G80L + 6g F45L + 8g H40L + 2g X60L + 1.5g B10 + 2g 纤维。

9#配方：400g“G”水泥+ 140g SSA120 + 100g CD250 + 500g CD1200 + 220g FW + 60gCRC + 24g G80L+ 24g GS12L+ 8g F45l+ 10g H40L+ 4g X66L+ 2g X60L+ 2g B10+ 2g

纤维。

10#配方：300g“G”水泥+ 60gJZFF 防腐剂 + 105g SSA120 + 480g CD1200 + 240g FW + 18g G80L+ 6g F45L+ 8g H40L+ 2g X60L+ 1.5g B10+ 2g 纤维。

11#配方：300g“G”水泥+ 60gWSF 防腐剂 + 105g SSA120 + 480g CD1200 + 240g FW + 18g G80L+ 6g F45L+ 8g H40L+ 2g X60L+ 1.5g B10+ 2g 纤维。

13#配方：400g“G”水泥+ 140g SSA120 + 760g 重晶石粉 + 300g FW + 24g G80L+ 24g GS12L + 8g F45l+ 10g H40L+ 2g X60L+ 2g B10+ 2g 纤维。

14#配方：400g“G”水泥+ 140g SSA120 + 760g 重晶石粉 + 230g FW + 60g JHGR+ 9g CJ201+ 24g G80L+ 24g GS12L+ 8g F45l+ 10g H40L+ 4g X66L + 2g X60L + 2g B10 + 2g 纤维。

15#配方：400g“G”水泥+ 140g SSA120 + 760g 重晶石粉 + 240g FW + 60g GR + 勃兴 24g G80L+ 24g GS12L+ 8g F45l+ 10g H40L+ 4g X66L+ 2g X60L+ 2g B10+ 2g 纤维。

17#配方：400g“G”水泥+ 140g SSA120 + 760g 重晶石粉 + 230g FW + JHGR60g + CJ201 9g + 24g G80L+ 24g GS12L+ 8g F45l+ 10g H40L+ 4g X66L+ 2g X60L+ 2g B10+ 2g 纤维。

18#配方：400g“G”水泥+ 140g SSA120 + 800g 重晶石粉 + 30g 胶粉 + 300g FW + 24g G80L+ 24g GS12L+ 8g F45l+ 10g H40L+ 2g X60L+ 2g B10+ 2g 纤维。

19#配方：400g“G”水泥+ 140g SSA120 + 600gMICRO + 216g FW + 60g 勃兴 GR + 24g G80L+ 24g GS12L+ 8g F45l+ 10g H40L+ 4g X66L+ 2g X60L+ 2g B10+ 2g 纤维。

20#配方：400g“G”水泥+ 140g SSA120 + 600gMICRO + 216g FW + 60gBASFGR + 24g G80L+ 24g GS12L+ 8g F45l+ 10g H40L+ 4g X66L+ 2g X60L+ 2g B10+ 2g 纤维。

22#配方：400g“G”水泥+ 140g SSA120 + 600g CD1200 + 220g FW + 60g BXGR + 24g G80L + 24g GS12L + 8g F45l + 10g H40L + 4g X66L + 2g X60L + 2g B10 + 2g 纤维。

24#配方：400g“G”水泥+ 140g SSA120 + 100g CD250 + 500g CD1200 + 260g FW + 20g BXGR + 24g G80L + 24g GS12L + 8g F45l + 10g H40L + 4g X66L + 2g X60L + 2g B10 + 2g 纤维。

25#配方：400g“G”水泥+ 140g SSA120 + 100g CD250 + 500g CD1200 + 240g FW + 40g BXGR + 24g G80L + 24g GS12L + 8g F45l + 10g H40L + 4g X66L + 2g X60L + 2g B10 + 2g 纤维。

26#配方：400g“G”水泥+ 140g SSA120 + 100g CD250 + 500g CD1200 + 220g FW + 60g BXGR + 24g G80L + 24g GS12L + 8g F45l + 10g H40L + 4g X66L + 2g X60L + 2g B10 + 2g 纤维。

27#配方：400g“G”水泥+ 140g SSA120 + 100g CD250 + 500g CD1200 + 200g FW + 80g BXGR + 24g G80L + 24g GS12L + 8g F45l + 10g H40L + 4g X66L + 2g X60L + 2g B10 + 2g 纤维。

29#配方：200g“G”水泥+ 70g SSA120 + 240g CD1200 + 30g CD200 + 1g B10 + 1g B60 + 15g 树脂粉 128g+ FW + 1g X60L + 4g F45L + 12g G80L + 12g GS12L + 5g 固化剂。

30#配方：200g“G”水泥 + 70g SSA120 + 300g CD1200 + 1g B10 + 1g B60 + 105g FW + 1g X60L + 4g F45L + 12g G80L + 12g GS12L + 5g 固化剂+ 30g 树脂乳液。

31#配方：200g“G”水泥+ 70g SSA120 + 250g CD1200 + 50g CD200 + 1g B10 + 1g B60 + 115g FW + 1g X60L + 4g F45L + 12g G80L + 12g GS12L + 5g 固化剂 + 20g 树脂乳液。

32#配方：200g“G”水泥 + 70g SSA120 + 250g CD1200 + 50g CD200 + 1g B10 + 1g B60 + 125g FW + 1g X60L + 4g F45L + 12g G80L + 12g GS12L + 5g 固化剂 + 10g 树脂乳液。

33#配方：400g “G” 水泥 + 140g SSA120 + 500g CD1200 + 100g CD250 + 290g FW + 24g G80L + 24g GS12L + 8g F45L + 0g H40L + 4g X66L + 2g X60L + 2g B10 + 2g 纤维。

34#配方：400g“G”水泥 + 140g SSA120 + 500g CD1200 + 100g CD250 + 240g FW + 40g DQGR + 9g CJ201 + 24g G80L + 24g GS12L + 8g F45L + 0g H40L + 4g X66L + 2g X60L + 2g B10 + 2g 纤维。

35#配方：400g“G”水泥 + 140g SSA120 + 500g CD1200 + 100g CD250 + 220g FW + 60g DQGR + 9g CJ201 + 24g G80L + 24g GS12L + 8g F45L + 0g H40L + 4g X66L + 2g X60L + 2g B10 + 2g 纤维。

36#配方：400g“G”水泥 + 140g SSA120 + 500g CD1200 + 100g CD250 + 210g FW + 80g DQGR + 9g CJ201 + 24g G80L + 24g GS12L + 8g F45L + 0g H40L + 4g X66L + 2g X60L + 2g B10 + 2g 纤维。

37#配方：400g“G”水泥 + 140g SSA120 + 500g CD1200 + 100g CD250 + 160g FW + 120g DQGR + 9g CJ201 + 24g G80L + 24g GS12L + 8g F45L + 0g H40L + 4g X66L + 2g X60L + 2g B10 + 2g 纤维。

38#配方：400g“G”水泥 + 140g SSA120 + 500g CD1200 + 100g CD250 + 240g FW + 40g WHGR + 24g G80L + 24g GS12L + 8g F45L + 10g H40L + 4g X66L + 2g X60L + 2g B10 + 2g 纤维。

39#配方：400g“G”水泥 + 140g SSA120 + 500g CD1200 + 100g CD250 + 220g FW + 60g WHGR + 24g G80L + 24g GS12L + 8g F45L + 10g H40L + 4g X66L + 2g X60L + 2g B10 + 2g 纤维。

40#配方：400g“G”水泥 + 140g SSA120 + 500g CD1200 + 100g CD250 + 200g FW + 80g WHGR + 24g G80L + 24g GS12L + 8g F45L + 10g H40L + 4g X66L + 2g X60L + 2g B10 + 2g 纤维。

41#配方：400g“G”水泥 + 140g SSA120 + 500g CD1200 + 100g CD250 + 160g FW + 120g WHGR + 24g G80L + 24g GS12L + 8g F45L + 10g H40L + 4g X66L + 2g X60L + 2g B10 + 2g 纤维。

产物分析：

根据前面确定的研究方法，采用电镜扫描和 X 衍射来分析水泥石内部结构，制备供电镜扫描的试样时选择切割后端面较完整的样，这能更准确地观察腐蚀内、外层的情况。而在制备 X 衍射分析的试样时分别在水泥石的外端和内层取样。每个样品电镜扫描后分别得到不同倍数（150×、1000×、2000×、5000×、10000×）且多达 10 张的 SEM 图像，研究报告中仅列出 2000×的图像，见图 3-41～图 3-63。

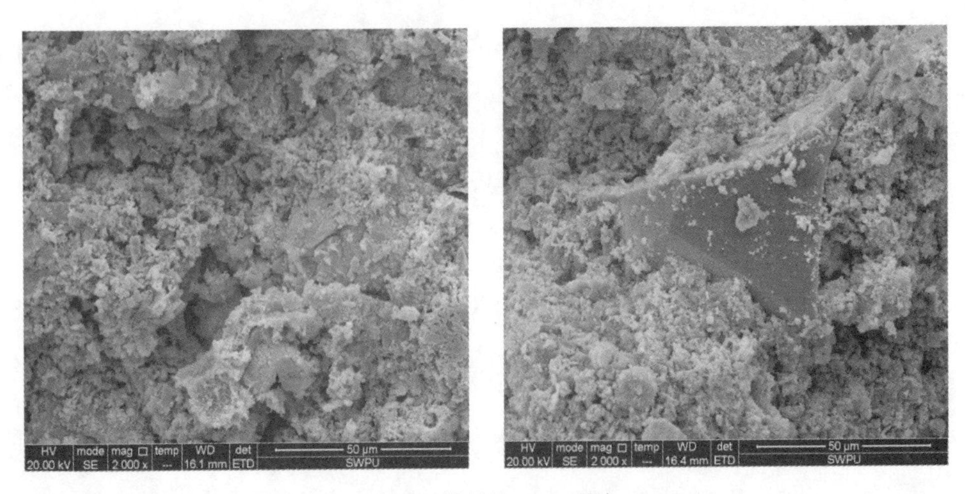

图 3-41　1#水泥石样品的 SEM 照片（3mon）

图 3-42　2#水泥石样品的 SEM 照片（3mon）

图 3-43　3#水泥石样品的 SEM 照片（3mon）

图 3-44　4#水泥石样品的 SEM 照片（3mon）

图 3-45　5#水泥石样品的 SEM 照片（3mon）

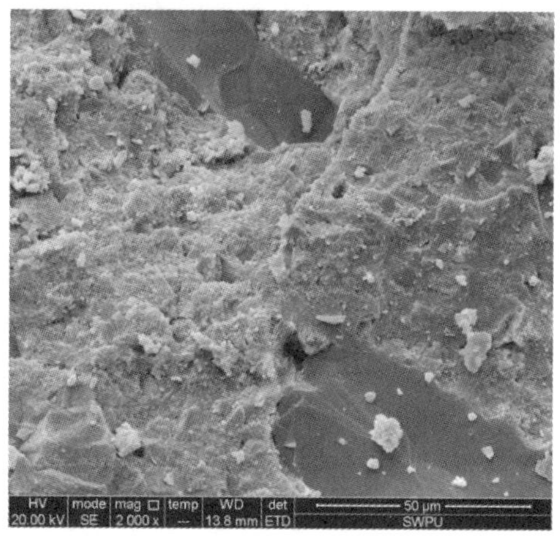

图 3-46　6#水泥石样品的 SEM 照片（3mon）

图 3-47　7#水泥石样品的 SEM 照片（3mon）

图 3-48　9#水泥石样品的 SEM 照片（3mon）

图 3-49　10#水泥石样品的 SEM 照片（3mon）

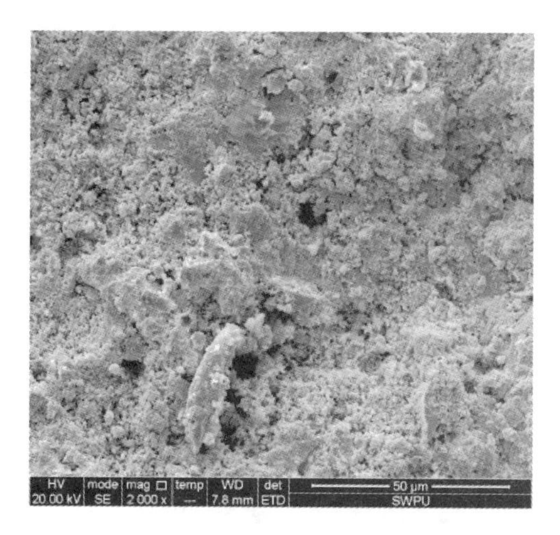

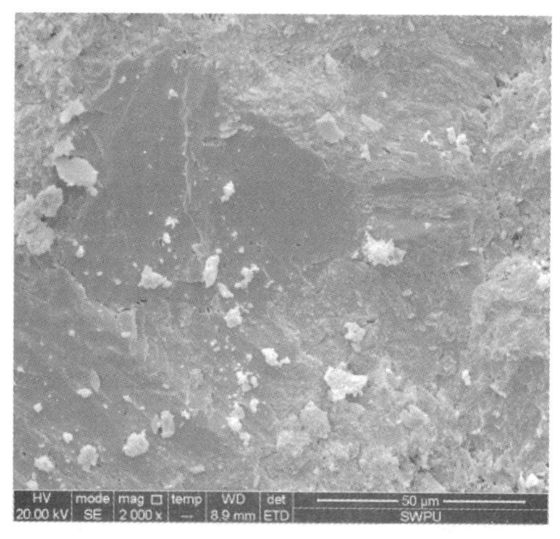

图 3-50　11#水泥石样品的 SEM 照片（3mon）

图 3-51　13#水泥石样品的 SEM 照片（3mon）

图 3-52　14#水泥石样品的 SEM 照片（3mon）

图 3-53　17#水泥石样品的 SEM 照片（3mon）

图 3-54　18#水泥石样品的 SEM 照片（3mon）

图 3-55　20#水泥石样品的 SEM 照片（3mon）

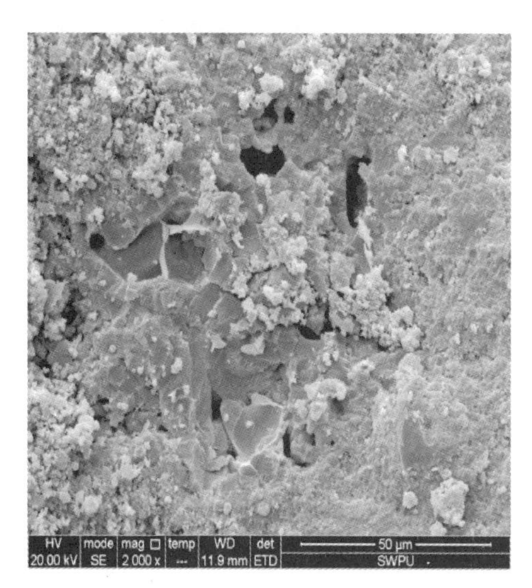

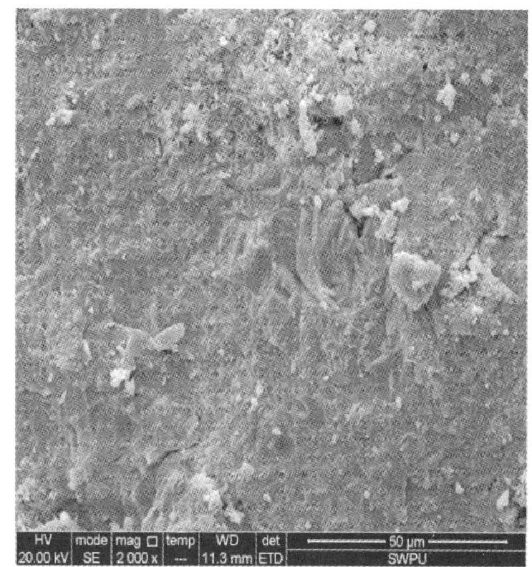

图 3-56　22#水泥石样品的 SEM 照片（3mon）

图 3-57　24#水泥石样品的 SEM 照片（3mon）

图 3-58　26#水泥石样品的 SEM 照片（3mon）

图 3-59　27#水泥石样品的 SEM 照片（3mon）

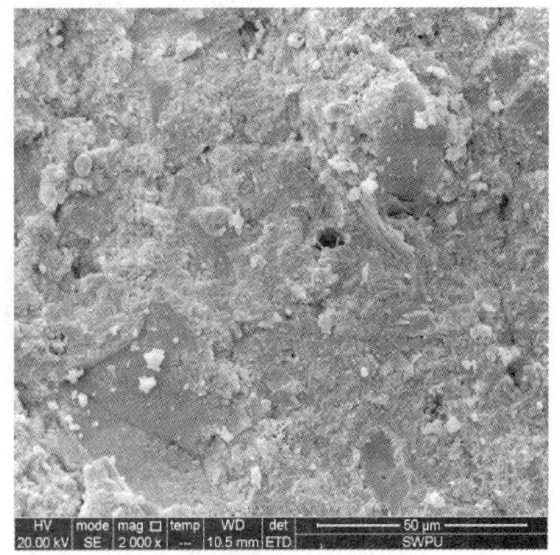

图 3-60　28#水泥石样品的 SEM 照片（3mon）

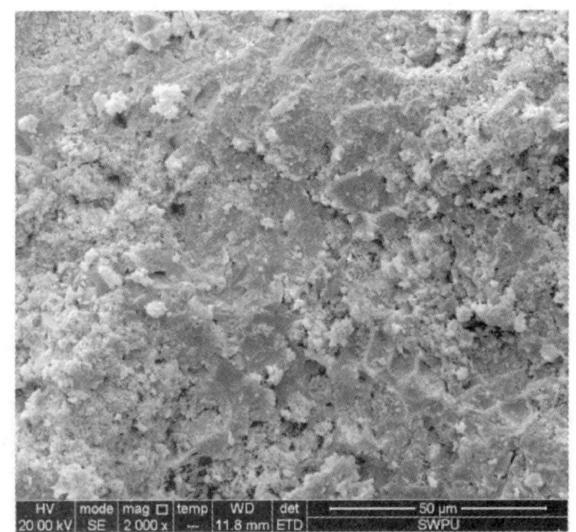

图 3-61　29#水泥石样品的 SEM 照片（3mon）

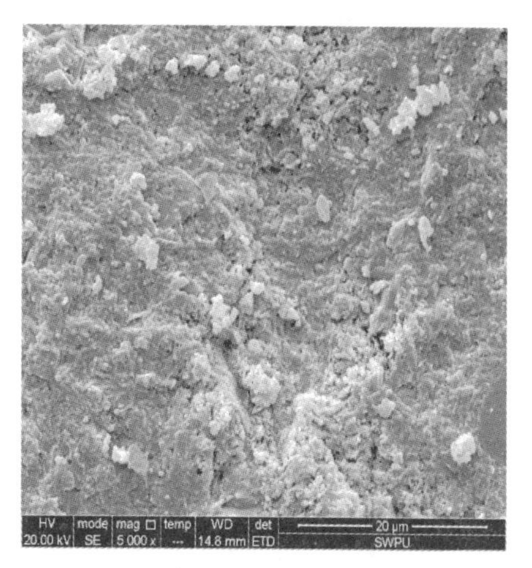

图 3-62　30#水泥石样品的 SEM 照片（3mon）

图 3-63　31#水泥石样品的 SEM 照片（3mon）

160℃条件下二氧化碳腐蚀水泥石样品三个月 XRD 衍射分析如下。

1#水泥石试样 XRD 衍射数据见图 3-64 和图 3-65。

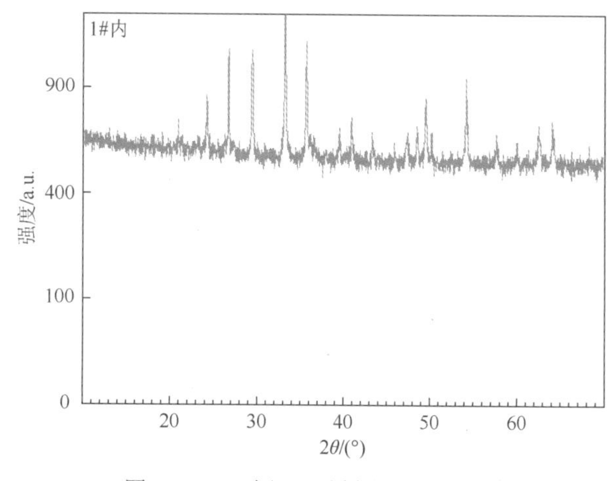

图 3-64　1#水泥石试样内层 XRD 图

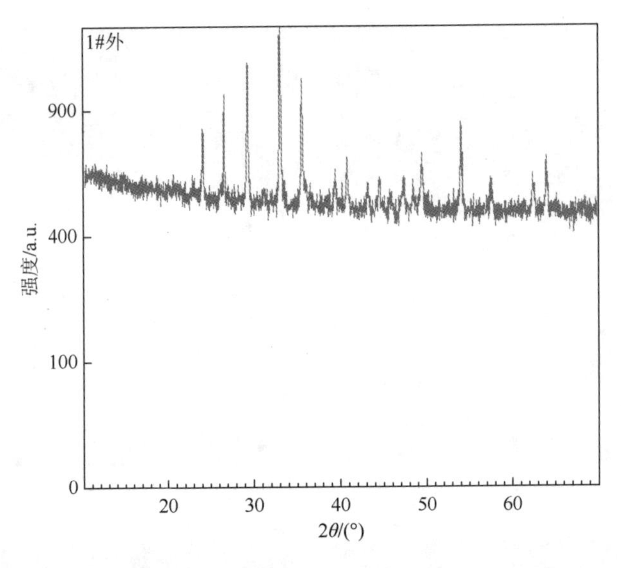

图 3-65　1#水泥石试样外层 XRD 图

根据 1#水泥石试样 XRD 图像图 3-64、图 3-65，XRD 分析软件匹配出相应的水泥石内层和外层试样的化合物及其含量。如表 3-59、表 3-60 所示：

表 3-59　1#水泥石试样内层化合物成分及含量

化合物	含量/%
MgO	9
$CaCO_3$	21
SiO_2	23
Al_2O_3	14
Fe_2O_3	31
Fe_3O_4	3

表 3-60　1#水泥石试样外层化合物成分及含量

化合物	含量/%
MgO	3
$CaCO_3$	32
SiO_2	3
Al_2O_3	24
Fe_2O_3	26
Fe_3O_4	12

9#水泥石试样 XRD 衍射数据，见图 3-66 和图 3-67。其测定的化合物成分及含量见表 3-61 和表 3-62。

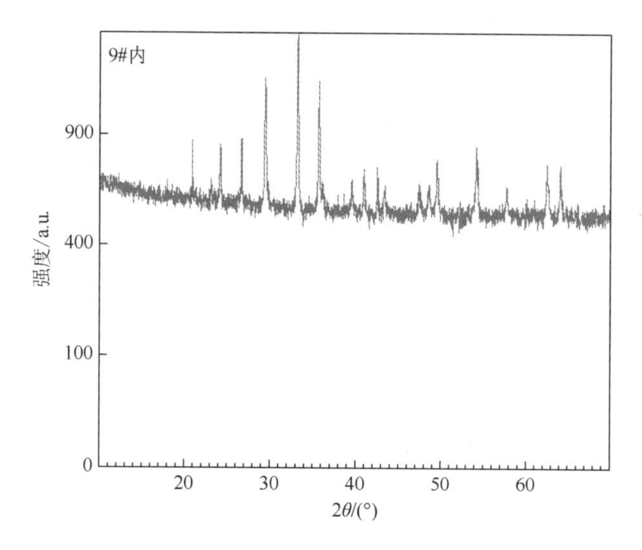

图 3-66　9#水泥石试样内层 XRD 图

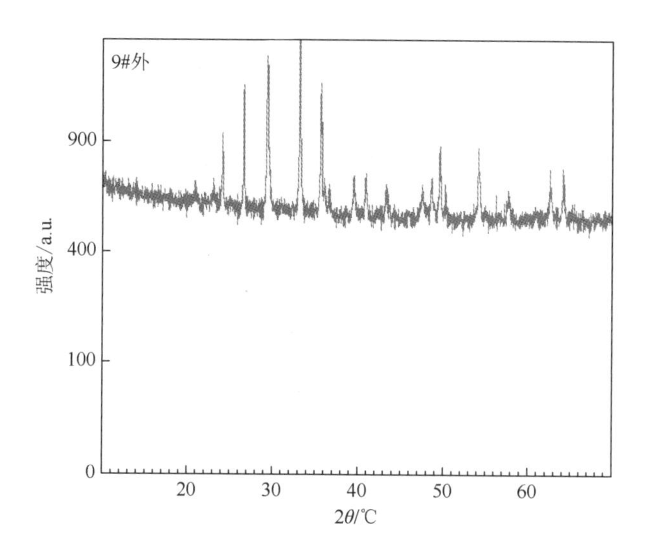

图 3-67　9#水泥石试样外层 XRD 图

表 3-61　9#水泥石试样内层化合物成分及含量

化学式	含量/%
MgO	14
$CaCO_3$	21
SiO_2	12
Al_2O_3	14
Fe_2O_3	35
Fe_3O_4	4

表 3-62　9#水泥石试样外层化合物成分及含量

化学式	含量/%
MgO	4
$CaCO_3$	23
SiO_2	22
Al_2O_3	11
Fe_2O_3	35
Fe_3O_4	5

13#水泥石试样 XRD 衍射数据见图 3-68 和图 3-69，其测定的化合物成分及含量见表 3-64 和表 3-65。

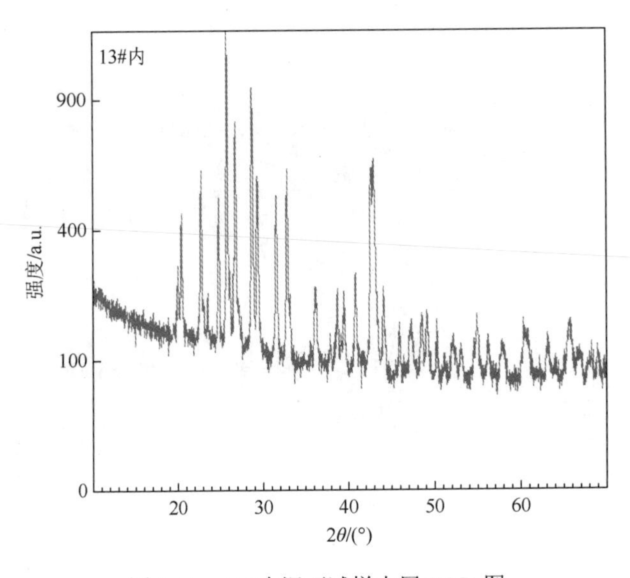

图 3-68　13#水泥石试样内层 XRD 图

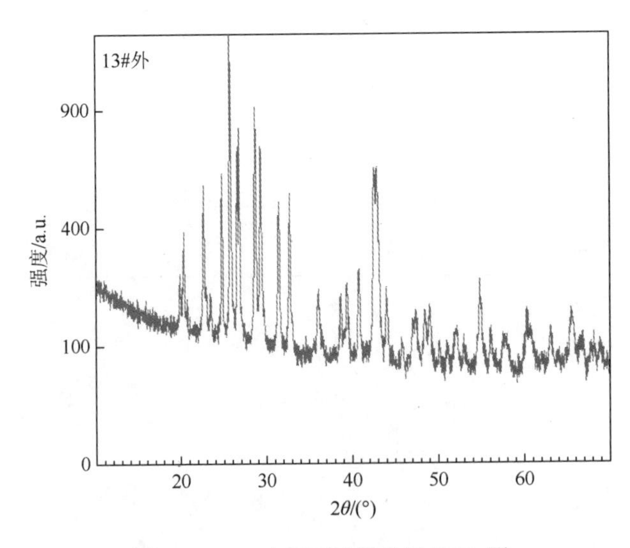

图 3-69　13#水泥石试样外层 XRD 图

表 3-63　13#水泥石试样内层化合物成分及含量

化学式	含量/%
SiO_2	7
$CaCO_3$	6
$CaMg(CO_3)_2$	7
$Mg(OH)_2$	3
$Ca_2Fe_2O_5$	8
$Al_{4.75}Si_{1.25}O_{9.63}$	18
$Al_2(Si_2O_5)(OH)_4$	22
$Na_3K(Si_{0.56}A_{l0.44})_8O_{16}$	21
MgO	5
Fe_2O_3	2
Al_2O_3	1

表 3-64　13#水泥石试样外层化合物成分及含量

化学式	含量/%
$CaCO_3$	10
SiO_2	5
$CaMg(CO_3)_2$	7
$MgCO_3$	10
Mg_2SiO_4	26
Ca_2SiO_4	10

29#水泥石试样 XRD 衍射数据见图 3-70 和图 3-71，其化合物成分及含量见表 3-65 和表 3-66。

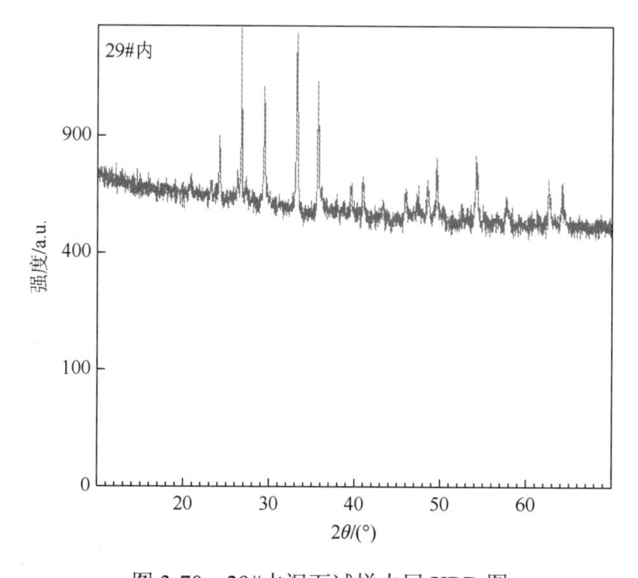

图 3-70　29#水泥石试样内层 XRD 图

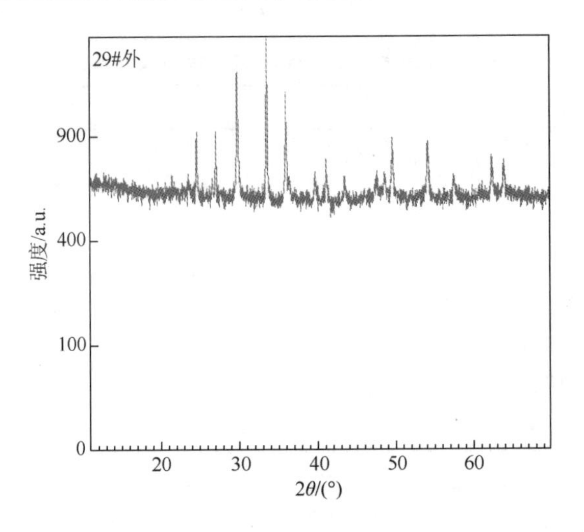

图 3-71　29#水泥石试样外层 XRD 图

表 3-65　29#水泥石试样内层化合物成分及含量

化学式	含量/%
Fe_2O_3	27
SiO_2	4
$CaCO_3$	24
Al_2SiO_4	25
Fe_3O_4	3
MgO	7
Al_2O_3	10

表 3-66　29#水泥石试样外层化合物成分及含量

化学式	含量/%
Fe_2O_3	31
$CaCO_3$	34
Fe_3O_4	7
SiO_2	11
Al_2SiO_4	14
MgO	2

从以上腐蚀的实验结果可以看出：

（1）加重材料锰矿粉、铁矿粉、重晶石粉三者对比，从三个月的腐蚀数据来看，防腐蚀效果依次为颗粒级配后的铁矿粉＞锰矿粉＞重晶石粉；

（2）胶乳的加量越大，防腐蚀效果越好；树脂在低加量范围4%～6%时，能达到胶乳15%～20%加量的防腐蚀效果；

（3）3个月的腐蚀实验表明，胶乳体系在胶乳加量18%时，腐蚀深度仅为常规体系的1/8，树脂体系在树脂加量为4%时，腐蚀深度也仅为常规体系腐蚀深度的1/8。

3.6.5　水泥石防应变破坏评价

3.6.5.1　水泥石完整性评价方法

参考3.5.8.1三轴抗压强度。

3.6.5.2　胶乳高密度水泥石韧弹性三轴试验评价结果

胶乳高密度水泥石岩石力学参数见表3-67，测试的围压对弹塑力实验影响见表3-68。

表3-67　水泥石岩石力学参数

编号	水泥石密度/(g/cm^3)	水泥浆配方	抗压强度/MPa	弹性模量/GPa	泊松比
1	1.9	纯水泥	38.80	10.6	0.120
2	2.1	18%胶乳+纤维	28.38	4.547	0.126
3	2.2	18%胶乳+纤维	24.45	4.83	0.135
4		无胶乳、无纤维（空白样）	20.56	7.86	0.125
5	2.3	18%胶乳（无纤维）	15.67	4.13	0.137
6		18%胶乳+纤维	16.44	3.70	0.144

备注：围压为0，1.9SG水泥浆配方，800g“G”级水泥+352g淡水；2.1SG水泥浆配方，500g“G”级水泥+175g硅粉（120目）+5g F44S+90g PC-GR+2g胶乳消泡剂+30g PC-GS12L+12g PC-G80L+6g H41L+2g PC-X60L+5g PC-B20+2.5g纤维+210g淡水+85g D20（250目）+215g D20（1200目）；2.2SG水泥浆配方，500g“G”级水泥+175g硅粉（120目）+5g F44S+90g PC-GR+2g胶乳消泡剂+30g PC-GS12L+10g PC-G80L+6g H41L+2g PC-X60L+5g PC-B20+2.5g纤维+210g淡水+75g D20（250目）+300g D20（1200目）；2.3SG水泥浆配方，400g“G”级水泥+140g硅粉（120目）+4g F44S+72g PC-GR+2g胶乳消泡剂+32g PC-GS12L+8g PC-G80L+4g H41L+2g PC-X60L+4g PC-B20+2g纤维+215g淡水+100g D20（250目）+400g D20（1200目）。

表3-68　围压对弹塑性实验影响

编号	水泥石密度/(g/cm^3)	围压/MPa	抗压强度/MPa	弹性模量/GPa	泊松比
1		0	16.44	3.70	0.144
2	2.3	5	26.46	4.68	0.135
3		15	35.58	5.83	0.123

备注：胶乳水泥浆配方，400g“G”级水泥+140g硅粉（120目）+4g F44S+72g PC-GR+2g胶乳消泡剂+32g PC-GS12L+8g PC-G80L+4g H41L+2g PC-X60L+4g PC-B20+2g纤维+215g淡水+100g D20（250目）+400g D20（1200目）。

3.6.5.3 树脂高密度水泥石韧弹性三轴试验评价结果

从表 3-70 可看出，树脂高密度水泥石韧弹性有所改善，水泥石杨氏模量为 4～7GPa，较纯水泥杨氏模量 10.6GPa 及空白水泥石杨氏模量 7.27GPa 有较大改善。

表 3-69　空白高密度与树脂高密度水泥石力学性能对比

序号	配方	密度/(g/cm^3)	围压/MPa	抗压强度/MPa	弹性模量/GPa	泊松比
1	空白	2.30	0	35.585	7.2702	0.141
2		2.30	5	39.83	6.8364	0.179
3		2.30	10	38.203	6.3735	0.189
4		2.30	15	34.821	6.1798	0.226
5		2.30	30	28.897	4.7036	0.125
6	树脂	2.30	0	27.045	7.3235	0.138
7		2.30	0	27.189	7.2492	0.138
8		2.30	5	31.954	6.5702	0.189
9		2.30	10	31.423	5.6412	0.165
10		2.30	15	27.501	6.0007	0.185
11		2.30	30	33.673	4.0776	0.108

备注：2.30SG 树脂水泥浆配方，400g“G”级水泥+140g 硅粉（120 目）+4g F44S+24g PC-B83L+2g 树脂消泡剂+32g PC-GS12L+28g PC-G80L+8g H40L+0.8g PC-X60L+4g PC-B20+295g 淡水+100g D20（250 目）+420g D20（1200 目）+2g 纤维；2.30SG 空白水泥浆配方，400g“G”级水泥+140g 硅粉（120 目）+4g F44S++32g PC-GS12L+28g PC-G80L+8g H40L+0.8g PC-X60L+4g PC-B20+320g 淡水+100g D20（250 目）+420g D20（1200 目）。

从上述实验结果可以看出（表 3-67～表 3-69）：

（1）胶乳高密度水泥石韧弹性非常良好，2.10～2.30SG 的高密度水泥石杨氏模量为 3.7～4.8GPa，较纯水泥杨氏模量 10.6GPa 及空白水泥石杨氏模量 7.8GPa 有较大改善；

（2）相同配方的水泥石，随着围压的加大，水泥石的抗压强度逐步递增，弹性模量也变大，同时泊松比在减小。

3.6.6 井口回接自修复水泥浆

油气响应型自修复技术对于井下常见的油气窜流及套管带压都有很好的修复作用，是较为适合固井特点的一类自修复技术。国外相关研究比较深入，并已转化为可实际应用的固井水泥浆体系，目前已应用于加拿大、意大利等地区；国内的研究则刚刚起步。

该技术通过分子设计等手段，在修复剂中嵌入对油气刺激能自发响应的基团，使修复剂具有对外界油气刺激自发响应的功能。当水泥石完好时，修复剂处于休眠状态；当水泥石产生微裂缝且油气窜入微裂缝时，修复剂对油气产生响应，产生膨胀并封闭微裂缝。油气响应型自修复技术是针对油田固井的自修复技术，可解决固井中存在的油气窜流、套管带压等问题，与常规方法相比，不需要特殊的施工方式，且成本较低，效果较优，对水泥环的长期耐久性有很重要的意义。

国外固井水泥环自修复技术研究较为深入，且均采用油气响应型自修复材料作为水泥浆体系的核心材料。Moroni、Chaabouni、Bouras 等分别研究了油井水泥中掺杂油气膨胀型自修复材料后对油气井层间窜流及套管带压的修复状况。国外各大固井公司也已发表大量专利和文献：

Schlumberger 公司发表：

US7402204（2008）：公开轮胎粉/酚醛树脂/聚乙烯/聚丙烯/丁腈氰橡胶为自修复材料。

US200701375（2008）：公开轮胎粉/丙烯酸树脂/EPDM/珍珠岩为自修复材料。

US20110107848（2011）：公开自修复评价装置。

WO2009015725（2009）：公开与油、气、水膨胀的自修复材料——丁腈橡胶粉末。

WO2009015725（2009）：公开与油、气、水膨胀的自修复材料——丁腈橡胶粉末。

US20110086942（2011）：公开 HNBR/EPDM 为自修复材料。

WO2012022399（2012）：公开 SBS/SIS 弹性体为自修复材料。

（Halliburton）公司发表：

US7607482（2009）：公开膨胀弹性颗粒结合 CKD 的自修复技术。

US7530396（2009）：公开乙烯/丁二烯/羧基改性橡胶为自修复材料。

US7607484（2009）：公开泡沫自修复水泥浆技术。

US7740070（2010）：公开加重材料加重的自修复水泥浆技术。

Spe125904（2009）：应用动态评价装置，评价自修复技术。

Spe121555（2009）：一种不依靠流体特性的自修复技术。

BJ 公司：

US7647970（2010）：公开丁腈粉末橡胶（NBR）为自修复材料。

并且相关水泥浆体系已在现场获得应用。主要包括斯伦贝谢（Schlumberger）公司的 FUTUR Self-Healing 水泥浆体系及哈利巴顿（Halliburton）公司的 Lifecem 水泥浆体系。

1. FUTUR Self-Healing 水泥浆体系

FUTUR Self-Healing 水泥浆体系中含有油气响应型自修复材料，当遇到层间油气窜流时，修复剂会自发膨胀填充微裂缝，使水泥环保持长期有效性，解决油气泄漏及井口带压问题。这种新型水泥浆可采用常规方式泵入井底进行驱替，在整个油井生产周期内均可对水泥环起到修复作用。通常在数小时内即可封闭油气通道，恢复水泥环完整性。且可实现多次修复，若水泥环再次开裂，水泥浆仍能起到修复作用。FUTUR Self-Healing 水泥浆体系为完井、生产、修井乃至弃井中的水泥环完整性提供了可靠保证。在可预知的存在套管持续带压及油气泄漏危险的油井中，FUTUR Self-Healing 水泥浆体系可提高固井成功率。

FUTUR Self-Healing 水泥浆体系可用于解决常规水泥浆体系难以完全解决的气窜、套管持续带压、表层套管空气孔流动等问题。实验室测试中，FUTUR Self-Healing 水泥浆体系在 6h 内即修复了水泥环与套管间的微缝隙（100μm）；另一实验中天然气流速 1 小时内从 425mL/min 降至 0.52mL/min，说明气窜通路基本封闭。同时，测试还表明 FUTUR Self-Healing 水泥浆体系的自修复性能在 1 年后仍能够保持。

在意大利，FUTUR Self-Healing 水泥浆体系被用来保证地下储气库固井质量，提供比传统水泥浆更好的区域封隔及长期耐久性；在美国科罗拉多州西部，FUTUR Self-Healing 水泥浆体系用来解决此地区在水泥环凝固后仍然发生泄漏的井，使用后基本无漏；在加拿大施托尔贝格地区使用这一体系预防套管持续带压及表层套管空气孔流动，在固井 3 年后环空及井口均无明显的压力上升。所有的测井数据均说明此体系能够提供较优的胶结质量，保证易渗地层与其他地层的有效封隔，保证注采过程中的安全，并实现油井整个生产周期注-采循环作业后水泥环的长期有效性。

2. LifeCem 水泥浆体系

当发生环空窜流时，LifeCem 水泥浆体系中的自修复材料自发膨胀修复流体通道，阻止进一步的破坏产生。体系中的修复材料在环空中通常保持休眠状态，仅当遭遇有害的环空窜流时才自发响应膨胀，重建环空密封。与传统水泥浆体系相比，LifeCem 水泥浆体系能够自动密封水泥鞘中的微缝隙或裂缝，抑制油气的窜流，同时具备较优的弹性及恢复力，可更好地承受井下复杂应力情况，对易于发生封隔失败的油井提供最大的增益，如高产井、储气井、深水井、注水井、热采井及高温高压井。此外，LifeCem 水泥浆体系还可配制为泡沫水泥浆的形式，被称为 LifeSeal 水泥浆，它兼具泡沫水泥浆及自修复水泥浆的优点。

3.6.6.1 固井水泥环自修复能力评价方法

1. 水泥石裂缝模拟

在室内摸索的基础上，总结水泥石人工造缝过程如下：

（1）首先根据选定配方配置水泥浆，并将水泥浆按操作标准倒入模块，将模块放入 75℃水浴养护箱养护 24h。

（2）将养护过的水泥石块从模块中取出，放在取芯机上取心，所取水泥石心尺寸为 Φ2.54mm×5mm 水泥石圆柱体。

（3）将水泥石心上下两个端面用砂布磨平，避免端面棱角破坏岩心夹释器。

（4）用锯条分别在水泥石心上下两端面过中心线锯一深 1mm 左右的凹槽，并将直径为 2mm 左右直的钢条放入凹槽中。

（5）然后水泥石心跟两个端面上的两根钢条放在压力机的中心部位，手动控制压力机慢慢加载。待钢条将水泥石柱压开裂缝上下贯通时，立刻停止并复位压力机。

（6）取出水泥石心，拿下钢条，检查水泥石心裂缝的贯通性。测量水泥石心裂缝宽度为 0.1～0.25mm。水泥石裂缝模拟示意图见图 3-72。

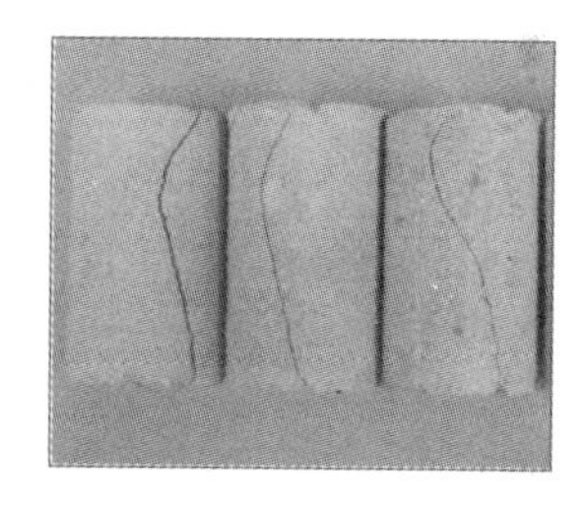

图3-72　水泥石裂缝模拟示意图

2. 水泥石自修复评价设备

固井水泥环自修复评价装置是由酸化驱替设备改造获得，所作改造如下：

（1）配套管线/阀门更换。

（2）尾气流量测量装置的安装。

（3）尾气处理装置的安装。

（4）试验条件的摸索。

从而使固井水泥环自修复评价设备具有：

（1）水泥石对油/天然气两种流体的自修复能力评价。

（2）最高工作油/气压差≥7MPa。

（3）最高工作温度≥150℃。

通过改造获得的固井水泥环自修复评价装置已经满足试验要求，达到合同要求指标。固井水泥环自修复评价设备如图3-73所示：

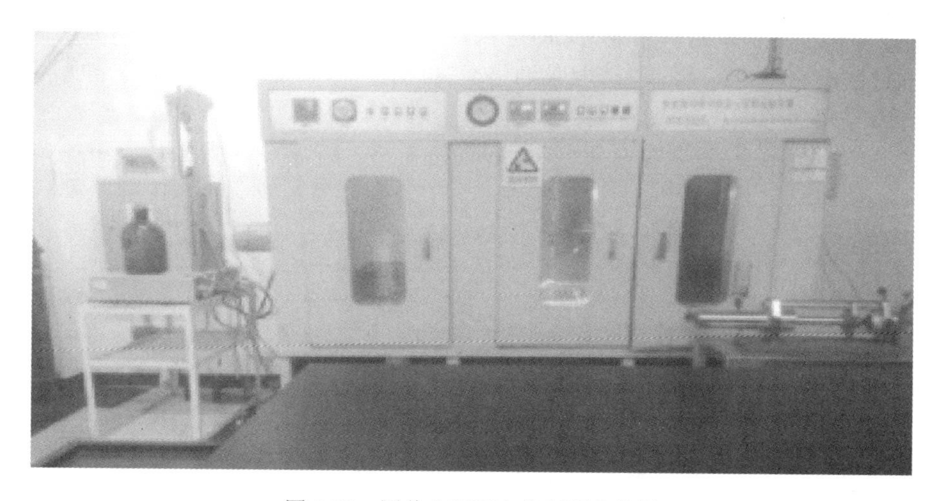

图3-73　固井水泥环自修复评价装置

3. 水泥石自修复评价试验流程

固井水泥石自修复评价流程图见图3-74。

（1）试验前准备好带裂缝的水泥石心。水泥石心尺寸Φ2.54mm×5mm，裂缝尺寸0.1～0.25mm。

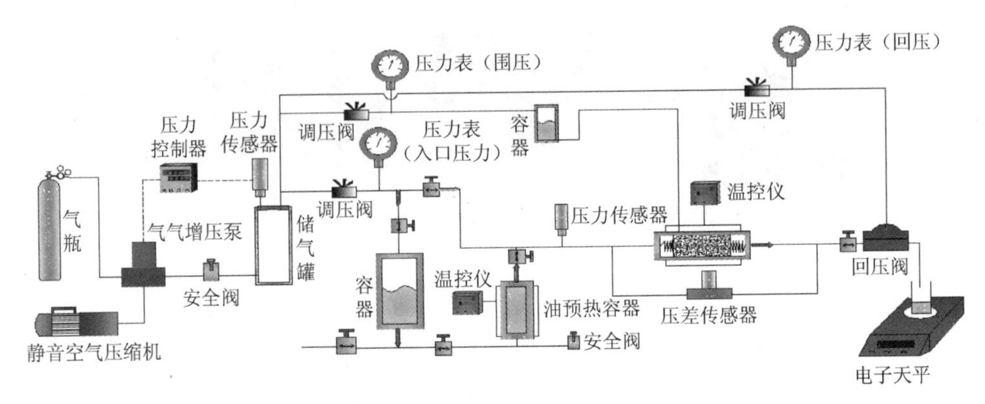

图 3-74　固井水泥石自修复评价流程图

（2）试验开始首先打开电源开关，检查各仪表处于正常待命状态。将管路阀门倒到正确位置，检查管路畅通性。

（3）打开电脑程序采集系统，设定相关参数，检查信号传送是否正常。

（4）将准备好的带裂缝水泥石柱放入流程图中的岩心夹释器中，注意带裂缝的水泥石芯端面要用砂布打磨光滑管，避免划坏岩芯夹释器，加围压到指定压力。

（5）待评价装置中间容器内流体升到指定温度后，打开恒流泵使油（煤油）按一定流量从水泥石心裂缝流过。

（6）运行电脑采集程序，记录带裂缝的水泥石心前后压差随时间变化曲线。

通油后水泥石中的自修复材料被激活，产生膨胀完成对裂缝的封堵。在此过程中，自修复材料逐渐膨胀会使水泥石心前后压差变得越来越高。本试验通过测量水泥石心前后压差变化，以承压能力衡量自修复能力，衡量自修复能力，设定压差达到 6MPa 恒流泵停泵，水泥石完成裂缝自修复。本试验选取吸油倍率有代表性 1#、2#、3#、4#与常规水泥石做对比，评价结果如下图 3-75 所示。

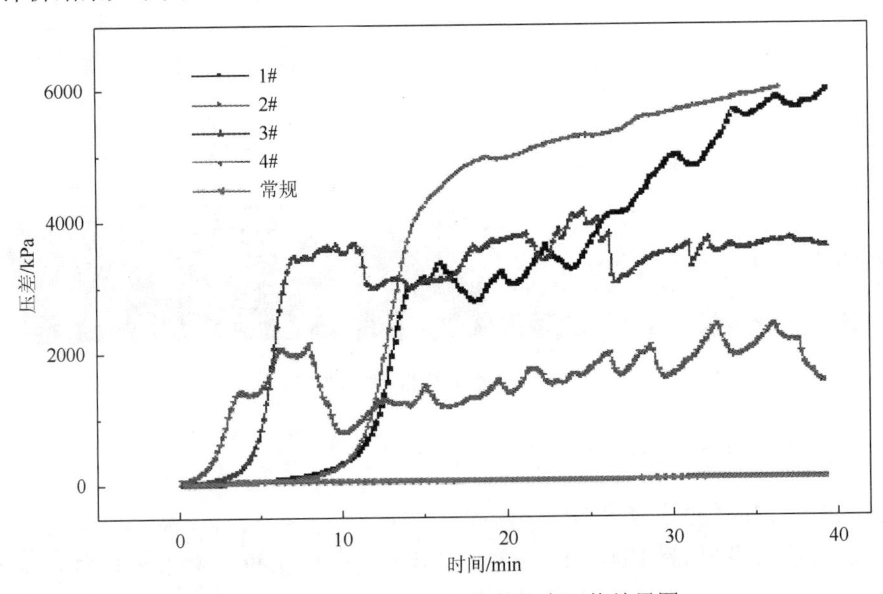

图 3-75　水泥石心遇油自修复能力评价结果图

由图 3-75 可以看出：

（1）未加自修复材料的常规水泥石在通煤油的过程中，前后压差并未出现大的变化，说明常规水泥石出现裂缝后不具备自修复能力。

（2）含自修复材料 3#、4#水泥石通煤油后，压差先增高，达到一定数值后出现波动不再继续升高。此现象原因为自修复材料 3#、4#遇到煤油后先是吸油膨胀，后来由于吸油倍率不够高、膨胀不足，因而不能完全封堵裂缝。另外压差波动是自修复材料颗吸油后变软，颗粒不断运移造成的。

（3）加自修复材料 1#、2#较 3#、4#吸油后更能承压，承压能力达到 6MPa，封堵性更好。2#曲线后半段较 1#承压更稳定，自修复能力更强，为理想的自修复功能材料。

（4）结合待选材料的吸油倍率可以看出自修复材料吸油倍率越高，其所在的水泥石心自修复能力越强。

3.6.6.2　固井水泥环自修复能力评价结果

1. 1.5g/cm^3 水泥浆配方及性能（BHST 75℃）

配方：山东“G”水泥 350g+80g 增强剂 BT-1+20g 防气窜剂 G12S+22g 减轻剂 P62+45g 自修复材料 SEl+25g 抗拉剂 mirofiber+30g 降失水剂 G80+340g 淡水+6g 分散剂 F45+2g 缓凝剂+3g 消泡剂 X60+8g 增强剂 XC。

浆体基本性能如表 3-70 所示。

表 3-70　1.5g/cm^3 水泥浆基本性能表（BHST 75℃）

1.5g/cm^3 水泥浆性能性能参数		
密度，g/cm^3	1.50	
稠化时间@75℃（h）	4h 20min	
自由液@75℃（mls）	Trace	
失水量@75℃（mls）	20.6	
抗压强度@75℃，24h（MPa）	13.7	
水泥浆流变性能（Fann Reading）		
300RPM	227	
200RPM	192	185
100RPM	143	127
6RPM	29	26
3RPM	13	11

1）遇油自修复能力评价

按 1.5g/cm^3 水泥浆配方配置水泥浆，并放入 75℃水浴养护。之后按图 3-74 固井水泥环自修复能力评价方法，测量通油后带裂缝水泥石前后压差变化，以承压能力衡量自修复能力。当压差达到自修复评价系统的保护压力 7MPa 时，系统自动停泵，裂缝自修复完成，试验结果如图 3-76 所示。

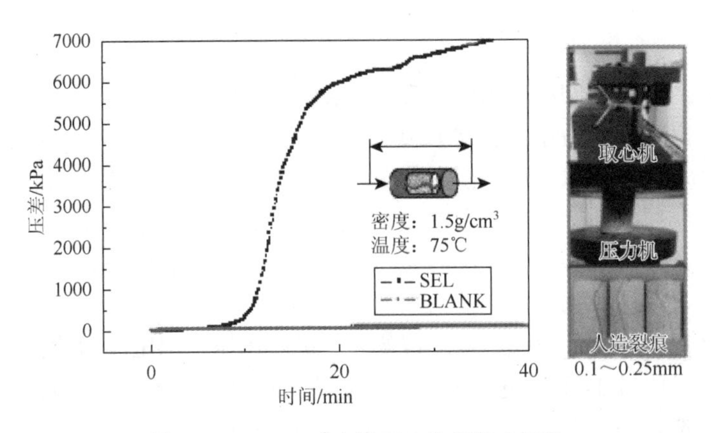

图 3-76　1.5g/cm^3 水泥石自修复能力评价

图中 BLANK 为带裂缝的普通水泥石通油前后压差变化；SEL 为带裂缝加自修复材料水泥石通油后压差变化。由图可以看出，常规水泥石在通煤油后随着时间的推移，带裂缝的水泥石心前后压差变化不大，说明常规水泥石不具备裂缝自我修复能力；自修复水泥石在通煤油后随着时间的推移，带裂缝的水泥石心前后压差越来越大，说明自修复水泥石具有裂缝自我封堵、自我修复的能力。

井下水泥石处在油、天然气和水等流体的包围中，自修复水泥石裂缝有可能先接触的流体为水，后才接触油。为验证水泥石裂缝表面首先被水润湿，后才遇到油条件下，“微膨胀”自修复机制能否发挥作用，配置 1.5g/cm^3 水泥浆并按固井水泥环自修复能力评价方法，对带裂缝的自修复水泥石心先驱自来水后驱煤油，所得结果如图 3-77 所示。

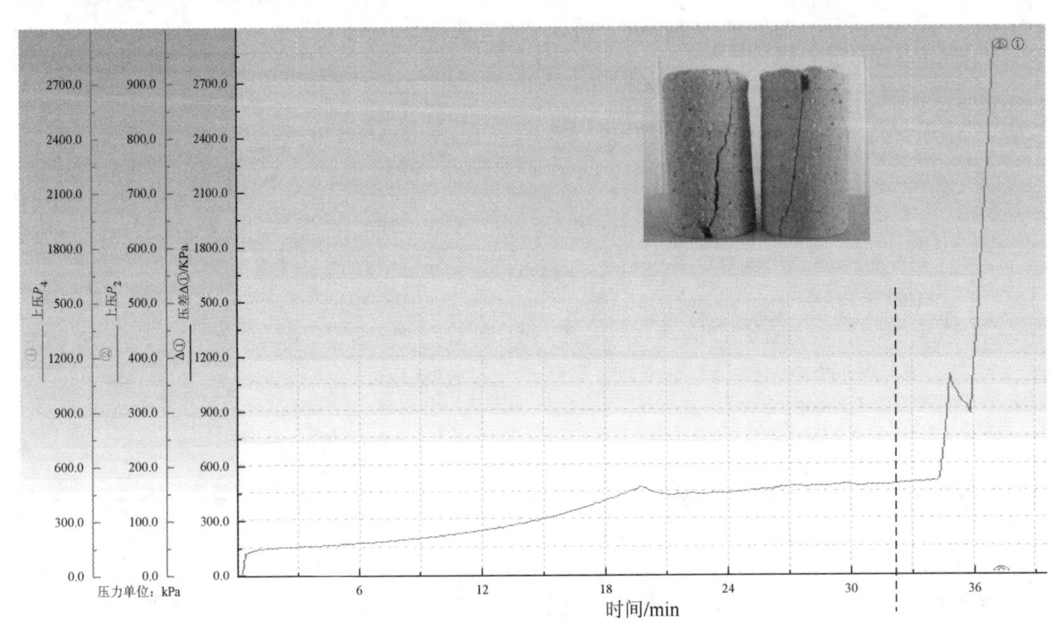

图 3-77　1.5g/cm^3 水泥石自修复能力评价

由图 3-77 可以看出：带裂缝的自修复水泥石心，在驱水过程中前后压差变化不大，待压差稳定后进行驱煤油，驱煤油5min左右，带裂缝的自修复水泥石心前后压差迅速上升，说明在此条件下“微膨胀”自修复机制能发挥作用，水泥石心具备自修复能力。

2）遇气自修能力评价

按1.5g/cm^{3}水泥浆配方配置水泥浆，并放入75℃水浴养护。之后按图3-74固井水泥环自修复能力评价方法，对带裂缝的水泥石心驱煤气，气源压力恒定为0.5MPa。测定通过裂缝的煤气量来判别水泥石心的自修复能力，尾气采用点燃的方法解决。通过的气体为氮气（红色）时，随时间推移气体流量不变；通过的是带压有机气体（煤气），随着时间的推移，流量越来越小，40min后有机气体基本被封堵，带有裂缝的水泥石心完成自修复。

2. 1.9g/cm^{3}水泥浆配方及性能（BHST 120℃）

配方：460g山东“G”水泥+100g超细水泥+180g硅粉+150g加重剂铁矿粉+45g自修复材料SEl+20g抗拉剂mirofiber+6g膨胀剂B20+300g淡水F“W”+30g降失水剂G80+6g分散剂F45+3g缓凝剂H40+4g消泡剂X60。

浆体基本性能如表3-71所示

表3-71 1.9g/cm^{3}水泥浆基本性能表（BHST 120℃）

1.9g/cm^{3}水泥浆性能性能参数		
密度，g/cm^3	1.90	
稠化时间@90℃（h）	3h 42min	
自由液@90℃（mLs）	Trace	
失水量@90℃（mLs）	22.4	
抗压强度@120℃，24h（MPa）	14.7	
水泥浆流变性能（Fann Reading）		
300RPM	245	
200RPM	221	197
100RPM	142	135
6RPM	28	26
3RPM	16	13

1）遇油自修复能力评价

按1.9g/cm^3（BHST 120℃）水泥浆配方配置水泥浆，并放入120℃、60MPa高温高压养护。接着按固井水泥环自修复能力评价方法，测量通油后带裂缝水泥石前后压差变化，以承压能力衡量自修复能力。当压差达到自修复评价系统的保护压力7MPa时，系统自动停泵，裂缝自修复完成，结果如图3-78所示。

图3-78中BLANK为带裂缝的普通水泥石通油前后压差变化；PC-SH_2为带裂缝加自修复材料水泥石通油后压差变化。由图可以看出，常规水泥石在通煤油后随着时间的推移，

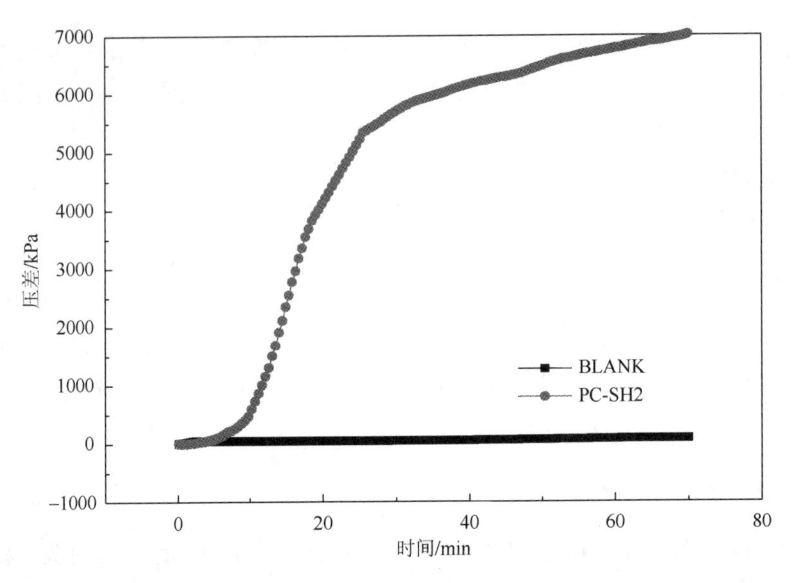

图 3-78　1.9g/cm^3 水泥石自修复能力评价（120℃）

带裂缝的水泥石心前后压差变化不大，说明常规水泥石不具备裂缝自我修复能力；自修复水泥石在通煤油后随着时间的推移，带裂缝的水泥石心前后压差越来越大，72min 后达到 7MPa，说明自修复水泥石在 120℃条件下具备自修复的能力。

通过以上研究，新开发的胶乳体系及树脂体系满足：

（1）体系的常规性能优良，依据实际井况，密度、流变、失水、稠化时间、抗压强度、自由液满足现场作业要求。

（2）体系防窜性能优良，SPN 值＜3。

（3）体系加有 0.5%纤维可堵住 0.5mm 渗透性裂缝，且对浆体其他性能影响不大。

（4）加有 18%胶乳及 6%树脂时，水泥石防腐性能大幅提高，满足 2000h 腐蚀深度为普通水泥的 1/8，水泥环耦合结果满足 20a 的腐蚀要求。

（5）体系 2.10～2.30SG 具有一定弹塑性，胶乳体系杨氏模量降为 3.7～4.8GPa，泊松比 0.126～0.144，抗压强度在 16～28MPa；树脂体系杨氏模量为 4～7GPa，较纯水泥杨氏模量 10.6GPa 及空白水泥石杨氏模量 7.27GPa 有较大改善。

（6）胶乳体系及树脂体系水泥环抗应力破坏、温变破坏能力提高 50%以上（相对非弹性 2.30SG 水泥石）。

对于井口回接用自修复水泥浆：

（1）通过改造获得固井水泥环自修复评价装置一套，设备参数如下：最高油/气压差≥7MP；设备最高工作温度≥150℃；具备水泥环裂缝模拟压制功能，人工取心尺寸 Φ2.54mm×5mm，造缝尺寸 0.10～0.25mm。

（2）结合微膨胀自修复机制，建立固井水泥环自修复评价方法一套，该方法简单实用，填补了国内空白。

（3）自修复水泥浆在 120℃条件下具备自修复的能力。

第 4 章　高温高压固井前置液新技术

4.1　前置液发展现状

在固井作业中，水泥浆体系和大多数钻井液体系不相容。这种不相容会导致高的循环泵压，增加滤液的滤失，甚至压漏地层；或者缩短水泥浆的稠化时间，造成施工困难甚至失败。因此，在固井作业时，通常使用前置液来避免上述问题。前置液按其功能可以分为清洗液和隔离液，冲洗液功能上侧重于稀释钻井液，冲洗净井壁和套管壁，提高对钻井液的顶替效率和水泥环界面胶结质量，而隔离液功能上侧重于隔离开钻井液和水泥浆，防止其相互接触污染，由于冲洗液和隔离液在性能上各有侧重，可以根据井的特点选用，有时往往是组合使用，即冲洗液在前，隔离液在后，性能上互相补充，构成组合前置液。

固井最初采用的前置液为清水，且沿用至今。清水做前置液有一些优点，如与水基钻井液和水泥浆有好的相容性，能在一定程度上稀释水基钻井液，黏度低，易形成紊流，对套管和井壁有一定的清洗效果，成本低，就地取材，使用方便等。但用清水做隔离液有明显的不足，如隔离效果差、悬浮能力差、失水量大、密度低等，在复杂井固井中限制了它的应用。

20 世纪 70 年代以来，国外前置液有很大的发展，到 20 世纪 80 年代，前置液已成为系列商品在世界范围内销售，仅美国道威尔公司就有 CW7、CW8、CWlOO、CWlOl 四种冲洗液和 Space 1000、Space 100K、Space 3000、Space 3001 四种隔离液。其中 CW7、CWlOO、Space 1000、Space 3000 用于水基钻井液，而 CW8、CWlOl、SpacelOOK Space 3001 用于油基钻井液。国内前置液的研究起步较晚，大多数油田仍采用清水或清水加聚合物（或泥浆稀释剂）作前置液，靠水力冲刷来实现清洗和顶替。近十年来，我国也陆续报道了一些适合我国具体情况的隔离液。特别是近十年来，我国前置液也有了迅速的发展，如四川油田研制了柴油-CMC-SP80-重晶石粉和 FCLS 以及抗钙隔离液；中原油田研制了 SNC 隔离液；滇黔桂油田研制了 CSA 隔离液；大庆油田研制了 DSF 冲洗液，SAPP 隔离液，以及用于油基钻井液固井的 DMH 化学冲洗液等。

在传统的施工中，为了获得好的界面封固质量，常采用低黏度不加重的（获得紊流顶替）冲洗液；对于高温超压气井固井，不能使用单独的冲洗液，一方面因井眼液柱压力下降可能会造成井壁失稳而影响施工安全，另一方面冲洗液黏度低，悬浮能力差，停泵后易造成堵塞，因此只能使用双作用前置液。双作用前置液性能的设计思路就是，同时具有冲洗和隔离双效作用，以保证施工安全为主。目前，国外大公司（如 Halliburton、Philips）已拥有该项技术。而国内尽管在单作用前置液研究方面取得了一些进展，但在用于高温超压气井固井的双作用前置液方面研究不多。因此，固井技术方面研制开发了两套双作用前置液，性能优于 Hamburton 的 Dual Spacer，可以替代进口材料。

4.2　高温高压井固井前置液添加剂技术

4.2.1　高温高压固井前置液要求

由于前置液的位置和作用，要求前置液具有以下功能：

（1）对于高温高压井，前置液应有足够的密度，以平衡地层压力；同时要求前置液应具有良好的热稳定性。

（2）有效地隔开钻井液与水泥浆，防止钻井液与水泥浆接触污染。

（3）与钻井液的相容性好，能够稀释钻井液，降低钻井液的黏度和切力。

（4）与水泥浆的相容性好，不应使水泥浆发生变稠、絮凝、闪凝等现象。

（5）黏度较低，在低的泵速下能获得紊流顶替，提高对钻井液的顶替效率。

（6）对井壁疏松泥饼具有一定浸透力，有助于剥离井壁上的疏软泥饼，提高水泥环与井壁的胶结质量。

（7）能够有效地冲洗套管壁，改善管壁亲水性，提高水泥浆与套管的界面胶结强度。

（8）对固相具有一定的悬浮能力，既可以悬浮加重剂，有利于隔离液体系稳定，同时可又防止钻井液固体颗粒及冲刷下来的泥饼沉降和堆积。

（9）具有一定的控制失水能力，失水量一般应小于 150mL/30min，7MPa，以控制井下不稳定地层，防止坍塌。

（10）前置液对油气层损害应小，有利于储层保护。

（11）前置液对套管的腐蚀性应小，以保证施工安全。为了满足前置液的上述功能，构建前置液体系需加入清洗剂、加重剂、悬浮剂和降滤失剂等。

4.2.2　清洗剂的研制

莺琼盆地莺琼地区高温超压井通常采用油基钻井液钻进，必然会在井壁和套管壁上形成油膜和泥饼，而油膜和泥饼是亲油的，难以被水润湿，严重影响水泥胶结强度，因此在前置液中必须加入清洗剂，洗净黏附在套管壁上的油浆、油膜及污物。

油基钻井液残留物主要是由固液两相组分构成，固相有下列组分：加重材料（铁矿粉或重晶石）、有机土、钻屑和降滤失剂（主要是沥青类改性化合物）；液相有白油、$CaCl_2$ 盐水、主乳化剂、辅乳化剂、润湿剂和提切剂（油溶性高分子化合物）。由于降滤失剂为沥青类改性化合物，具有一定黏性，与有机土和钻屑在油管壁上易形成油垢。

针对油基钻井液清洗，研制的清洗剂主要由有机溶剂、表面活性剂和助剂组成。

4.2.2.1　有机溶剂选择

有机溶剂的最大特点是对油污的溶解速度快，除油效率高，对油垢和高分子有强的溶解和溶胀作用，因此在清洗剂中加入有机溶剂能有效清除井壁和套管壁上油污和油垢。另外，有机溶剂对油基泥浆具有良好的稀释作用。

有机溶剂选择原则：对油污和油垢有良好的清除能力；与水应互溶，有利于配制成水基前置液；同时要求有机溶剂沸点、闪点高且无毒无害，使用安全。

油基钻井液所用降滤失剂主要是沥青类处理剂，实验考察了有机溶剂溶解降滤失剂能力。实验：取降滤失剂 2.0g，加入有机溶剂 50mL，在不同温度下置于恒温水浴中，考察有机溶剂对降滤失剂的溶解能力，实验结果见表 4-1。

表 4-1　有机溶剂对降滤失剂的溶解能力

项目	温度/℃				
	30	40	50	60	80
溶解率/%	18.6	26.2	43.1	66.9	89.5

由表 4-1 实验结果可以看出，随着温度的上升，降滤失剂的溶解率增大，说明有机溶剂能够溶解有机污垢。

4.2.2.2　表面活性剂选择

表面活性剂作为清洗剂的主要成分，是一类既具有亲油性又具有亲水性的“双亲结构”分子，能明显降低溶液的表面张力，具有吸附、润湿、渗透、乳化、分散和增溶等功能。

表面活性剂可以分为阴离子、阳离子、两性离子及非离子表面活性剂。一般阳离子表面活性剂去污力较差，通常不用阳离子表面活性剂作洗涤剂，而两性离子表面活性剂的洗涤能力比阴离子和非离子表面活性剂差且价格高。因此，选作清洗剂的表面活性剂为阴离子表面活性剂和非离子表面活性剂。通过大量表面活性剂优选，HCB-CL 清洗剂主要由阴离子和非离子表面活性剂复配而成，有利于耐盐抗温。表面活性剂用于清洗剂具有以下功能。

1. 降低表面张力

表面活性剂在较低浓度下就能明显降低水溶液的表面张力（图 4-1），这是作为水基清洗剂必备的条件。只有降低油水界面张力，水基清洗剂才能清除油污。

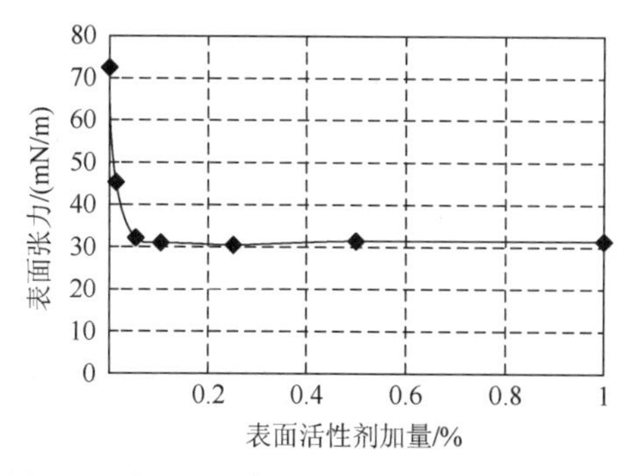

图 4-1　表面活性剂在不同浓度下的表面张力

2. 乳化分散油污

由于要求前置液对井壁和套管壁具有良好冲洗效果，就必须要求 HCB-CL 清洗剂对油污具有强的乳化分散能力。

乳化率测定：将 5#白油与水按 1∶1 的比例进行混合，加入 HCB-CL 清洗剂，搅拌后（6000r/min 的转速搅拌 5min）倒入量筒，测静置 2h 后乳液的体积。然后经 180℃高温热滚，取出搅拌，测静置 2h 后的乳液体积。将乳液体积除以总体积即乳化率，实验结果见表 4-2。

表 4-2　HCB-CL 清洗剂不同加量下对油的乳化率

乳化率/%	HCB-CL 加量/%						
	0.5	1.0	2.5	3.0	5.0	7.5	10.0
滚前	91.6	92.8	94.0	95.2	98.8	100.0	100.0
滚后	91.2	91.7	92.2	94.0	95.1	96.3	97.6

注：热滚条件为 180℃×4h。

由表 4-2 可以看出，随着 HCB-CL 清洗剂加量的增大，乳化率增大，且在 180℃高温下仍有非常高的乳化率，可见清洗剂 HCB-CL 的乳化分散能力强。这是由于清洗剂中表面活性剂具有“双亲结构”，其中亲油基团可对油基泥浆中的油相分子产生分子间的亲和力，因而亲油基伸向油相，形成定向吸附并排列于表面，“包裹”着油相卷缩形成乳状胶束，同时表面活性剂的另一端亲水基伸向水相，把胶束“拉”入水中，从而产生润湿、乳化亲水增溶作用，形成水包油状胶束，分散悬浮于前置液中。

3. 改善表面润湿性

HCB-CL 清洗剂中表面活性剂能降低界面张力，对界面上的油膜和泥饼有非常强的渗透力，可加快界面上的油膜和泥饼的溶解分离速度。同时，可以改善表面的亲水性，提高水泥界面胶结强度。

润湿性测定采用帆布沉降法，此法原理是：通过机械作用使一定大小标准规格的帆布浸入液体中，在流体未浸透帆布前，由于浮力作用，帆布将悬浮在流体中，一定时间后，帆布被浸透，其相对密度大于液体的相对密度而下沉。不同液体对帆布润湿力的大小表现在沉降时间的长短上，以沉降时间作为比较润湿力大小的标准。

加入不同量的清洗剂，然后测量帆布沉降时间，试验结果见表 4-3。

表 4-3　清洗剂加量对帆布沉降时间的影响

项目	HCB-CL 加量/%					
	0.0	1.0	2.5	5.0	7.5	10.0
沉降时间/s	504.43	47.10	34.13	22.39	17.62	14.40

由表 4-3 可以看出，随着 HCB-CL 清洗剂加量的增大，沉降时间减少，表明帆布被水

润湿越快。当 HCB-CL 清洗剂加量为 1.0%时，其沉降时间远远小于空白样的沉降时间，表明清洗剂的润湿能力很强。

4.2.3　悬浮剂的研制

由于要求前置液密度高达 2.3g/cm^3，需要加入大量加重材料（铁矿粉或重晶石），因此要求在前置液中加入悬浮剂，以保证前置液的稳定性。另外，从施工角度出发，要求前置液对固相具有一定的悬浮能力，以防止钻井液固体颗粒及冲刷下来的泥饼沉降和堆积，因此必须筛选出合适的悬浮剂。

悬浮剂选择原则：①悬浮能力强，用铁矿粉或重晶石加重至密度为 2.3g/cm^3，沉降稳定性好；②抗温稳定性好，能抗 180℃以上高温；③黏度小，前置液易达到紊流顶替。

常用的悬浮剂有羧甲基纤维素、胍胶、改性淀粉等，但这些都存在不抗高温的缺点。通过大量的聚合物和无机材料的筛选，得到悬浮剂 HCB-XF。

从铁矿粉和重晶石加重前置液的流变性和稳定性方面考察悬浮剂 HCB-XF 加量的影响，结果见表 4-4。

表 4-4　HCB-XF 加量对前置液的流变性和稳定性的影响

加重材料	HCB-X 加量/%	AV/(mPa·s)	PV/Pa	YP/Pa	Φ6/Φ3	上下密度差/(g/cm^3)
铁矿粉	4	24	21	3	2/1	0.080
	5	27	25	2	2/1	0.025
	6	30	27	3	2/1	0.020
重晶石	4	18	15	3	6/5	0.065
	5	21	16	5	6/5	0.02
	6	22.5	17	5.5	7/6	0.015
	7	24	18	6	7/6	0.01
	8	26.5	22	4.5	8/6	0.01

注：①密度在 18CTC 下热滚 4h 后，于室温下静置 8h 后测得；
②铁矿粉加重前置液配方为 10%HCB-CL 清洗剂+HCB-XF 悬浮剂+4%HCB-FL 降失水剂；
③重晶石加重前置液配方为 10%HCB-CL 清洗剂+HCB-XF 悬浮剂+4%JP-FL 降失水剂。

由表 4-4 可以看出，随着 HCB-XF 加量增大，上下密度差减小，悬浮能力增强，但表观黏度增大。综合考虑黏度和稳定性，选择 HCB-XF 加量为 5%。

HCB-XF 悬浮剂晶体构造常为纤维状，由它配制的悬浮体经搅拌后，其纤维互相交叉，形成“乱稻草堆”似的网架结构，这是它保持悬浮体稳定的决定性因素。因此，悬浮体的流变特性取决于纤维结构的机械参数，而不取决于颗粒的静电引力。

4.2.4　降失水剂的研制

降低前置液的失水量，有助于控制井壁坍塌和减少地层损害，可以在固井施工中大段使用。

通过近 20 种合成聚合物的筛选，得到降失水剂 HCB-FL。考察 HCB-FL 加量对前置液的高温高压失水（180℃，7MPa）的影响，结果见表 4-5。

表 4-5　HCB-FL 加量对前置液失水量的影响

加重材料	HCB-FL 加量/%	AV/(mPa·s)	PV/(mPa·s)	YP/Pa	Φ6/Φ3	30min 滤失量 (180℃×7MPa)/mL
铁矿粉	3	26	24	2	2/1	144
	4	27	25	2	2/1	92
	5	29	26	3	3/2	90
重晶石	4	22	21	1	1/0	320
	5	24	23	1	1/0	128
	6	25.5	24	1.5	1/0	90

注：①铁矿粉加重前置液配方为 10%HCB-CL 清洗剂+5%HCB-XF 悬浮剂+HCB-FL 降失水剂；
②重晶石加重前置液配方为 10%HCB-CL 清洗剂+5%HCB-XF 悬浮剂+HCB-FL 降失水剂。

由表 4-5 可以看出，随着降失水剂 HCB-FL 加量增大，前置液的高温高压失水量减小。为了将前置液失水量控制在小于 150mL/30min，7MPa 范围，铁矿粉加重前置液选择 HCB-FL 降失水剂加量为 4%，重晶石加重前置液选择 HCB-FL 降失水剂加量则为 5%。

4.2.5　增黏提切剂的研制

由于重晶石粉颗粒较粗，在前置液中使用 HCB-FL 作为降失水剂，尽管体系的高温高压失水可以满足要求，但体系的沉降稳定性较差。因此，必须在体系中加入增黏提切剂，来提高体系沉降稳定性。为此，研制了适合配置前置液的黏提切剂 HCB-XT。

4.3　适合莺琼盆地用高密度冲洗液技术

清洗液主要用在固井注水泥之前，用于清洗井壁油污和胶凝钻井液，改善固井二界面亲水性能，提高二界面与水泥环的胶结强度，最初采用清水作为冲洗液，但随着钻井液体系的发展，就对冲洗液性能的要求不断提高，清水已无法满足要求。国内外对于冲洗液对界面冲洗效率的评价方法和手段还没有一个统一确切的标准，一般都是依据不同的情况进行简单的评价，现在也有人设计了小型模拟装置及小型有机玻璃制模拟冲洗装置进行井下轴向冲洗模拟试验，还有利用大型模拟井筒装置进行地面模拟井下条件试验。但是以上实验评价方法复杂，而且很多实验仪器都是由作者自主研究开发，其他人很难去实现其实验目的。

通过实验室常规的 API 标准仪器，利用旋转黏度计模拟井下流体冲刷井壁泥饼，定量研究清洗效果，可以非常直观地评价清洗液的清洗效果。

冲洗效率评价主要由以下 7 个步骤组成：①制备泥饼。使用高温高压滤失筒，底部垫上 API 标准滤纸，在 3.5MPa/30min 环境下制得泥饼。②取出滤饼。倒出剩余泥浆并取出带滤饼的滤纸，使用橡皮筋捆绑在流速旋转黏度计的圆筒上面。③称重泥饼原始重量。用捆绑后的总重减去圆筒净重及滤纸和橡皮筋的重量，可求得泥饼的净重。④制备冲洗液。使用海水或淡水按照规定制备冲洗液。⑤冲刷称重。使用流速旋转黏度计的 Φ600（或Φ300）对滤纸上的泥饼进行冲刷，冲刷 3min 后晾干 10min，待圆筒上的水分晾干称重。⑥计算冲洗 3min 冲洗效率。依据冲洗效率计算方法得出冲洗 3min 的冲洗效率。⑦计算冲洗 7min 和 10min 冲洗效率。重复步骤⑤和⑥，将冲洗时间继续延长至 7min 和 10min，计算其冲刷效率（图 4-2）。

图 4-2　不同颗粒搭配下冲洗液沉降稳定性对比

根据东方地区井的情况，需采用高密度冲洗液，若简单加入加重材料则无法取得预想的冲洗效果，且沉降稳定性差。为此，采用 PC-W21L 加重冲洗液配合粗砂颗粒，同时加重颗粒采用粗细颗粒合理搭配，推荐（1200 目/250 目加重剂重量比为 7∶3），并配合提黏剂使用，能达到 2h 不沉降的效果。这样，一方面能够提高其悬浮稳定性；另一方面能够通过粗颗粒打磨来提高冲洗效率，其主要作用为：①具有清洗井壁和平衡压力双重作用；②粗砂颗粒冲洗液，可起到类似砂轮打磨机的效果，能实现物理冲刷井壁泥饼的效果。

4.3.1　实验材料

实验材料如表 4-6 所示。

表 4-6　实验材料

材料	密度/(g/cm^3)	混合方法
F/W	1.0	PC-S30S 预水化约 15min，4000r/min 下加入加重剂，2000r/min 下加入 W21L，搅拌至均匀
PC-X60L	1.0	
PC-S30S	1.0	

续表

材料	密度/(g/cm³)	混合方法
PC-W21L（水基）	1.0	PC-S30S 预水化约 15min，4000rpm 下加入加重剂，2000r/min 下加入 W21L，搅拌至均匀
PC-D20（250 目）	4.9	
PC-D20（1200 目）	4.9	

4.3.2 实验结果

4.3.2.1 2.0g/cm³ 冲洗液实验

1. 2.0g/cm³ 冲洗液的冲洗配方

冲洗液配方见表 4-7。

表 4-7 2.0g/cm³ 冲洗液配方

材料	A 配方		B 配方		C 配方		D 配方	
	掺量/g	BWOW/%	掺量/g	BWOW/%	掺量/g	BWOW/%	掺量/g	BWOW/%
F/W	400	100	400	100	400	100	400	100
PC-S30S	2.8	0.7	1.2	0.3	2.8	0.7	2.0	0.5
PC-X60L	4	1	4	1	4	1	4	1
PC-W21L	140	35	140	35	140	35	140	35
PC-D20（250）	925	231	0	0	463	115.5	231	173.3
PC-D20（1200）	0	0	925	231	462	115.5	694	57.8

2. 2.0g/cm³ 冲洗液的流变性能

冲洗液流变性能见表 4-8。

表 4-8 2.0g/cm³ 冲洗液流变性

温度/℃	配方	Φ600	Φ300	Φ200	Φ100	Φ6	Φ3	YP	沉降稳定性
20	A	137	113	87	49	4	2	45.5	静置 30min 无沉降
	B	108	83	71	50	5	2	29.6	静置 30min 无沉降
	C	125	80	67	58	6	3	17.9	静置 30min 无沉降
	D	162	95	65	35	2	1	14.3	静置 30min 无沉降

续表

温度/℃	配方	Φ600	Φ300	Φ200	Φ100	Φ6	Φ3	YP	沉降稳定性
90	A	30	16	10	5	0	0	1.0	静置30min有约7mm实沉降
	B	31	26	21	16	4	2	10.7	静置30min几乎无沉降
	C	32	18	13	7	1	1	2.0	静置30min有约3mm虚沉降
	D	29	18	14	9	3	2	3.6	静置30min有约2mm虚沉降

3. 2.0g/cm^{3}冲洗液的冲洗效率

冲洗液冲洗效率见表4-9。

表4-9 2.0g/cm^{3}冲洗液冲洗效率

冲洗液配方	圆筒附件净重W_0/g	含原始泥饼圆筒质量W_1/g	冲刷7min圆筒质量W_7/g	7min的冲洗效率η_7/g	冲刷10min圆筒质量W_{10}/g	10min的冲洗效率η_{10}/%
A	191.5	195.72	—	—	191.90	90.5
B	191.5	195.48	—	—	193.85	40.9
C	183.81	188.15	185.3	65.6	184.33	88
D	183.81	187.35	185.07	64.2	184.32	85.6

结论：从冲洗效果来看，250目铁粉配成的冲洗液清洗效果最佳，1200目与250目铁粉比例为1时配成的冲洗液清洗效果次之，前者沉降稳定性差，不利于现场应用，即C配方为推荐配方，且冲洗效率达到88%（图4-3）。

(a) 冲洗前泥饼状况

(b) 冲洗7min泥饼

(c) 冲洗10min泥饼

图4-3 配方C冲刷泥饼冲洗效率88%

4.3.2.2 1.90g/cm^3 冲洗液实验

对于 1.90g/cm^3 冲洗液实验选用 1200 目与 250 目铁粉比例为 1∶1 进行实验，实验结果如表 4-10、表 4-11 和图 4-4 所示。

表 4-10 1.9g/cm^3 冲洗液冲的流变及沉降稳定性

温度/℃	Φ600	Φ300	Φ200	Φ100	Φ6	Φ3	YP	沉降稳定性
20	105	60	43	24	2	1	7.7	静置 30min 无沉降
90	27	15	10	6	0	0	1.5	静置 30min 约 1.5mm 虚沉降

注：1.90g/cm^3 冲洗液配方 100%FW+0.7%PC-S30S+1%X60L+35%PC-W21L+101%PC-D20（250 目）+101%PC-D20（1200 目）。

表 4-11 1.90g/cm^3 冲洗液的冲洗效率

冲洗液配方	圆筒附件净重 W_0/g	含原始泥饼圆筒质量 W_1/g	冲刷 7min 圆筒质量 W_7/g	7min 的冲洗效率 η_7/g	冲刷 10min 圆筒质量 W_{10}/g	10min 的冲洗效率 η_{10}/%
1.90g/cm^3	191.5	196.0	—	—	191.8	93.3

(a) 冲洗前泥饼

(b) 冲洗10min泥饼

图 4-4 1.90g/cm^3 冲洗液冲刷泥饼效果图

结果表明，对于 1.90g/cm^3，PC-W21L 冲洗效率 10min 达到 93.3%。

4.3.2.3 1.80g/cm^3 冲洗液实验

对于 1.80g/cm^3 冲洗液实验选用 1200 目与 250 目铁粉比例为 1∶1 进行实验，实验结果如表 4-12、表 4-13 和图 4-5 所示。

表 4-12 1.80g/cm^3 冲洗液的流变及沉降稳定性能

温度/℃	配方	Φ600	Φ300	Φ200	Φ100	Φ6	Φ3	YP	沉降稳定性
20	G	95	54	39	21	2	1	6.6	静置 30min 无沉降
90	G	26	15	12	7	1	0	2.0	静置 30min 有约 2mm 虚沉降

注：1.80g/cm^3 冲洗液配方 100%FW+0.7%PC-S30S+1%X60L+35%PC-W21L+86.5%PC-D20（250 目）+86.5%PC-D20（1200 目）。

表 4-13　1.80g/cm³ 冲洗液的冲洗效率

冲洗液配方	圆筒附件净重 W_0/g	含原始泥饼圆筒质量 W_1/g	冲刷 7min 圆筒质量 W_7/g	7min 的冲洗效率 η_7/g	冲刷 10min 圆筒质量 W_{10}/g	10min 的冲洗效率 η_{10}/%
1.80g/cm³	191.5	195.8	—	—	191.9	90.6

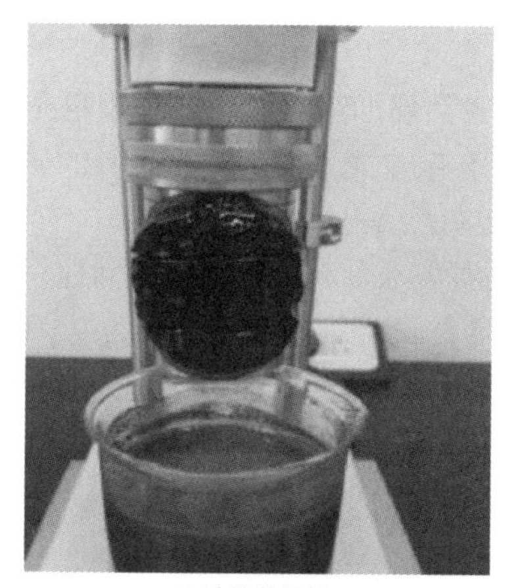

(a) 冲洗前泥饼　　(b) 冲洗10min泥饼

图 4-5　1.80g/cm³ 冲洗液的冲洗效果图

结果表明，对于 1.80g/cm³，PC-W21L 冲洗效率 10min 达到 90.6%。

4.4　适合莺琼盆地用耐高温隔离液技术

隔离液是一种黏度、密度和静切力均可调节的黏稠流体。用于隔离及塞流顶替钻井液，常用于塞流顶替注水泥设计中。当调整其流变性时，可用于紊流顶替。在注水泥过程中与冲洗液一起使用时，注于冲洗液之后，水泥浆之前。根据其性质的差异，可分为黏性隔离液和紊流隔离液。隔离液的主要作用是实现钻井液的塞流顶替及塞流注水泥；在低压井段、漏失层和要求严格控制失水的井中可作为缓冲液使用；防止水泥浆的污染及钻井液的絮凝稠化。

由于水泥浆体系可能和钻井液体系不相容以及产生高的循环泵压，增加滤液的滤失甚至压漏地层；缩短水泥浆的稠化时间，造成施工困难甚至失败；导致钻井液发生“水泥侵”后，产生黏附在井壁或套管壁上或滞留在井径不规则处的黏稠絮凝物质使顶困难，影响固井质量。因而需要在钻井液与水泥浆之间加替隔离液。隔离液为黏度、密度和静切力均可调节的黏稠流体。用于隔离及塞流驱替钻井液，当调整其流变性时，可用于紊流顶替。在注水泥过程中与冲洗液一起使用时，注于冲洗液之后，水泥浆之前。隔离液主要作用是实现钻井液的塞流顶替及塞流注水泥；在低压井段、漏失层和要严格控制失水的井中可作为缓冲液使用；隔离水泥浆和钻井液，防止水泥浆的污染及钻井液的絮凝稠化，平衡地层压力。

在实际生产作业中，冲洗液和隔离液可以单独使用，也可同时使用。国外在 20 世纪 70 年代中期已开始研究化学冲洗液和隔离液并形成体系，我国近几年才陆续开始这方面的研究。鉴于冲洗液、隔离液对于提高固井质量，乃至提高采收率有着极其重要的作用，有必要就冲洗液和隔离液的组成、性能进行研究，以便确定和寻找适合低密高强体系的冲洗隔离液。

隔离液的作用除了对水泥浆和钻井液进行隔离外，另外一个主要的作用就是顶替钻井液，清洁井眼。在对钻井液进行顶替过程中，隔离液对自身含有的固相颗粒以及在井壁上和由于冲洗液的作用冲刷下来的大量的泥饼或者钻屑的悬浮和携带作用也是隔离液的一个主要性能考量。一般来说，一套优良的隔离液体系首先是一套具有优异的悬浮带砂性能的流体，以便保证水泥浆进入井眼之前井眼的良好状态。

原使用 S11S 隔离液在高温地层中，存在高温失水量高，泥饼厚能问题，不利于胶结地层及提高固井质量。经改良后的 S30S 加 S31S 隔离液适用温度范围为 0～180℃，密度可调 1～2.3g/cm^3，且对水泥浆污染小。具体评价结果如表 4-14、图 4-6、图 4-7 所示。

1. 高温失水评价实验

高温失水评价实验见表 4-14。

表 4-14　高温失水评价实验结果

配方	失水	
	90℃API 失水/mL	160℃API 失水/mL
新型体系	52	74
原有体系	65	218

2. 对稠化时间的影响

不同加量隔离液对水泥稠化时间敏感分析结果见图 4-6。

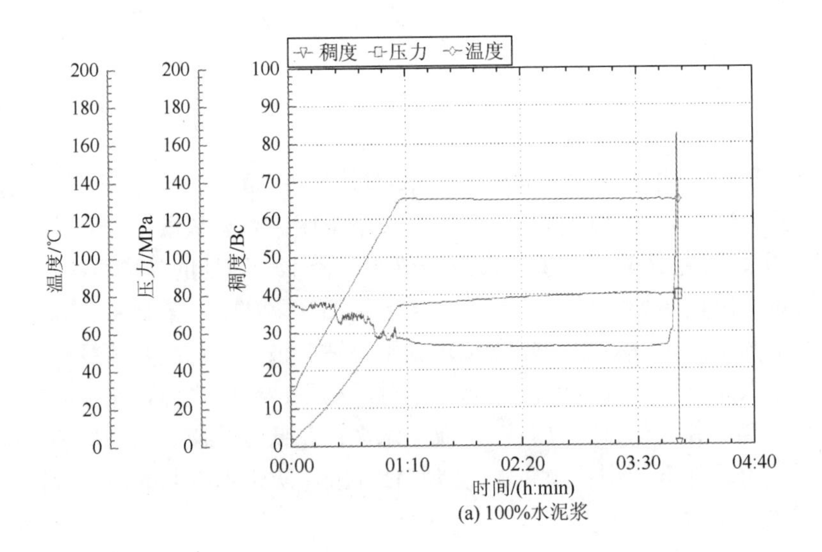

(a) 100%水泥浆

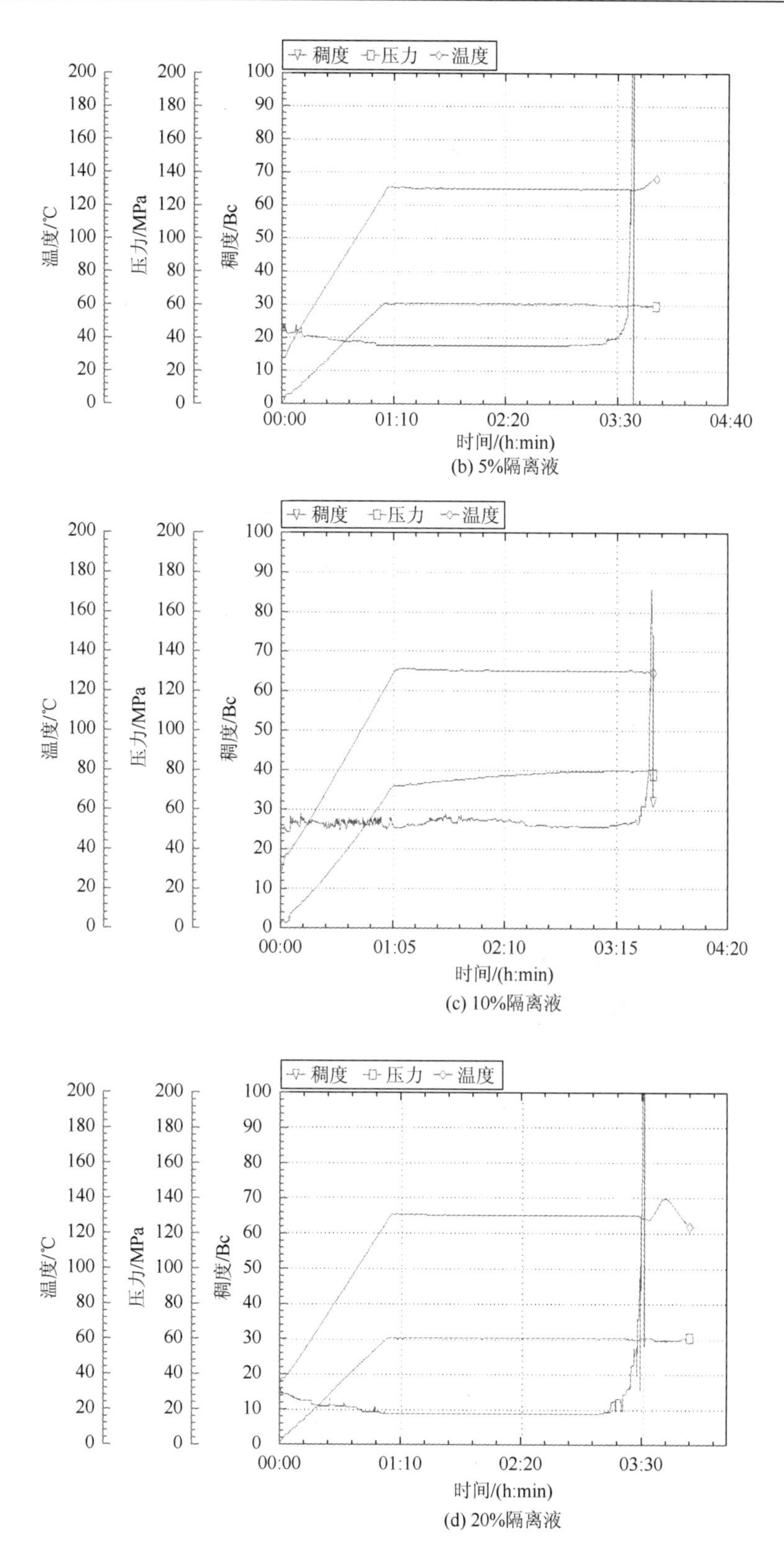

(b) 5%隔离液

(c) 10%隔离液

(d) 20%隔离液

图4-6 不同加量隔离液对水泥浆稠化时间敏感性分析

3. 对抗压强度的影响

图 4-7 实验结果表明：改良后的隔离液耐温性较好，能够满足高温高压井的施工要求，同时对强度及稠化时间影响较小，较原使用配方有较大的提升，具有广阔的使用空间。

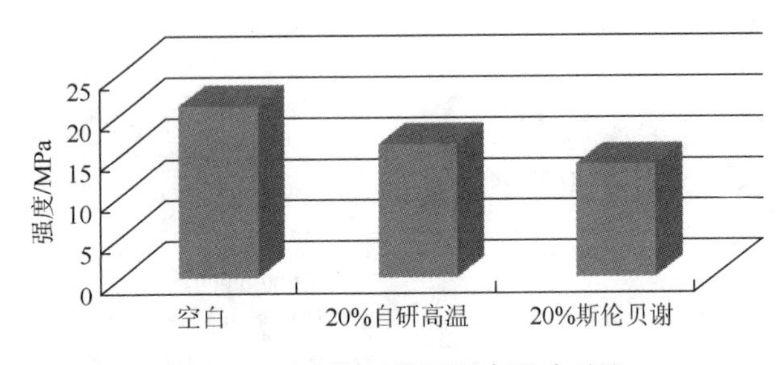

图 4-7　对水泥石抗压强度影响对比

第5章　中海油固井工程计算软件 CemSAIDS

中海油固井工程计算软件 CemSAIDS 是中海油与西南石油大学合作研发的集固井设计、计算分析和报告输出为一体的固井工程计算软件。CemSAIDS 固井井底循环温度预测、固井 ECD 计算、扶正器设计与套管居中度计算、下套管摩阻计算、环空气窜分析、顶替效率预测等在东方 1 气田及国内外重难点井固井作业中发挥着巨大的支持作用，对保证固井施工安全和提高固井封固质量做出巨大的贡献。

5.1　固井井底循环温度预测

固井井底循环温度预测是固井重要的计算参数。固井过程中前置液、水泥浆或钻井液在循环过程中，受到海水段降温影响，在到达海底时温度会降低，这样会造成两个方面的影响，一是温度降低后，流体的流变性要变差，其流动阻力会增大，尤其深水固井海水深度最高可能达到数千米；二是进入井眼后，由于流体受海水降温影响，进入井眼套管或钻杆时温度降低，这样整个井眼的循环温度与常规固井作业时的 API 循环温度计算结果会有一定出入，不能直接使用 API 方法或经验系数方法来估算水泥浆的循环温度，而循环温度对水泥浆设计与实验又起到了直接的影响。固井井底循环温度预测过高，则水泥浆稠化时间变长，影响固井质量；固井井底循环温度预测过低，则水泥浆稠化时间变短，造成“灌香肠”事故。因此，使用软件针对固井工况准确计算循环温度具有重要意义。

5.1.1　固井循环温度场计算方法

1. 井底静止温度的确定

井底静止温度与区域地层的地温梯度有关，不同的地区由于地热流的作用，由地表向井下温度逐渐增高的幅度不同，单位深度地层温度的增加值称为地温梯度，我国以℃/100m为单位计算。

井底温度为

$$\mathrm{BHST} = T_{\mathrm{s}} + (\mathrm{TG} \times H)/100 \tag{5-1}$$

式中，BHST 为井底的静止温度，℃；H 为井底的垂直深度，m；T_s 为地表的静止温度，℃；TG 为该井所在地区的地温梯度，℃/100m。

2. 井底循环温度的确定

1）API 方法

图 5-1 是 API 方法给出的井底循环温度随井深和地温梯度变化的关系曲线，表 5-1 是

根据循环温度曲线给出的 11 个特定井深分别在 6 个平均地温梯度下的循环温度。其使用方法如下：

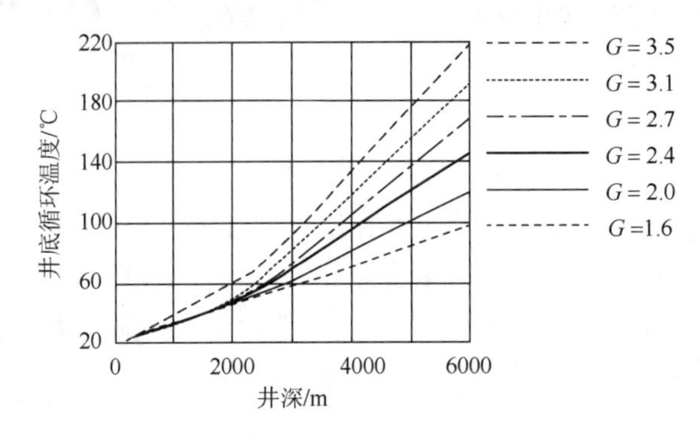

图 5-1　API 循环温度曲线

第一步：计算井底静止温度 BHST，APIRP10B 的井底静止温度的基本计算公式为

$$\mathrm{BHST} = T_s + \mathrm{TG} \times H \tag{5-2}$$

表 5-1　API 循环温度计算表

地温梯度/(℃/100m)	井深/m	
	305≤H≤2440	2440≤H≤6100
1.6	23.465+0.011490H	19.0720+0.013466H
2.0	23.053+0.012595H	2.9633+0.019848H
2.4	22.640+0.013697H	-12.0710+0.027049H
2.7	21.971+0.014999H	-21.7140+0.031850H
3.1	21.560+0.016100H	-32.7517+0.037705H
3.5	19.388+0.019666H	-32.4660+0.041628H

第二步：利用井底静止温度和循环温度的关系图表（即图 5-1 和表 5-1）求出井底循环温度（表 5-2）。

表 5-2　API 循环温度数据表

序号	井深/m	地温梯度/(℃/100m)					
		1.6	2.0	2.4	2.7	3.1	3.5
1	305	27	27	27	27	27	27
2	610	31	31	32	32	33	33
3	1220	37	38	38	39	39	40
4	1830	44	46	47	48	49	52
5	2440	52	54	57	60	63	71
6	3050	61	63	70	75	82	93

续表

序号	井深/m	地温梯度/(℃/100m)					
		1.6	2.0	2.4	2.7	3.1	3.5
7	3660	68	74	85	92	113	119
8	4270	76	86	102	112	126	145
9	4880	84	99	118	132	150	171
10	5490	93	112	136	153	175	196
11	6100	102	126	156	176	200	222

2）现场经验方法

Halliburton 公式：

$$\mathrm{BHCT} = T_{\mathrm{s}} + 7.26 \times 10^{-4} \times H^{1.27452} \times \mathrm{TG}^{1.04027} \tag{5-3}$$

Amoco 公式：

$$\mathrm{BHCT} = T_{\mathrm{s}} + \frac{0.663574 \times H \times \mathrm{TG} - 4.720478}{1 - 3.621111 \times 10^{-5} H} \tag{5-4}$$

尾管循环温度：

$$\mathrm{BHCT} = (0.85 \sim 0.90)\mathrm{BHST} \tag{5-5}$$

其他循环温度：

$$\mathrm{BHCT} = (0.70 \sim 0.80)\mathrm{BHST} \tag{5-6}$$

3）循环温度计算数学模型

通过分析井下传热特点及施工流程，利用热力学第一定律及传热学基本原理，建立注水泥温度预测模型和求解；编制循环温度计算软件，对固井施工过程进行模拟，实现对整个井眼温度场的计算和分析。

5.1.2　固井循环温度场计算示例

为了准确预测东方 1 气田固井井底循环温度，保证固井封固质量，需要明确地层条件、钻井和固井情况、井眼情况、流体性能变化等诸多不确定因素；而现场固井化验一般要求针对井底循环温度做上下 5℃的稠化实验，这就要求提高井底循环温度预测的准确性。通过软件模拟固井循环钻井液和注水泥过程井下流体温度变化，必须摸清模拟的边界条件，将 BHCT 计算误差控制在 5℃之内，否则井底循环温度预测不准确，将对钻井时效或固井安全产生重大影响。

固井工程计算软件 CemSAIDS 井底循环温度预测模块能够模拟固井过程整个井眼的温度分布（图 5-2）；工程师可以按照实际作业参数，包括流体入口温度、海域和地层温度梯度、流体性能、施工排量等进行调整，软件在计算井眼温度分布同时推荐最合适的固井井底循环温度。

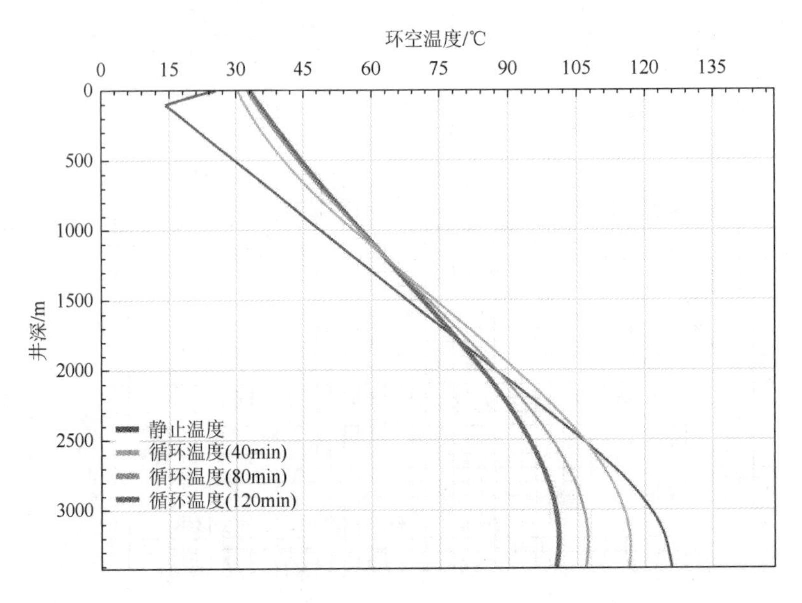

图 5-2　东方 1 气田某井固井井底循环温度分布图

5.2　固井 ECD 计算

固井 ECD 等井下动态参数计算是固井安全重要的计算参数。固井注入前置液、水泥浆替浆过程中，由于管内外密度差而产生“U 型管”效应，使返出排量大于或小于注入排量，不同深度摩阻也会因为流体返深不同产生波动，在窄压力窗口或易漏地层固井时很容易产生 ECD 大于破裂压力造成井漏。因此，调整流体性能、浆柱结构、施工排量等参数，通过软件模拟关注返出排量、泵压、ECD 等参数在整个固井过程的动态变化，对保证固井施工安全具有重要意义。

基于石油天然气行业标准 SY/T 5480—92 可以计算出固井施工过程井底压力、泵压等参数，计算方法如下。

5.2.1　流变模型选择方法

公式判别法：

$$F = \frac{\phi_{200} - \phi_{100}}{\phi_{300} - \phi_{100}} \tag{5-7}$$

式中，F 为流变参数，无量纲；ϕ_{100}、ϕ_{200}、ϕ_{300} 分别旋转黏度计 100r/min、200r/min、300r/min 转速下的读值。

其中，当 $F = 0.5 \pm 0.03$ 时，选用宾汉流变模式；$F \leqslant 0.46$ 或 $F \geqslant 0.54$，采用幂律模式。

5.2.2　流变参数计算

5.2.2.1　宾汉模式

1. 水泥浆

$$\begin{cases}\eta_{\mathrm{P}}=0.0015(\phi_{300}-\phi_{100})\\ \tau_0=0.511\phi_{300}-511\eta_{\mathrm{P}}\end{cases}\tag{5-8}$$

2. 钻井液与前置液

$$\begin{cases}\eta_{\mathrm{P}}=0.001(\phi_{600}-\phi_{300})\\ \tau_0=0.511\phi_{600}-1022\eta_{\mathrm{P}}\end{cases}\tag{5-9}$$

5.2.2.2　幂律模式

1. 水泥浆

$$\begin{cases}n=2.0921\lg\left(\dfrac{\phi_{300}}{\phi_{100}}\right)\\ K=\dfrac{0.511\phi_{300}}{511^n}\end{cases}\tag{5-10}$$

2. 钻井液与前置液

$$\begin{cases}n=3.3221\lg\left(\dfrac{\phi_{600}}{\phi_{300}}\right)\\ K=\dfrac{0.511\phi_{600}}{1022^n}\end{cases}\tag{5-11}$$

式（5-8）～式（5-11）中，n 为流性指数，无量纲；K 为稠度系数，$\mathrm{Pa\cdot S}^n$；η_{P} 塑性黏度，Pa·s；τ_0 为动切力，Pa。

5.2.3　临界流速的计算

5.2.3.1　宾汉流体

1. 塞流临界流速

1）管内

$$V_{\mathrm{cpg}}=1.1\times10^{-4}\left(\frac{\tau_0}{\eta_{\mathrm{P}}}\right)\cdot D_{\mathrm{i}}\tag{5-12}$$

2）环空

$$V_{\mathrm{cpg}} = 5.83\times10^{-5}\left(\frac{\tau_0}{\eta_{\mathrm{P}}}\right)\cdot(D_{\mathrm{w}} - D_{\mathrm{i}}) \tag{5-13}$$

2. 紊流临界流速

1）管内

$$V_{\mathrm{c}} = \frac{0.1N_{\mathrm{Rec}}\eta_{\mathrm{P}}}{\rho D_{\mathrm{i}}} \tag{5-14}$$

2）环空

$$V_{\mathrm{c}} = \frac{0.1N_{\mathrm{Rec}}\eta_{\mathrm{P}}}{\rho(D_{\mathrm{w}} - D_{\mathrm{e}})} \tag{5-15}$$

式（5-12）～式（5-15）中，V_{cpg}、V_{c}分别为塞流、紊流临界流速，m/s；D_{w}、D_{i}、D_{e}分别为开眼直径、圆管内直径、套管外径，m；ρ为流性密度，kg/m^3；N_{Rec}为雷诺数，无量纲。

5.2.3.2 幂律流体

1. 计算紊流临界雷诺数

$$N_{\mathrm{Rec}} = 3470 - 1370n \tag{5-16}$$

2. 确定临界流速

1）管内

$$V_{\mathrm{c}} = 0.01\left[\frac{1.25(3470-1370n)K}{\rho}\right]^{\frac{1}{2-n}}\left[\frac{6n+2}{nD_{\mathrm{i}}}\right]^{\frac{n}{2-n}} \tag{5-17}$$

2）环空

$$V_{\mathrm{c}} = 0.01\left[\frac{0.83(3470-1370n)K}{\rho}\right]^{\frac{1}{2-n}}\left[\frac{8n+4}{n(D_{\mathrm{w}}-D_{\mathrm{e}})}\right]^{\frac{n}{2-n}} \tag{5-18}$$

5.2.4 流态判别

采用雷诺数来判别流体流态，其临界雷诺数是随流体的流变性能而变化的。

塞流要求：$V \leqslant V_{\mathrm{cpg}}$或$\alpha_0 \geqslant 0.8$。

紊流要求：$N_{\mathrm{Re}} \geqslant N_{\mathrm{Rec}}$或$V \geqslant V_{\mathrm{c}}$。

5.2.5　流动阻力计算

1. 宾汉流体

管内

$$P_{\mathrm{f}} = \frac{0.2 f \rho L V^2}{D_{\mathrm{i}}} \tag{5-19}$$

环空

$$P_{\mathrm{f}} = \frac{0.2 f \rho L V^2}{D_{\mathrm{w}} - D_{\mathrm{e}}} \tag{5-20}$$

2. 幂律流体

管内

$$P_{\mathrm{f}} = \frac{0.2 f \rho L V^2}{D_{\mathrm{i}}} \tag{5-21}$$

环空

$$P_{\mathrm{f}} = \frac{0.2 f \rho L V^2}{D_{\mathrm{w}} - D_{\mathrm{e}}} \tag{5-22}$$

式（5-19）～式（5-22）中，P_{f}为流动外力，Pa；f流动阻力系数，无量纲；ρ为流性密度，$\mathrm{kg/m^3}$；V为流动速度，m/s；L为管线长度，m。

5.2.6　流动压力计算

最终顶替流动泵压等于环空与管内静液压力差和沿程流动摩阻压降之和，按下述公式计算：

$$P_{\mathrm{p}} = (P_{\mathrm{ha}} - P_{\mathrm{hp}}) + (P_{\mathrm{fp}} + P_{\mathrm{fa}}) \tag{5-23}$$

式中，P_{p}为顶替流动泵压，Pa；P_{ha}、P_{hp}分别为环空、管内压力，Pa；P_{fa}、P_{fp}分别为环空、管内流动阻力，Pa。

5.2.7　固井 ECD 计算示例

为了保证东方 1 气田固井过程的压稳和不漏，在获取准确的地层孔隙压力和破裂压力数据后，需要合理设计前置液和水泥浆性能和浆柱结构，通过软件模拟和调整确定合理的注替排量，既要达到顶替过程的动态压稳，又要避免“U 型管”效应出现后环空 ECD 过大而压漏地层（图 5-3～图 5-5）。为了保证固井施工安全，不仅要求对井底、重点关注层位进行 ECD 压稳和漏失判断，还必须对整个裸眼井段 ECD 进行整体评价，保证全井段压稳和不漏。

固井工程计算软件 CemSAIDS 固井 ECD 计算模块可以模拟固井过程整个井眼的 ECD 分布、井底和关注点 ECD 变化、泵压与返出排量变化、流体位置变化等，CemSAIDS 流变参数计算可以选择宾汉、幂律、赫巴 3 种流变模式，且可以推荐最吻合的流变模式进行流变参数计算。工程师可以通过调整固井顶替方案，包括流体性能、浆柱结构、施工排量等，模拟环空 ECD 变化，使 ECD 介于孔隙和破裂压力之间，保证固井过程动态压稳和不漏。

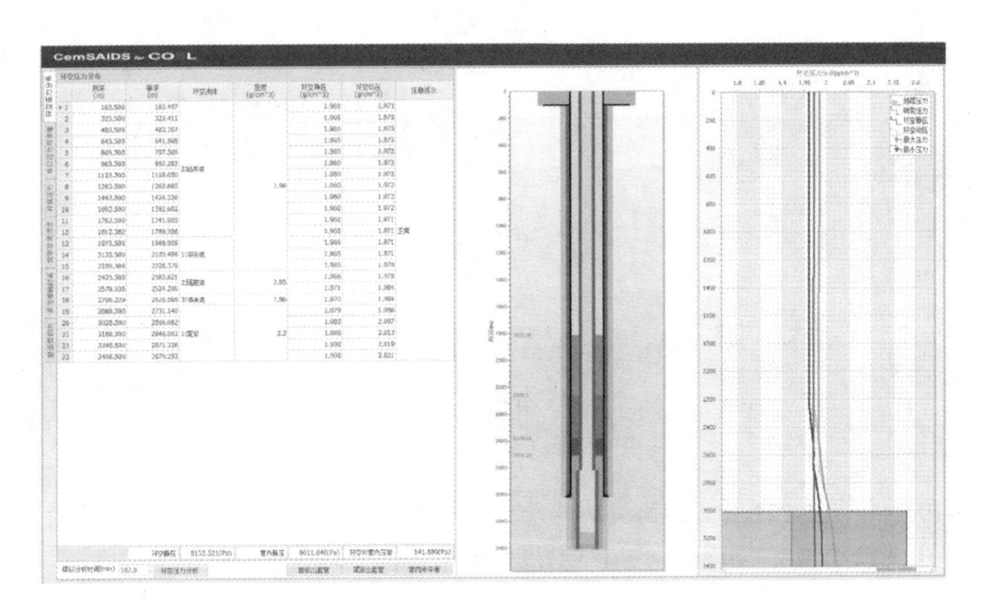

图 5-3　东方 1 气田某井环空 ECD 分布图

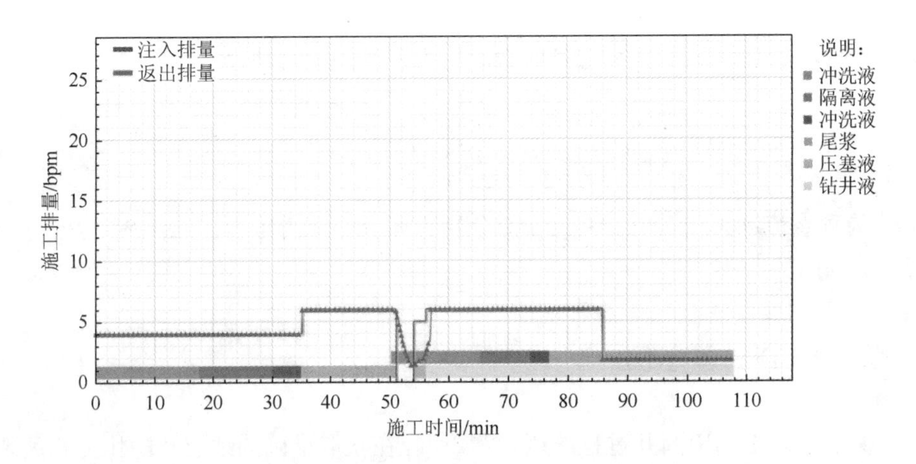

图 5-4　东方 1 气田某井注入/返出排量图

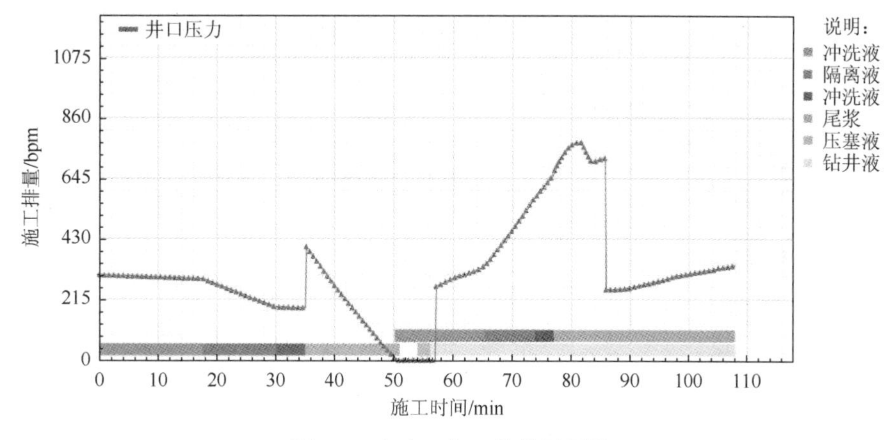

图 5-5　东方 1 气田某井泵压图

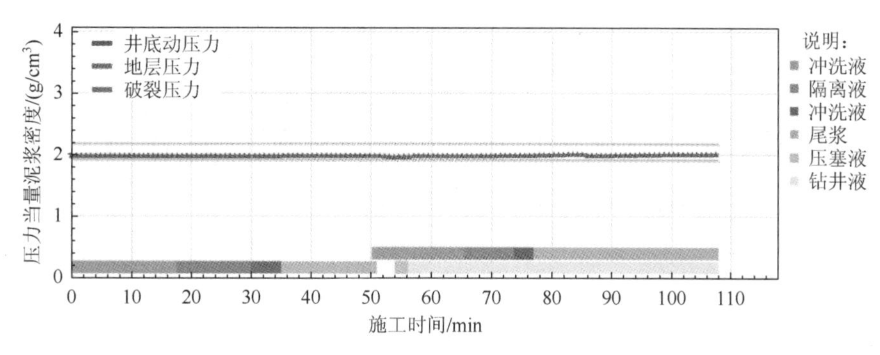

图 5-6　东方 1 气田某井井底 ECD 图

5.3　扶正器设计与居中度计算

扶正器设计与居中度计算是提高固井质量所需的计算参数。下套管结束后，由于套管不居中，尤其大位移井、水平井，套管在井眼中的状态就会出现“宽边+窄边”状态，当流体通过该套管段时，由于“宽边”摩阻小，流体更易通过，“窄边”流体上返滞后；水泥浆封固该井段时，则出现“窄边”封固质量不好。因此，在固井过程中，保证套管有较好的居中度，能够极大地提高水泥浆对钻井液的顶替效率，保证固井质量。

东方 1 气田 7 口井都是定向井或水平井（图 5-7），扶正器安放不合理，居中度低，将影响固井质量；下部井段固井环空间隙小，套管偏心使“窄边”顶替效率差，水泥浆由于上返滞后可能无法返至设计高度，直接影响套管鞋或整个井段的封固质量。为了提高套管居中度，尤其水平段在满足安全下入的前提下最好每根加 1 个扶正器，并通过软件模拟进行居中度计算，如果扶正器不能满足居中度要求，则必须更换扶正器类型和型号（图 5-8）。

固井工程计算软件 CemSAIDS 扶正器设计与居中度计算模块可以通过 3 种方式指导扶正器设计：①根据套管居中度要求推荐扶正器加放数量和间距；②等距加放扶正器，计算套管居中度；③根据扶正器实际加放深度计算套管居中度。软件考虑了不同扶正器类型的混合使用（刚性和弹性扶正器交错加放）。扶正器设计与居中度计算为提高固井质量提供了重要的参考依据，同时其居中度的准确计算还为 ECD 计算提供了数据支撑。

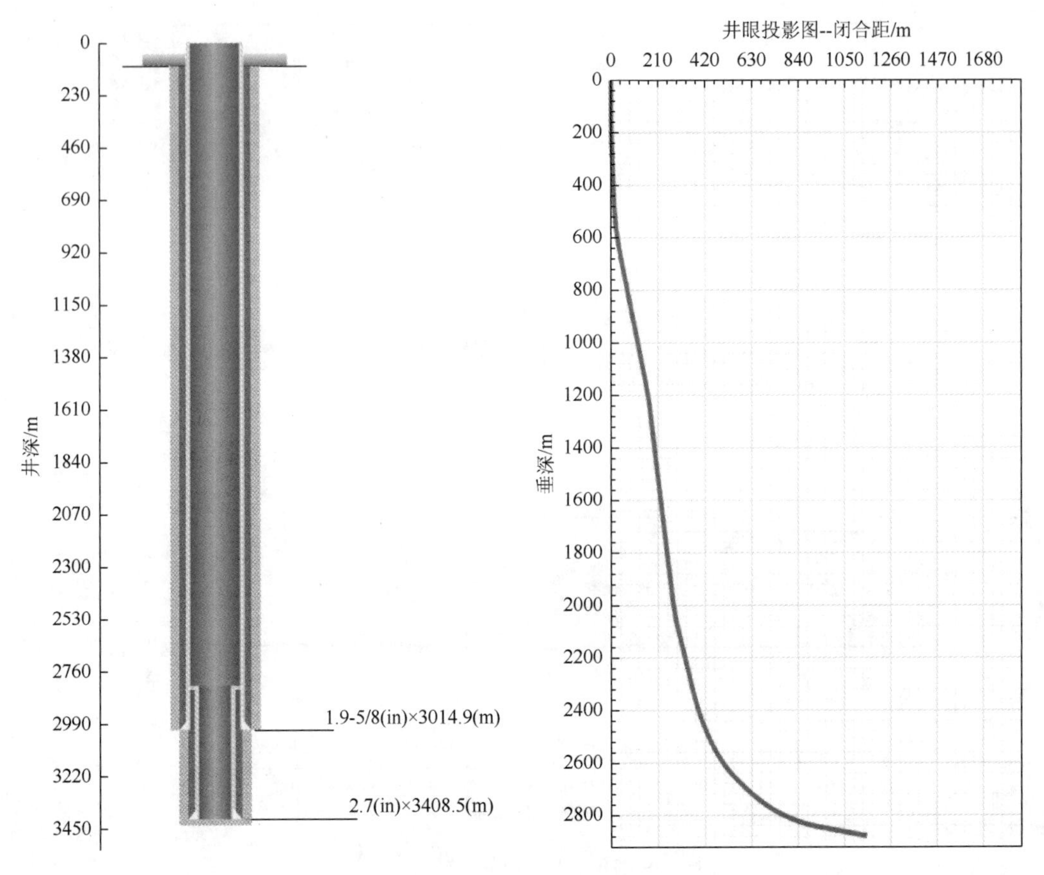

图 5-7　东方 1 气田某井井眼轨迹图

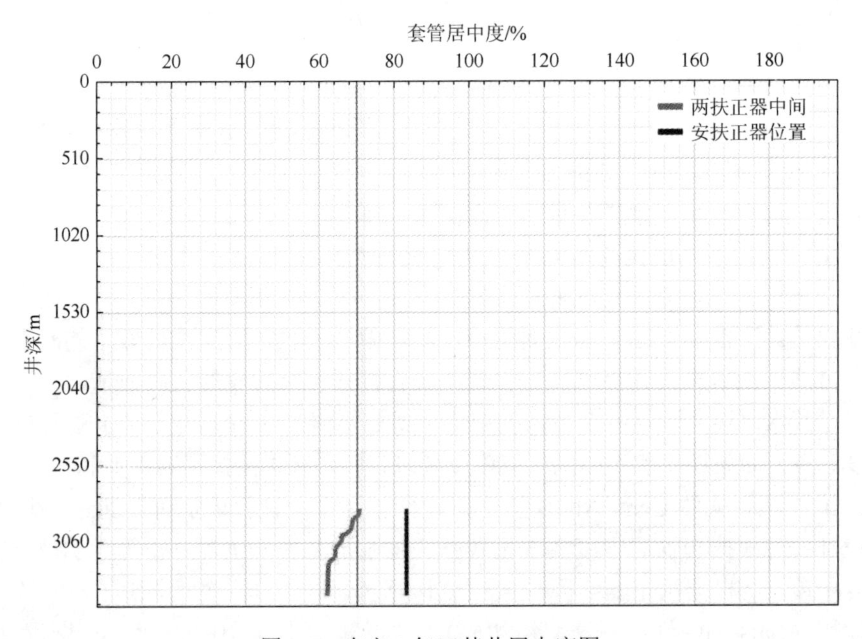

图 5-8　东方 1 气田某井居中度图

5.4　下套管摩阻计算

下套管摩阻计算是判断套管能否顺利下入的重要依据。在定向井、大斜度井或水平井下套管过程中，由于套管自重、井眼弯曲、扶正器加放等多种因素的影响下，下套管过程中存在较大的摩阻，直接影响到套管能否顺利下入到位。因此，准确预测下套管摩阻，为制定合适的下套管方式、扶正器选型和安放、套管安全下入方案等提供重要参考依据，也为后续固井作业提供保障。

东方 1 气田下套管摩阻计算与扶正器安放相辅相成（图 5-9），加放扶正器越多，套管刚性越强越不易弯曲，套管可能无法下入到位；而加放扶正器越少，即使套管能顺利下入到位，但居中度难以保证，造成顶替效率差。为了平衡这一矛盾，需要同时对扶正器安放和下套管摩阻进行分析计算，选择合适的扶正器类型和型号、加放足够的扶正器数量，既保证了居中度，又能将套管安全下入到位。

固井工程计算软件 CemSAIDS 下套管摩阻计算模块，可根据扶正器设计方案和井眼条件选择合理的摩擦系数，计算下套管摩阻、大钩载荷、轴向力等，为保障安全下套管提供方案依据。

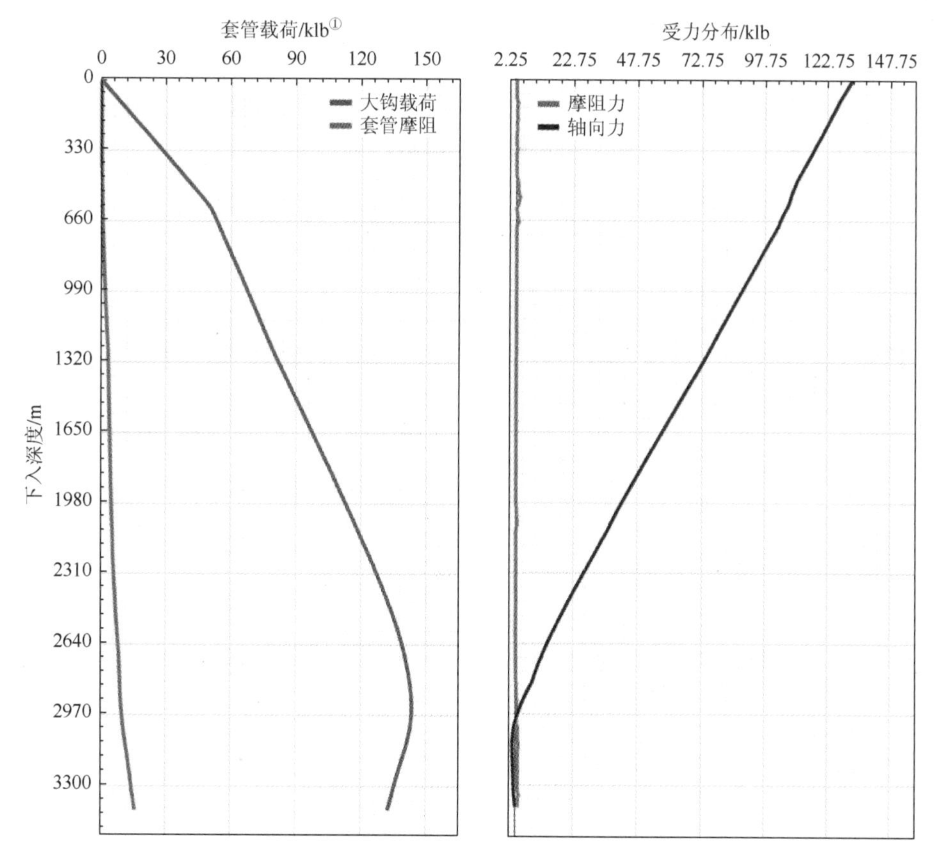

图 5-9　东方 1 气田某井下套管摩阻和受力图

① 1klb = 4.44822N.

5.5 环空气窜分析

环空气窜分析主要用于评价固井结束后压稳和防窜效果。固井结束后，环空水泥浆静胶凝强度的发展和失水会引起水泥液柱压力损失，当损失后的环空液柱压力不足以平衡地层压力时，就无法压稳地层。因此，对这一过程进行分析，计算压稳系数和水泥浆防窜效果并指导水泥浆化验和固井设计具有重要意义。

5.5.1 环空流体压稳系数计算

该方法引入了压稳系数（GELFL）的概念，GELFL 的意义为：水泥浆进入环空间隙后初始液柱压力与由于水泥浆静胶凝强度发展和失水引起的体积收缩造成的水泥液柱压力损失的差与地层压力的比值。

应用该方法时应主要考虑的几点：

（1）重点考虑静胶凝强度发展对失重的影响。

（2）只考虑水泥浆在由液态向固态转化过程中失水造成体积收缩对失重的影响，因为水泥浆在液态时失水可以得到有效补充，而当水泥浆固化后，水泥浆已不再失水。

（3）忽略水泥浆化学体积收缩对失重的影响。室内实验表明，水泥浆化学体积收缩主要发生在水泥浆初凝之后，而且，水泥浆化学体积收缩可以通过添加水泥浆膨胀剂克服。

因此，胶凝失水预测系数的计算方法如下：

$$\mathrm{GELFL}=\frac{0.00981\times(\rho_{\mathrm{c}}L_{\mathrm{c}}+\rho_{\mathrm{s}}L_{\mathrm{s}}+\rho_{\mathrm{m}}L_{\mathrm{m}})-P_{\mathrm{gel}}-P'_{\mathrm{lx}}}{P_{\mathrm{p}}} \tag{5-24}$$

式中，L_{c}，L_{s}，L_{m} 为分别为水泥浆柱、隔离液长度、钻井液液柱长度，m；P_{gel} 为水泥浆静胶凝强度发展引起的失重，MPa；P'_{lx} 为水泥浆失水引起的失重，MPa。

由于水泥浆胶凝发展引起的失重值：

$$P_{\mathrm{gel}}=\frac{4\times10^{-4}\tau_{\mathrm{sgs}}L_{\mathrm{c}}}{D_{\mathrm{H}}-D_{\mathrm{P}}} \tag{5-25}$$

P'_{lx} 的计算如下：

$$P'_{\mathrm{lx}}=\frac{\Delta V_{\mathrm{fl}}}{C_{\mathrm{F}}} \tag{5-26}$$

式中，ΔV_{fl} 为在水泥浆静胶凝强度从 48Pa 到 240Pa 时由于失水造成的水泥浆体积收缩量，$\mathrm{m^3}$；C_{F} 为水泥浆的压缩系数，为 $2.6\times10^{-2}\mathrm{m^3/MPa}$。

ΔV_{fl} 可用下式计算：

$$\Delta V_{\mathrm{fl}}=A_{\mathrm{j}}\int_{t_{48\mathrm{Pa}}}^{t_{240\mathrm{Pa}}}q_{\mathrm{t}}\mathrm{d}t \tag{5-27}$$

式中，$t_{48\mathrm{Pa}}$ 为水泥浆静胶凝强度达 48Pa 的时间，min；$t_{240\mathrm{Pa}}$ 为水泥浆静胶凝强度达 240Pa 的时间，min；A_{j} 为井眼在水泥浆裸眼面积，$\mathrm{cm^2}$；q_{t} 为水泥浆在过渡阶段单位面积上的失水速率，$\mathrm{mL/(cm^2\cdot min)}$。

如前所述，当水泥浆静胶凝强度增长到大于 240Pa 时就可以有足够的阻力抵抗气体的运移，也就是说水泥浆柱在静胶凝强度达到 240Pa 的压力损失是可能发生气窜期间的最大压力损失，为此成（5-24）变为

$$\mathrm{GELFL}=\frac{0.01(\rho_{\mathrm{c}}L_{\mathrm{c}}+\rho_{\mathrm{s}}L_{\mathrm{s}}+\rho_{\mathrm{m}}L_{\mathrm{m}})-\dfrac{0.096L_{\mathrm{c}}}{(D_{\mathrm{h}}-D_{\mathrm{p}})}-\dfrac{A_{\mathrm{j}}}{C_{\mathrm{F}}}\int_{t_1}^{t_2}q_{\mathrm{t}}\mathrm{d}t}{P_{\mathrm{p}}} \tag{5-28}$$

5.5.2　GFP 计算

该方法是由哈里伯顿公司在 1984 年提出的。它应用了水泥浆过渡时间概念，当水泥浆静胶凝强度达到 240Pa 时，水泥浆有足够的强度来阻止气窜，这可能引起水泥浆柱压力的最大压力损失 $\Delta P_{\max}$。因此，采用 $\Delta P_{\max}$ 与水泥浆顶替到位后井内浆柱的初始过平衡压力（P_{OBP}）来描述气窜的危险性。

$$\begin{cases}G_{\mathrm{FP}}=\dfrac{\Delta P_{\max}}{P_{\mathrm{OBP}}}\\ \Delta P_{\max}=\dfrac{4\times10^{-2}\tau_{\mathrm{cgs}}L_{\mathrm{c}}}{D_{\mathrm{H}}-D_{\mathrm{P}}}\\ P_{\mathrm{OBP}}=P_{\mathrm{c}}-P_{\mathrm{p}}=0.00981\times(\rho_{\mathrm{c}}L_{\mathrm{c}}+\rho_{\mathrm{s}}L_{\mathrm{s}}+\rho_{\mathrm{m}}L_{\mathrm{m}}-\rho_{\mathrm{p}}L)\end{cases} \tag{5-29}$$

式中，P_{c} 为初始水泥浆柱压力，MPa；P_{p} 为地层压力，MPa；ρ_{m} 为钻井液的密度，g/cm^3；ρ_{p} 为地层压力的当量密度，g/cm^3；L 为井深，m；L_{m} 为环空中钻井液长度，m；L_{s} 为环空中隔离液的长度，m。

5.5.3　SPN 计算

水泥浆防气窜性能如何主要取决于水泥浆在顶替到位后，由液态转化为固态过渡时间的长短以及水泥浆孔隙压力下降速率的大小。其中，水泥浆由液态转化为固态过渡过程一方面可以用水泥浆静胶凝强度发展速率来描述，还可以用稠化过渡时间（稠度变化速率）来描述。水泥浆孔隙压力下降的主要原因是水泥浆向地层失水，为此，水泥浆孔隙压力下降速率的大小可用水泥浆滤失速率来描述。因此，将水泥浆稠化过渡时间与水泥浆滤失速率综合考虑为水泥浆性能系数（SPN），具体表达式为

$$\begin{cases}\mathrm{SPN}=q_{\mathrm{API}}A\\ A=0.1826\left[\sqrt{t_{100\mathrm{BC}}}-\sqrt{t_{30\mathrm{BC}}}\right]\end{cases} \tag{5-30}$$

水泥浆 API 失水量越低，稠化时间 $t_{100\mathrm{BC}}$ 与 $t_{30\mathrm{BC}}$ 的差值越小，即在此稠化时间内阻力变化越大，A 值越小，SPN 也越小，防气窜能力越强。

5.5.4　环空气窜分析示例

为了保证东方 1 气田固井后压稳和防窜，需要软件辅助对水泥浆性能和环空浆柱结构

进行压稳和防窜评价（图 5-10）。也就是说，环空浆柱结构设计，既要保证固井期间动态压稳，又要保证固井结束后，水泥浆候凝期间的静态压稳。通过软件对水泥浆性能、浆柱结构和气层段的综合分析计算，为优化水泥浆设计方案、优化浆柱结构，为固井施工期间和固井候凝期间的“双压稳”提供重要参考依据。

固井工程计算软件 CemSAIDS 环空气窜分析模块，可从 3 个方面评价压稳和防窜效果：①环空水泥浆失重后环空压力变化、环空压稳系数的计算；②气层气窜潜力系数（GFP）的计算分析；③设计水泥浆性能系数（SPN）的计算分析。

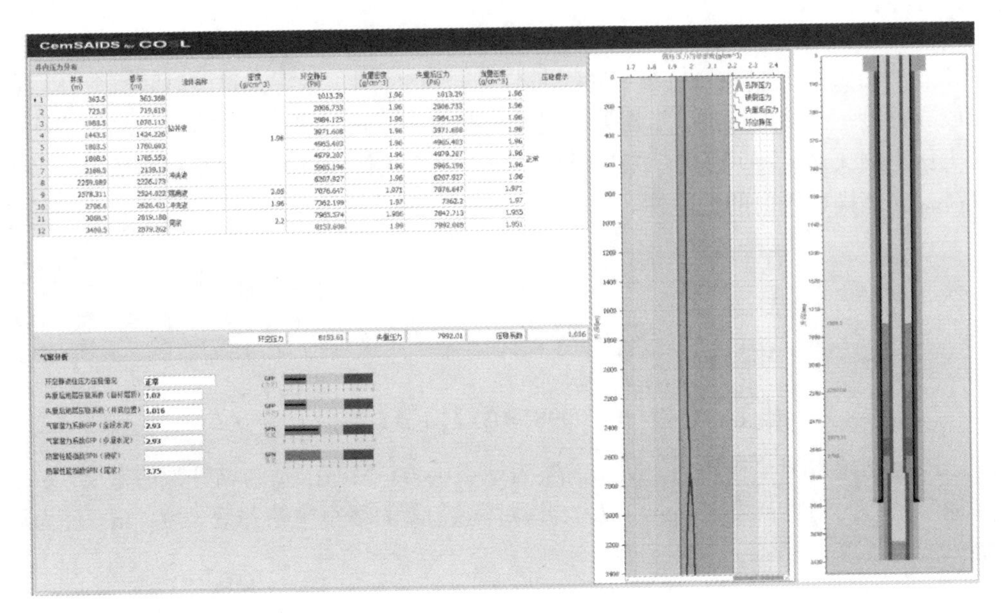

图 5-10　东方 1 气田某井环空气窜分析图

5.6　顶替效率分析

顶替效率分析主要用于评价顶替流体壁面剪切力匹配性、紊流接触时间和顶替效率。在固井顶替过程中，钻井液、前置液、水泥浆壁面剪切力是否依次递增，前置液紊流接触时间是否足够，水泥浆封固段是否残留钻井液等因素直接关系到固井质量的好坏。因此，通过对固井流体性能的分析、顶替排量设计模拟，优化固井流体性能和施工方案，为提高固井质量提供重要保障。

5.6.1　顶替效率影响因素分析

5.6.1.1　顶替流体性能分析

顶替流体的性能主要包括了水泥浆与钻井液的密度和流变性能，其中两者的流变性能包括了稠度系数、静切力、流性指数。

1）密度差对顶替效率的影响

水泥浆与钻井液的密度差为正值比密度差为负值更有利于提高水泥浆的顶替效率。因为两者的密度差为正值时，浮力有助于钻井液的流动，顶替效率明显增加。而当密度差为负值时，钻井液容易下沉，其重力阻碍了水泥浆的顶替效果，顶替效率降低。当两者的密度相等时，顶替效率介于前面两种情况之间。浮力对顶替效率的影响还与水泥浆的性能及流量有一定的关系。当水泥浆的黏度较小时，浮力对顶替效率的影响与流量关系不大。而当水泥浆黏度较高时，随着流量的增加，浮力的影响相对较小。

2）水泥浆与钻井液的稠度比的影响

水泥浆与钻井液的稠度比增加时，水泥浆的顶替效率会随之增加。且水泥浆与钻井液的稠度比对顶替效率的影响比对密度差的影响更为显著。

3）水泥浆与钻井液的静切应力的影响

水泥浆的静切应力增加，顶替速度剖面平缓，顶替效率增加。而钻井液的静切应力的影响却刚好相反，钻井液的静切应力越小，流速剖面愈平缓，顶替效率越好。

4）水泥浆和钻井液的流性指数的影响

当水泥浆与钻井液的流性指数比小于 1 时，水泥浆的顶替效率较好。而流性指数比大于 1 时，顶替效率较差。顶替效率随着水泥浆与钻井液的流性指数比的减小而有较快的增加。其中水泥浆的流性指数比小于 1，说明了水泥浆的顶替速度剖面平缓。而流性指数比大于 1 则表示顶替剖面为尖峰型速度剖面，钻井液容易窜槽。

5.6.1.2　顶替参数分析

1. 套管偏心

合理安放扶正器使套管居中，是消除偏心环空窄间隙处滞留钻井液，提高水泥浆顶替效率的重要措施。

（1）当水泥浆顶替钻井液时，宽间隙钻井液可能已被顶替挤走，而窄间隙处的钻井液却仍然滞留在原来位置，造成钻井液窜槽，影响固井质量。

（2）即使窄间隙处的钻井液也被水泥浆顶替挤走，但流量、流速及流态的不均匀性，将使不同间隙液体的顶替关系及水泥浆返高存在较大的差异，使整个环形空间的密封质量变差。

从实验中也发现，当偏心度为 1 时，层流顶替状态下，无论增加多少顶替量，窄间隙很难顶替。即使在紊流顶替状态下要使窄间隙顶替干净，需要几倍的顶替量。由此可见套管居中对顶替效率的重要性。

2. 顶替流速

随着流速的增加，流体可以获得紊流流态，紊流流态可以在短时间内获得很高的顶替效率。在现场固井施工中，受到机泵条件、管线条件及井况等因素的影响，注替排量不可能无限加大。尽管提高顶替流速，可以达到紊流顶替，但并非可以无限增加。为此我们可以综合现场现有的条件优选出最佳的顶替流速，来达到较好的顶替效率。

5.6.2　顶替效率分析示例

为提高东方 1 气田顶替效率，通过软件在前置液和水泥浆体系、固井工艺上进行多方面分析计算（图 5-11～图 5-13），一是调整隔离液和水泥浆性能，达到不同环空返速下的壁面剪切力与钻井液都相匹配；二是调整冲洗液性能和施工排量，使冲洗液达紊流；三是根据固井浆柱结构和顶替方案分析计算泥浆残留，由此对水泥浆封固段的钻井液驱替情况或其在井壁上形成的“虚泥饼”进行综合评价和分析计算，优化固井方案，提高固井质量。

固井工程计算软件 CemSAIDS 顶替效率分析模块，可从 3 个方面评价顶替效果：①壁面剪切力计算分析；②环空紊流接触时间计算；③顶替效率计算。

5.7　利用软件研究高温高压井井内流体密度变化规律

高温高压环境下的钻井与完井，面临着很多困难，其中之一就是钻井液、水泥浆密度不再是一个常数，而是随温度和压力的变化而发生变化。针对窄压力窗口的高温高压井面临的防喷、防漏问题，预测出井下工作液的真实密度就成钻井、固井设计和施工的关键问题。

关于钻井液密度在高温高压下的变化规律，已有许多不同的模式提出。Keelan Adamson 等特别提到了高温高压对钻井液密度的影响，认为这种影响足以使高温高压井的井眼稳定出现问题；Kutasov 提出了决定井下钻井液密度的经验模型，并回归了模式中的经验系数；Texas 大学的 Peter 等根据预测钻井液密度的成分模型计算了钻井液密度对井下压力的影响；Kemp 等则提出了纯盐水和混盐盐水的密度模型；Mcmordie 等研究了

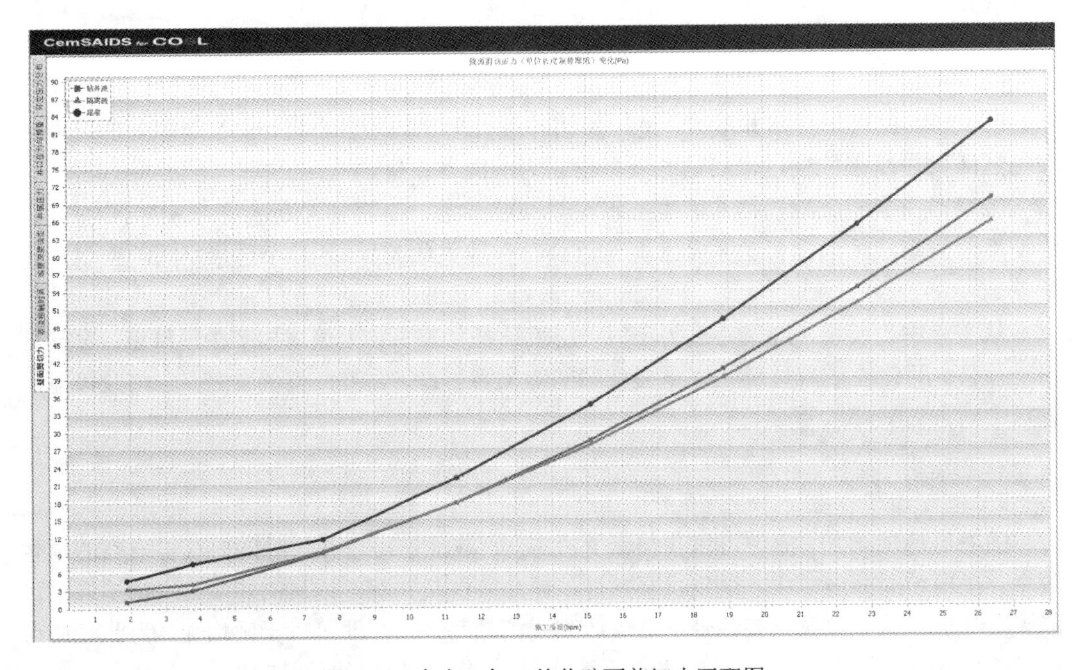

图 5-11　东方 1 气田某井壁面剪切力匹配图

温度和压力对水基和柴油基钻井液密度的影响；Hoberock 等则根据物质平衡原理，提出了水基和柴油基钻井液密度的成分预测模型，即所谓的“复合模型”，但使用起来较为复杂，需要对钻井液的不同成分（水、油、固相等）分别进行试验，掌握其规律，才能应用，因此该模式的使用受到了一定的限制；印度石油公司的 Babu 在钻井液密度的经验模型基础上，计算了钻井液密度变化对静态压力的影响，但所推导的公式中则存在明显的问题；石油勘探开发科学研究院汪海阁提到了钻井液密度的“经验模型”，此模型未区分油、水基的影响，也没见验证模型的实验数据。国内外针对油基、水基钻井液体系已经研究了多种密度的模型，但未见固井水泥浆的模型。因此，设计出可以测量特定温度和压力下井内流体密度的仪器，并通过该仪器实验，寻找出适用的钻井液和水泥浆的密度模型是本书要解决的问题。

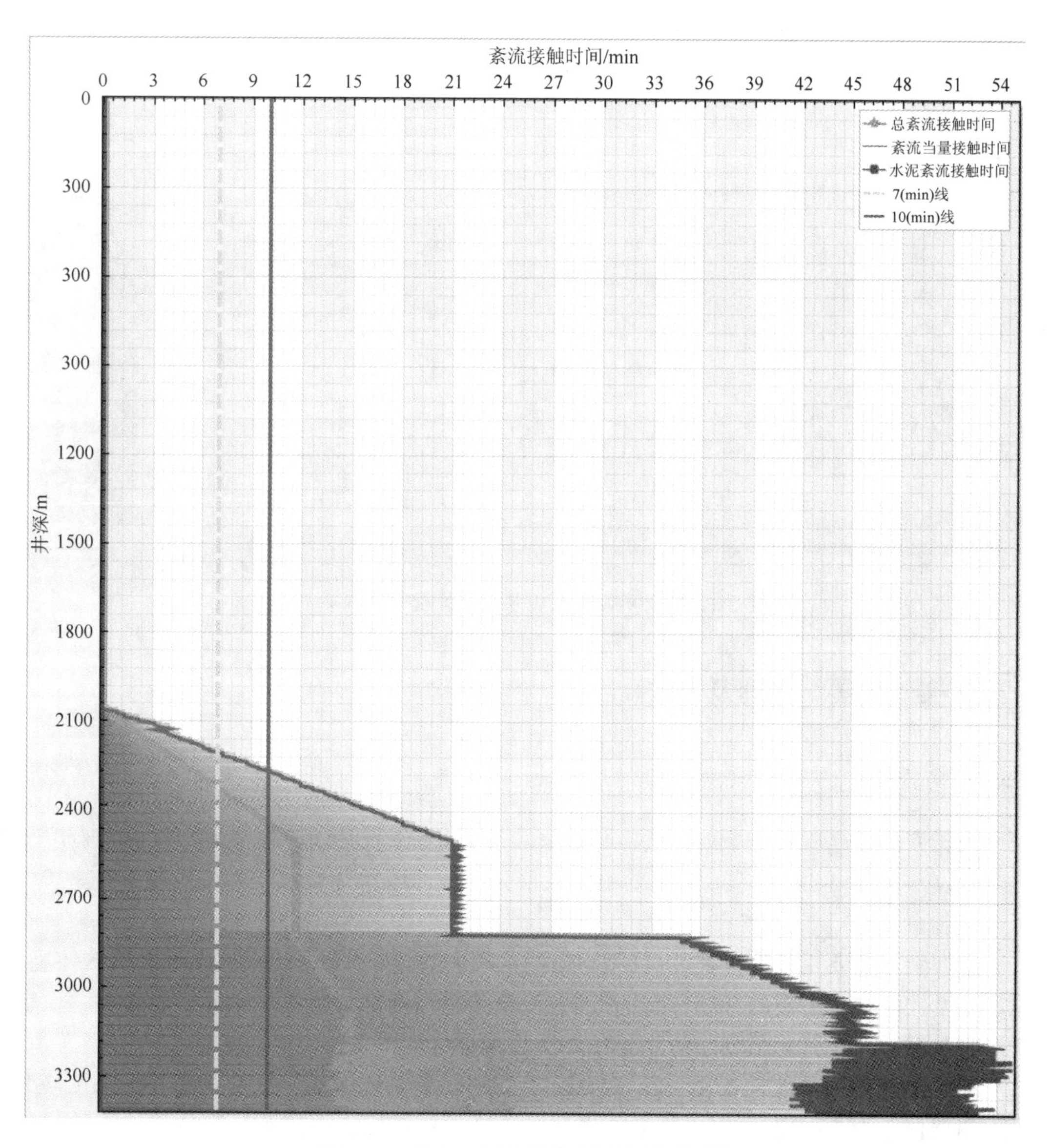

图 5-12　东方 1 气田某井紊流接触时间图

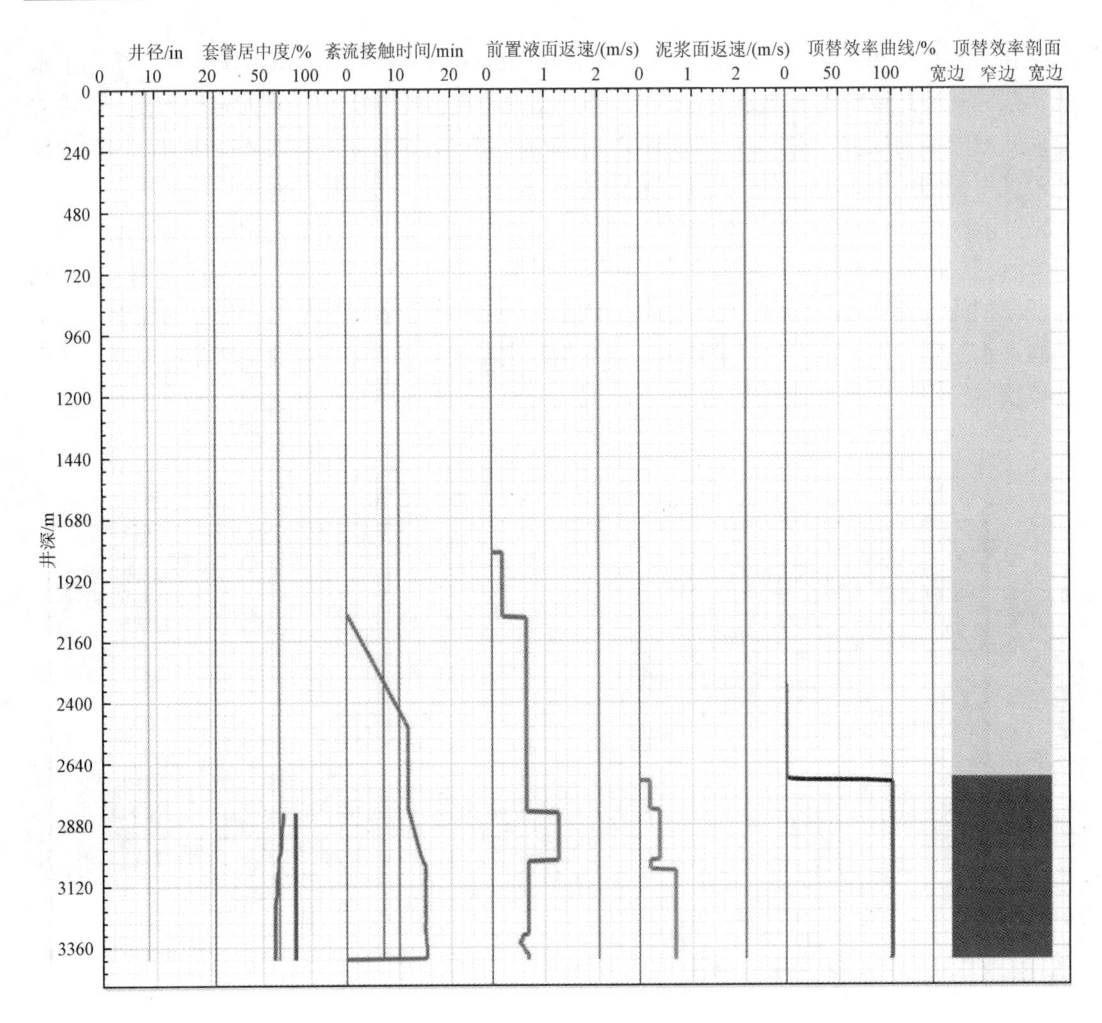

图 5-13　东方 1 气田某井顶替效率分析图

5.7.1　实验仪器、原理及方法

1. 实验仪器

为研究高温高压环境下的井底流体的密度变化，本书设计了一套高温高压流体密度变化测量仪，如图 5-14 所示。它主要由三大部分构成，即釜体装置、温度控制系统、PVT 压力控制系统。

釜体装置主要用来放置被测试的流体试样，用来提供一个密闭、抗高温高压的环境。

温度控制系统主要由 7040 型温控器及温度传感器两部分组成，依据实验方案，设定不同的升温时间和目标温度，达到模拟井下环境温度的要求。

PVT 压力控制系统主要由 PVT 泵、PVT 数据采集系统组成。PVT 泵通过活塞位移准确控制釜体压力，PVT 数据采集系统准确计量在给定的压力下推动活塞位移的流体体积变化量。

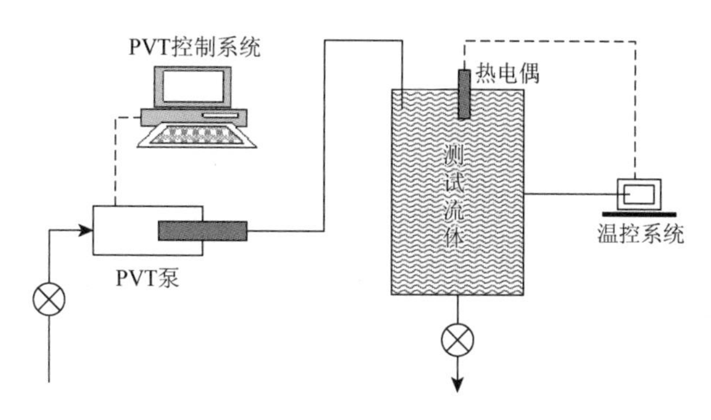

图 5-14 HTHP 流体密度变化测量仪示意图

2. 实验原理

釜体内实验流体受温度和压力的变化影响，体积发生变化，推动 PVT 柱塞位移，计算机控制系统通过位移传感器计算出流出/流进釜体内的体积。此时釜体内的流体质量发生变化，但容积大小未变（实验中釜体容积为 250mL），从而计算出此温度和压力下的流体密度大小。计算公式为

$$\rho_1 = \frac{\rho_0 v_0 - \rho_1 \Delta v}{v_0} \tag{5-31}$$

$$\rho_1 = \frac{\rho_0 v_0}{v_0 + \Delta v} \tag{5-32}$$

式中，ρ_0 为流体地面初始密度，g/cm^3；v_0 为釜体容积，mL；ρ_1 为流体井下密度，g/cm^3；Δv 为流体流入/出流体体积，mL。

3. 实验方法

（1）实验流体入釜。如果测试的是水泥浆或加重泥浆，釜体顶部需加少量水。

（2）如图 5-13 所示，通过温控系统，像做水泥浆抗压强度试验规程那样，设置不同测试温度点的温控方案，每到一个测试温度，均需恒温 30min 以上，即 AB 时间大于 30min，以确保釜体内流体加热到同一温度。测试温度从低至高。

（3）通过压力控制系统，设定在不同试验温度点的试验压力。

（4）在测试温度恒温段的末点，如图 5-15 的 B、D、F 点记录流入/出釜体体积。

（5）按式（5-32）计算此温度和压力下的密度。

5.7.2 密度影响研究

1. 温度对流体密度的影响

在压力 6.89MPa 下，测试隔离液、淡水、矿物油在不同温度下密度的变化情况，其中隔离液密度 1.04g/cm^3，矿物油密度 0.85g/cm^3。实验结果如图 5-16 所示。证明了不同的流体，温度对密度的影响程度不一样。从 20℃升至 120℃，隔离液、淡水和矿物油密度分别减少 5.58%、7.3%和 7.76%。

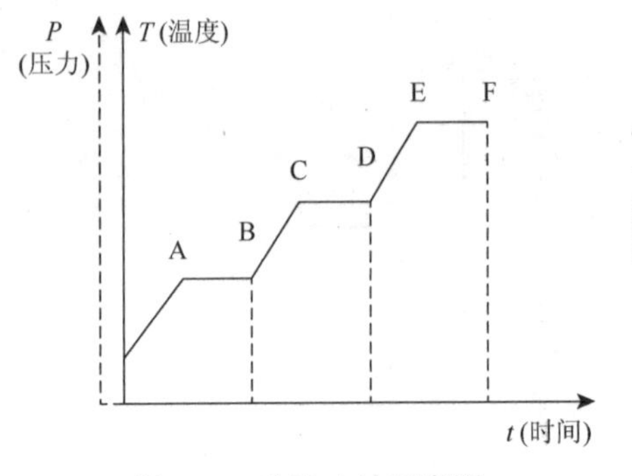

图 5-15　实验方法示意图

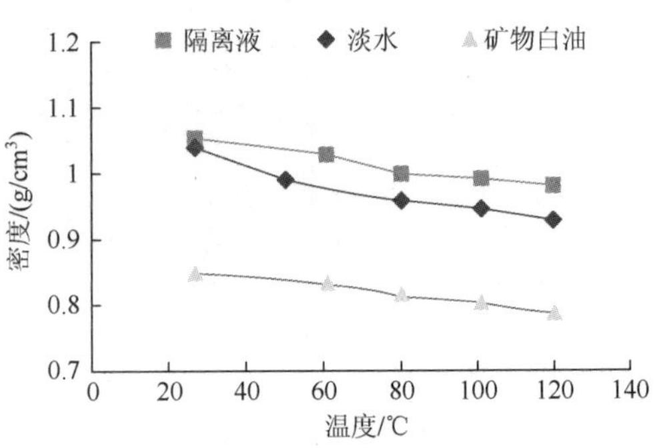

图 5-16　温度对流体密度的影响

2. 压力对流体密度的影响

在温度 30℃下，测试隔离液、淡水、矿物油在不同压力下密度的变化情况，其中隔离液密度 1.04g/cm^3，矿物油密度 0.85g/cm^3。实验结果如图 5-17 所示，证明了不同的流体的压力对密度的影响程度不一样。从常压至 63MPa，隔离液、淡水和矿物油密度分别减少 13%、17.6%和 7.7%。

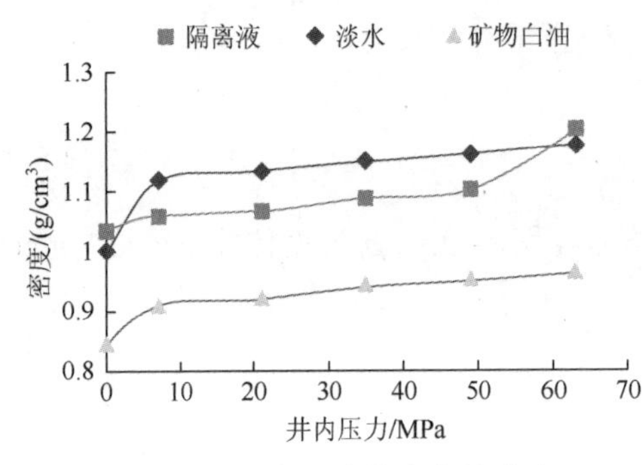

图 5-17　压力对流体密度的影响

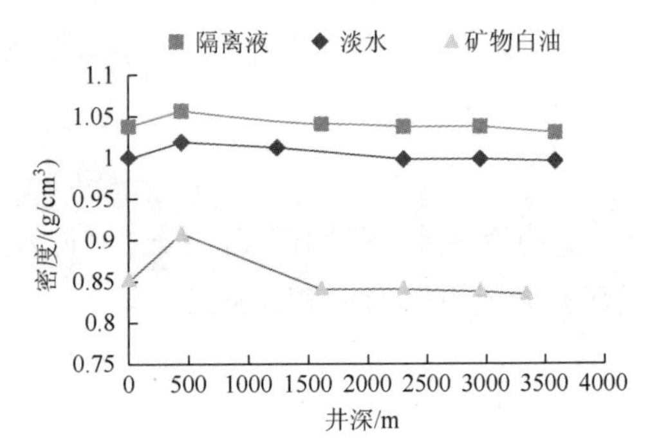

图 5-18　井下流体密度与井深关系图

3. 温度和压力对流体密度的影响

参照 GB-T19139—2003 油井水泥试验方法，温度梯度 3.5℃/100m 的实验规程，本书对隔离液、淡水、矿物油按表 5-3 所示的实验条件测试。

表 5-3　温度、压力对井下流体密度的影响

井深/m	温度/℃	压力/MPa	纯水/（g/cm³）	隔离液/（g/cm³）	矿物油/（g/cm³）
0	20	0.1	1.000	1.040	0.850
445	27	7.2	1.019	1.051	0.912
1237	50	20	1.011	—	—
1620	62	26.2	—	1.042	0.843
2300	81	37.2	0.998	1.038	0.842
2944	101	47.6	0.997	1.037	0.838
3327	112	53.8	—	—	0.834
3580	120	57.9	0.998	1.034	—

实验结果表明，在温度和压力综合作用下，从 0～2944m，隔离液、淡水和矿物油密度分别减少 0.288%、0.30%和 1.4%。

4. 水泥浆密度模型的选择

钻井液密度受温度和压力的变化规律，Drillbench 建立了 PVT 模型、传热模型以及流动模型。水相密度模型有三种：Dondson-Standing、Kemp-Thomas 及 Sorelle 模型。不同的模型计算结果差异较大。如图 5-19、图 5-20 所示为密度 1.9g/cm^3、地面温度 20℃的水基钻井液，用 Dondson-Standing 模型和 Sorelle 模型计算的结果。

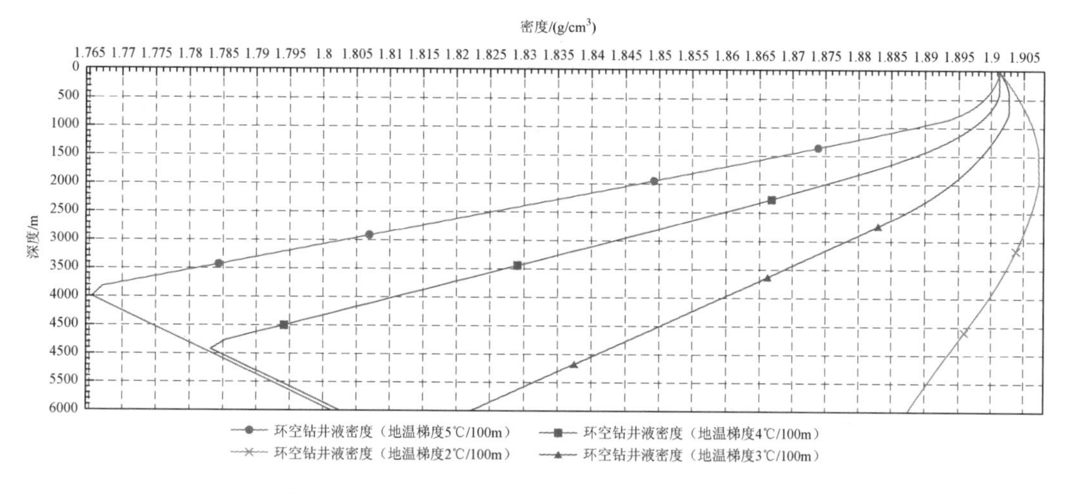

图 5-19　Dodson-Standing 模型钻井液密度剖面图

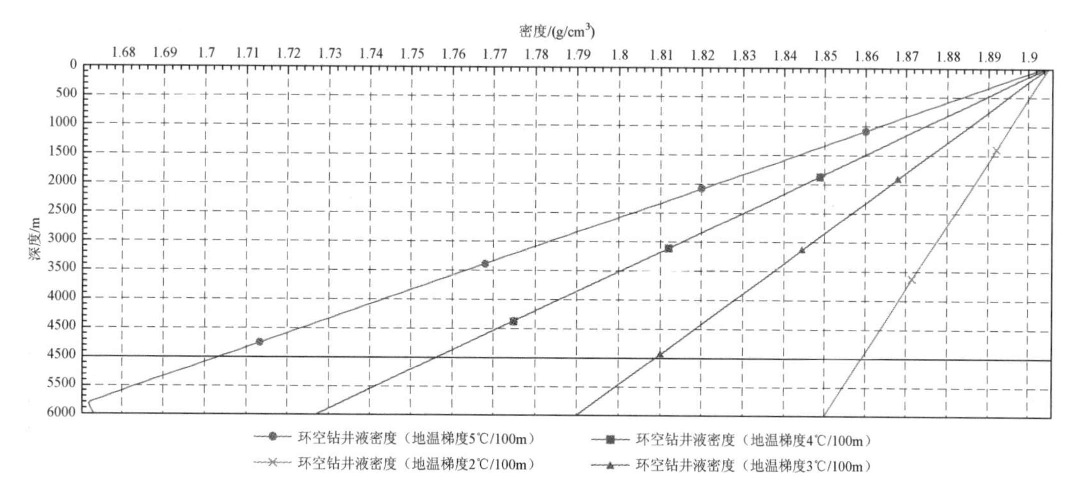

图 5-20　Sorelle 模型钻井液密度剖面图

固井水泥浆用何种模型更符合井下情况？按表 5-4 的实验方案进行验证。实验结果表明，Dodson-Standing 模型的符合度较高。

表 5-4　水泥浆实测密度与不同模型计算结果对比表

井深/m	井底温度/℃	井底压力/MPa	流出体积/mL	实测		Dodson-Standing 模型		Sorelle 模型	
				密度/（g/cm³）	密度比 γ_1/%	计算密度/（g/cm³）	密度比 γ_2/%	计算密度/（g/cm³）	密度比 γ_3/%
0	20	0.1	0	1.895	0	1.900	0	1.900	0
1000	50	18.6	−3.03	1.914	101	1.902	101	1.887	99.3
2000	80	37.3	0.65	1.889	99.7	1.894	99.7	1.868	98.3
3000	110	55.8	2.71	1.870	98.7	1.878	98.8	1.850	97.4

注：以上实验数据是大量实验后的平均值

5. 地温梯度和入井密度对 ESD 的影响

Drillbench 建立的油相密度模型有 4 种：Standing、Glass¢、Sorelle（oil）及 Table 模型。推荐的是 Sorelle（oil）模型。

用 Sorelle（oil）和 Dodson-Standing 模型，计算出不同入井密度流体的 ESD（当量静止密度），如图 5-21～图 5-24 所示。

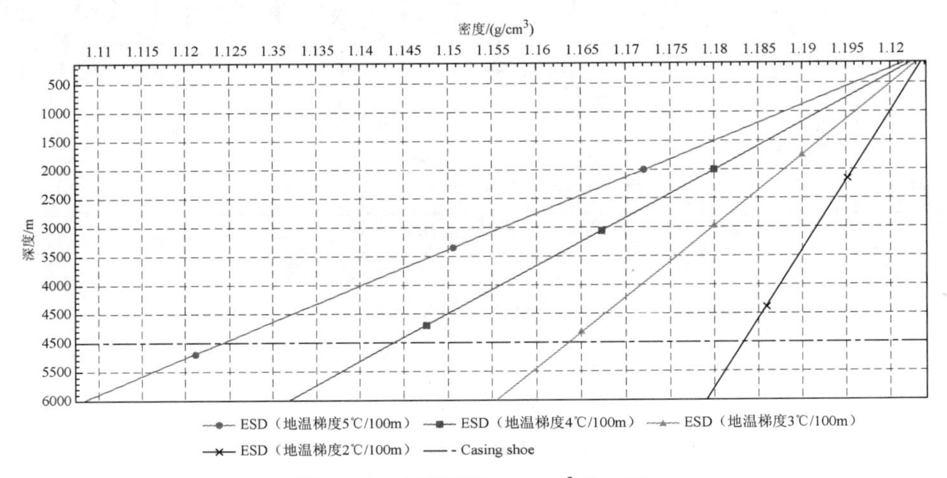

图 5-21　油基泥浆 1.2g/cm³ 的 ESD

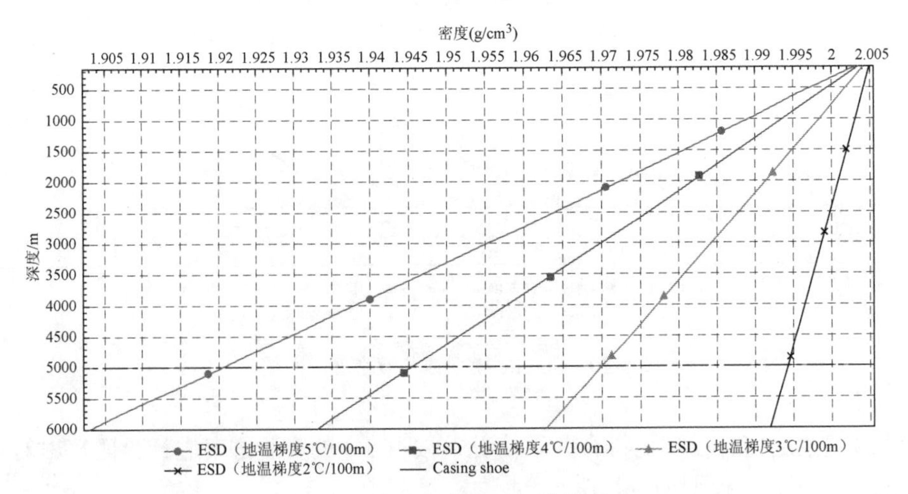

图 5-22　油基泥浆 2.0g/cm³ 的 ESD

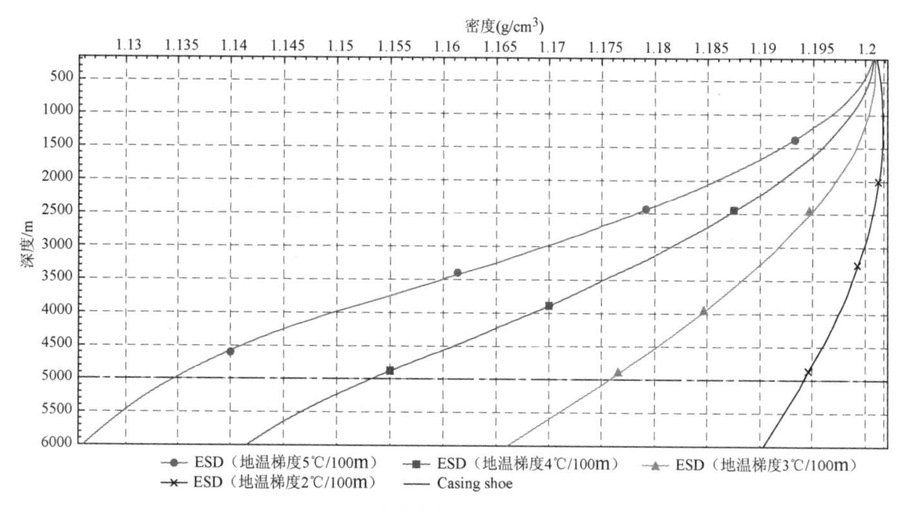

图 5-23　水基泥浆 1.2g/cm^3 的 ESD

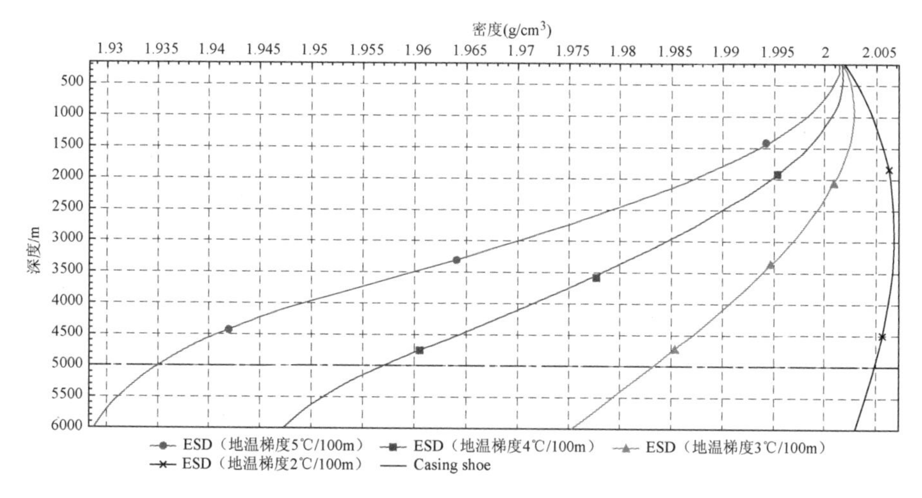

图 5-24 水基泥浆 2.0g/cm^3 的 ESD

从图 5-21～图 5-24 可知，钻井液的密度越小，地温梯度越大，密度受温压影响越大。油基钻井液密度受温压变化比水基大。实验结果见表 5-5。

表 5-5　密度和地温梯度对流体 ESD 的降低程度对比表

井深/m	BHST/℃	1.2g/cm^3 密度变化/%		2.0g/cm^3 密度变化/%	
		水相	油相	水相	油相
0	20	0	0	0	0
3000	1.70	2.66	3.66	1.55	2.39
4000	220	4.25	5.08	2.55	3.30
5000	270	5.58	6.41	3.30	4.14
6000	320	6.16	8.40	3.55	4.94

注：地温梯度为 5℃/100m，BHST 表示井底静止温度。

5.7.3 实验结果应用

（1）入井流体密度选择：设计时，根据地层当量密度，钻完井液类型，查图 5-21～图 5-24，得出入井流体密度。

（2）固井压稳计算：高温高压固井的压稳计算，应根据井深条件下的适时温度和压力对密度的影响程度，用井内变化后的实际密度计算有效残压。

第6章 东方1气田开发项目固井设计

6.1 设计依据

本设计是依据《东方气田开发项目基础资料》所提供的地质和钻井资料，依据《海洋钻井手册》(2011年版，第九章固井的相关内容)、《海洋石油弃井规范》(Q/HS2025—2010)和《下套管与固井作业安全要求》(Q/HS14004—2010)以及中海油田服务股份有限公司油田化学事业部QHSE管理体系的相关要求进行的固井工程设计。

6.2 基本井况

6.2.1 气田概况

该气田位于莺琼盆地北部湾莺歌海海域，水深约63m（相对海图水深基准面）。目前已建生产设施包括一个中心平台、三个井口平台、油气终端、平台间管线和上岸管线，全部开发浅部常温常压气藏。本次拟开发的中深层高温高压气藏垂深2780～2950m。

该气田所在海域属低纬热带气候，海况均受台风和季风影响，最高气温36.4℃，最大风力12级，浪高一般为0.2～1m，最大达8m以上。

该气田中深层高温高压气藏最高地层压力系数可达1.93，地温梯度为4.17℃/100m，目的层温度141℃。

6.2.2 井身结构及套管层序

井深结构分为三类，第一类：井深小于3500m定向井井身结构及套管程序；第二类：井深大于3500m定向井井身结构及套管程序；第三类：井深小于3500m定向井井身结构及套管程序。井身结构表参数见表6-1。

表6-1 井身结构表

井眼直径	井号	井深/m	套管直径	下入深度/m	套管钢级	套管重量/ppf[①]	套管螺纹类型
26″	H1	515	20″	515	K55	106.5	ER
	H2	500		500			
	H3	520		520			

① 1ppf=1.488kg/m。

续表

井眼直径	井号	井深/m	套管直径	下入深度/m	套管钢级	套管重量/ppf	套管螺纹类型
26″	H4	500	20″	500	K55	106.5	ER
	H5	530		530			
	H6	500		500			
	H7	500		500			
17-1/2″	H1	2250	13-3/8″	2245	N80	68	BTC
	H2	2040		2035			
	H3	2010		2005			
	H4	2370		2365			
	H5	2070		2065			
	H6	2130		2125			
	H7	1980		1975			
12-1/4″	H1	3350	9-5/8″	3346	P110	53.5	3SB
	H2	2938		2934			
	H3	2840		2836			
	H4	3521		3517			
	H5	2920		2916			
	H6	3042		3038			
	H7	3000		2996			
8-1/2″	H1	3588	7″	3585	P110	35	BLUE
	H2	3170		3167			
	H3	3164		3161			
	H4	3844		3841			
	H5	3170		3167			
	H6	3336		3333			
	H7	3588		3585			
5-7/8″	H7	3893					

注：表中井深及套管深度均以转盘面为基准，转盘面海拔高度35m，具体套管下深可根据现场实际情况适当调整。

6.2.3　地层压力预测及泥浆密度设计

地层压力预测及泥浆密度设计如表6-2、表6-3和图6-1所示。

表6-2　地层压力预测及泥浆密度设计表

套管尺寸	井号	套管鞋深 MD/m	垂深 TVD/m	孔隙压力 /（g/cm³）	破裂压力 /（g/cm³）	泥浆类型	泥浆密度 /（g/cm³）
20″	H1	515	515	1	1.5	海水/般土浆	1.05～1.08
	H2	500	500				
	H3	520	520				

续表

套管尺寸	井号	套管鞋深 MD/m	垂深 TVD/m	孔隙压力 / (g/cm³)	破裂压力 / (g/cm³)	泥浆类型	泥浆密度 / (g/cm³)
20″	H4	500	500	1	1.5	海水/般土浆	1.05～1.08
	H5	530	530				
	H6	500	500				
	H7	500	500				
13-3/8″	H1	2245	1938	1.00～1.05	1.76	KCL/聚合物	1.08～1.30
	H2	2035	1945				
	H3	2005	1948				
	H4	2365	1953				
	H5	2065	1951				
	H6	2125	1936				
	H7	1975	1936				
9-5/8″	H1	3346	2795	1.05～1.81	2.14	Duratherm	1.35～1.70
	H2	2934	2783				
	H3	2836	2721				
	H4	3517	2794				
	H5	2916	2764				
	H6	3038	2720				
	H7	2996	2779			油基钻井液	
7″	H1	3585	2988	1.81-1.92	2.18	Duratherm	1.88～2.13
	H2	3167	3002	1.81-1.92			
	H3	3161	3028	1.80-1.97			
	H4	3841	3041	1.81-1.93			
	H5	3167	2999	1.80-1.94			
	H6	3333	2983	1.80-1.97			
	H7	3585	2879	1.81-1.97		油基钻井液	
	H7						

注：孔隙压力和破裂压力是根据各井压力预测图读取。

表 6-3　评价井地层承压数据表

井名	20″套管鞋深/m、当量/ (g/cm³)	13-3/8″套管鞋深/m，当量/ (g/cm³)	9-5/8″套管鞋深/m、当量/ (g/cm³)
DF4	660/1.56	2380/2.05	2802/2.20
DF6	785/1.46	2350/1.95	3090/2.20
DF5	750/1.52	2400/1.98 破	3109/2.17 破
DF7	688/1.50	2070/1.9	2637/2.2 破
DF2	770/1.46	2346/1.99	2852/2.25

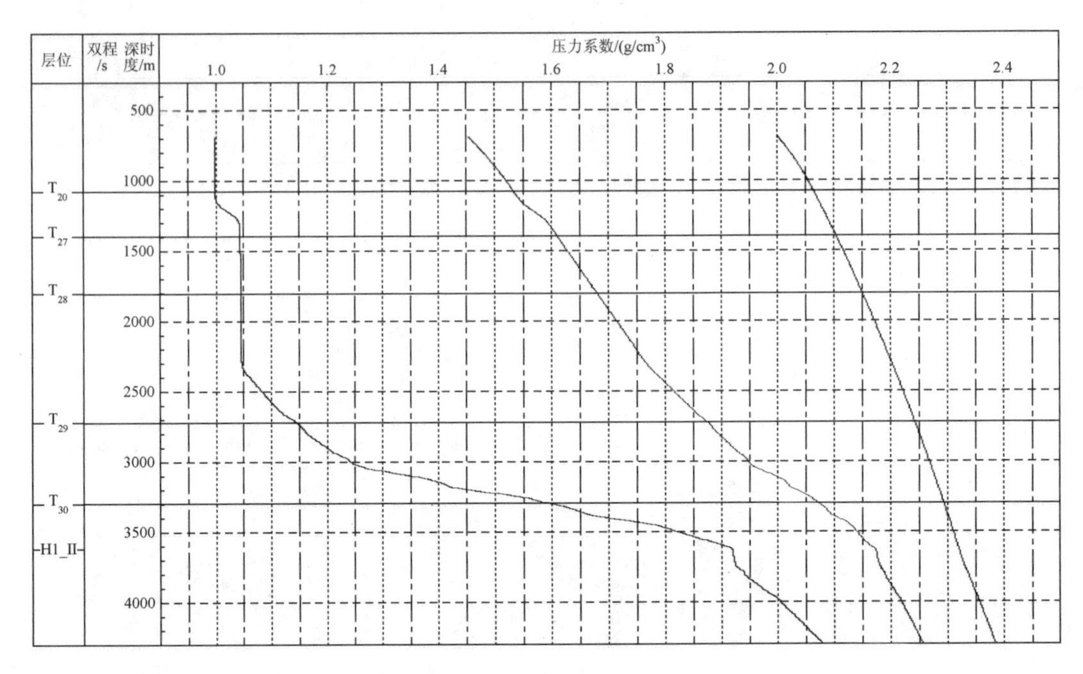

图 6-1　H1 井压力预测图

注：压力预测参考邻井测试值，深度为斜深；三条曲线从左到右依次是孔隙压力、破裂压力、上覆岩层压力。

6.2.4　固井温度设计

固井温度设计如表 6-4 所示。

表 6-4　固井温度设计表

套管尺寸/in	套管鞋深/m		井温梯度/（℃/100m）	静止温度/℃	循环温度/℃
	斜深	垂深			
20	500～530	500～530	3	33	27
13-3/8	2005～2365	1936～1953	3.2	79	63
9-5/8	2836～3346	2720～2795	3.5	111～114	87～90
7	3161～3585	2879～3041	3.9	128～135	100～105

注：单井固井温度设计将根据 LWD 随钻测温、电测井温、固井投测循环温度以及邻井固井经验作配方温度设计调整。

6.3　固 井 设 计

6.3.1　井身结构

各井射结构设计如图 6-2～图 6-8 所示。

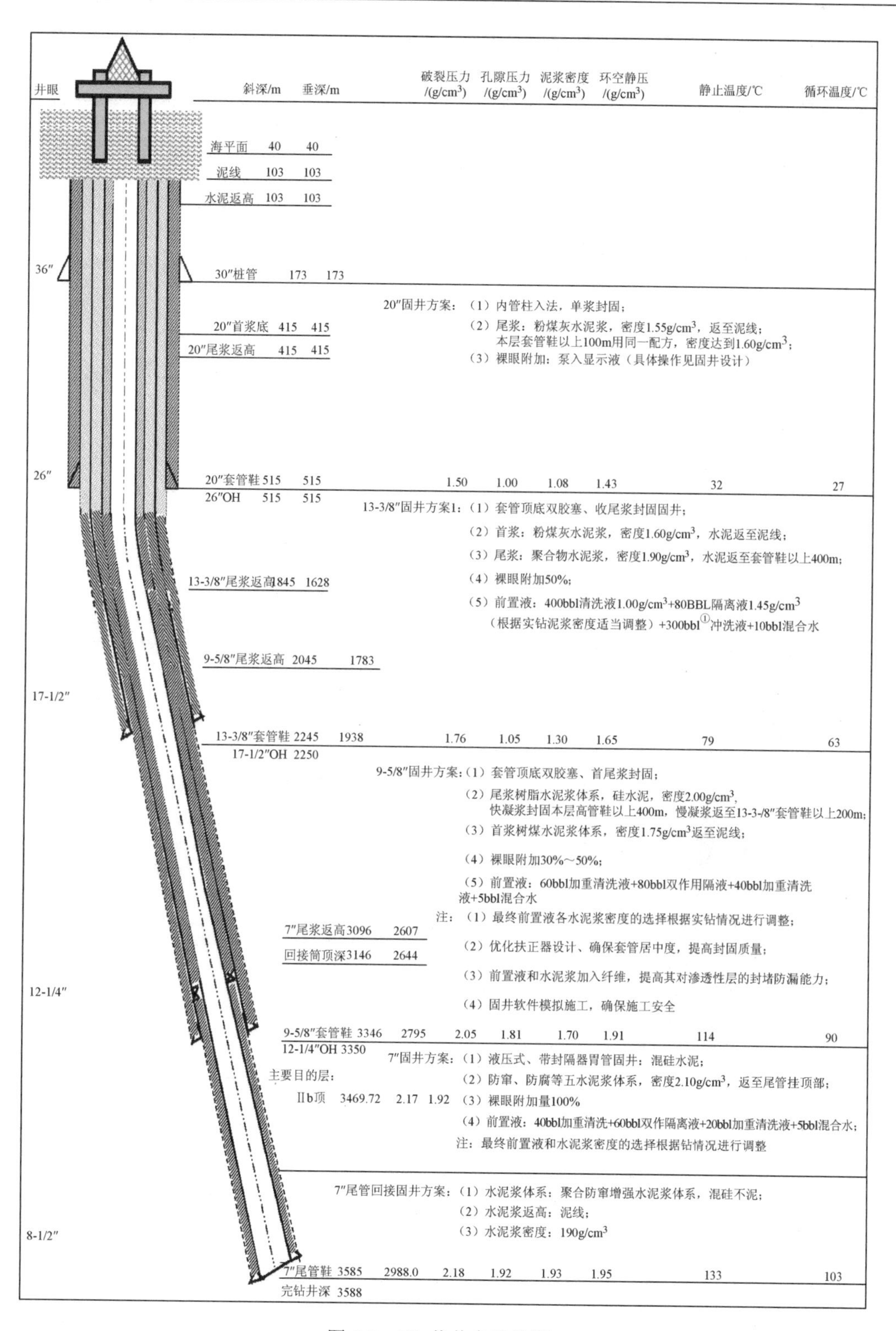

图6-2　H1井井身结构图

① 1bbl = 1.9240×10²dm³。

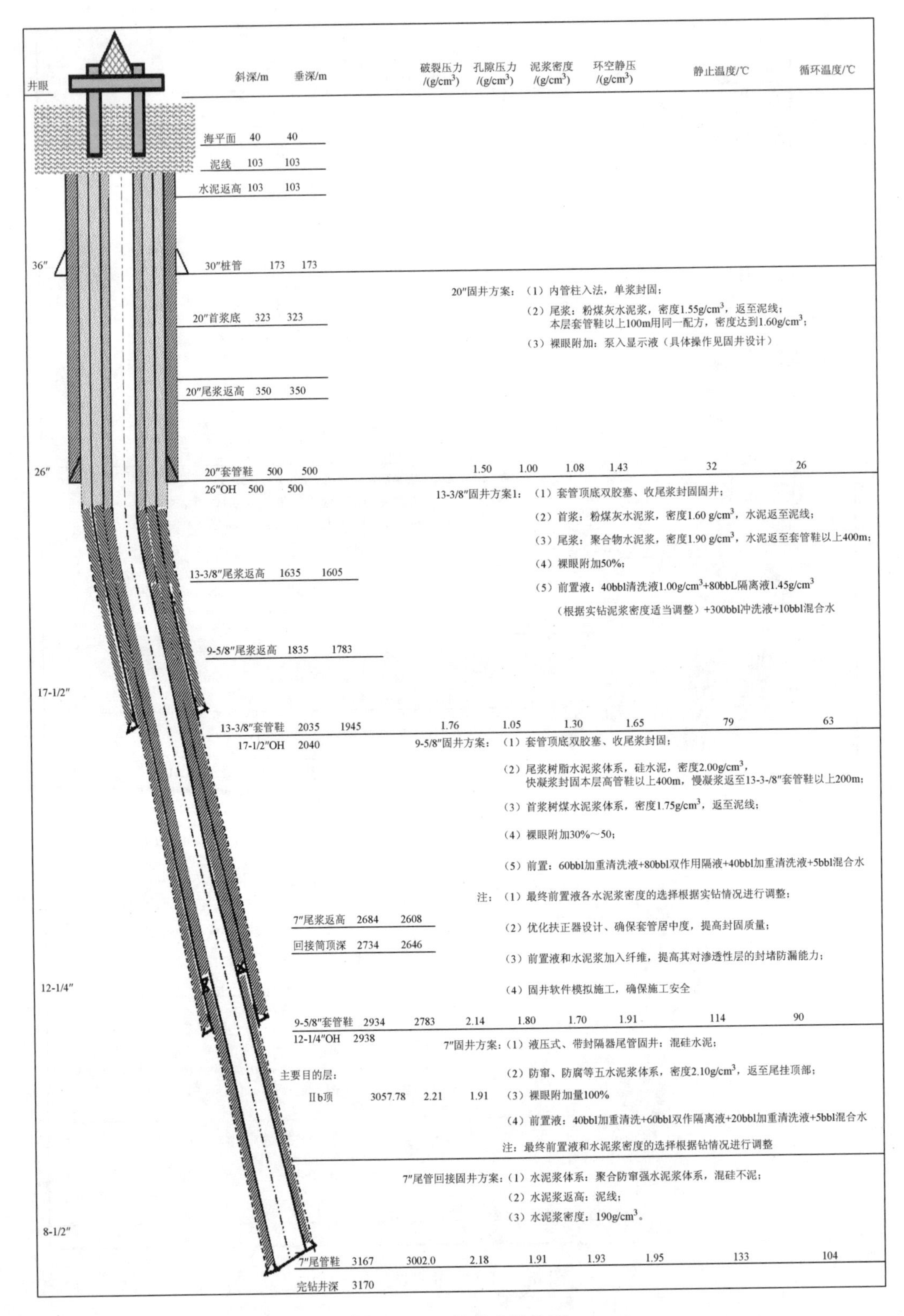

图 6-3　H2 井井身结构图

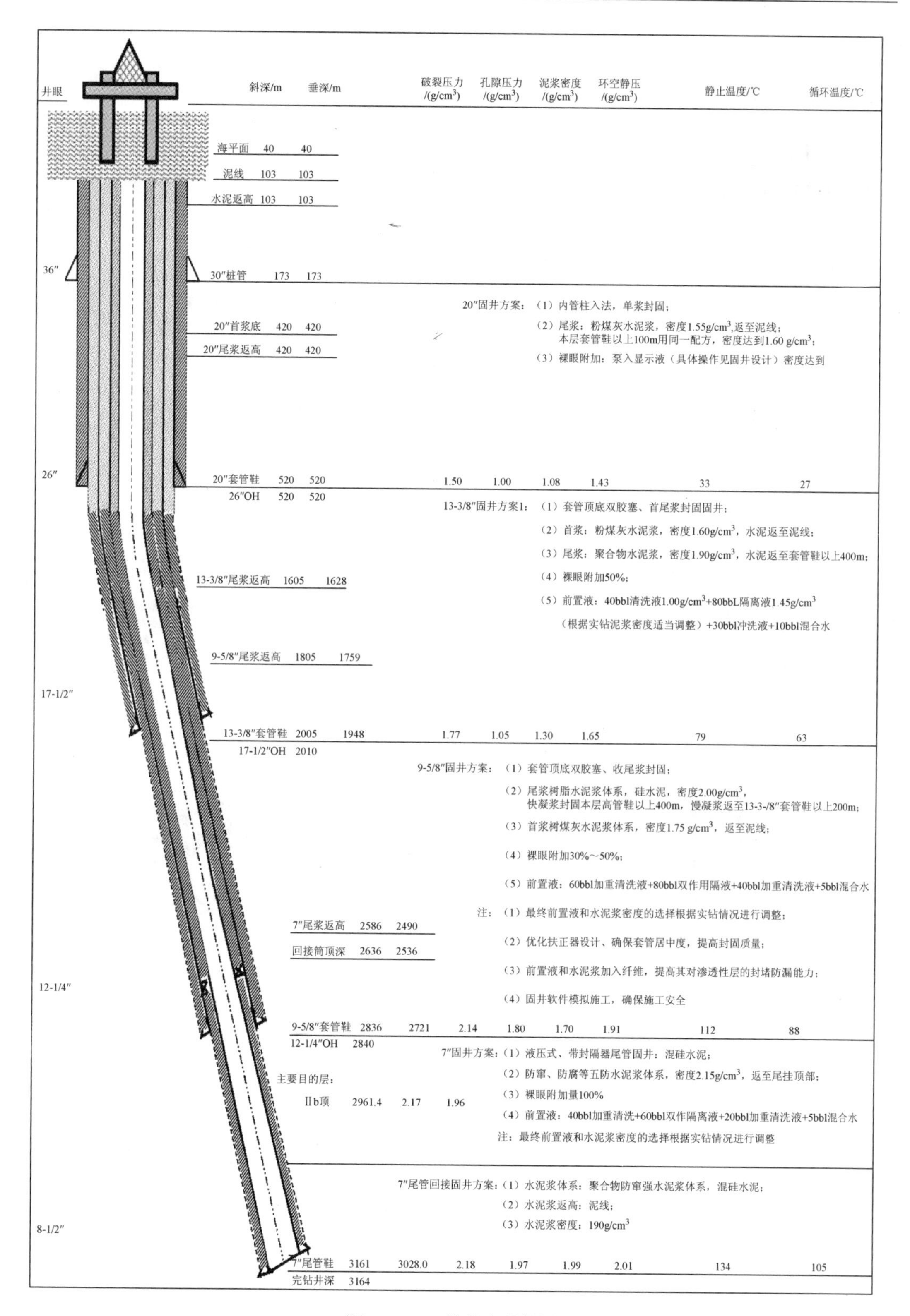

图 6-4　H3 井井身结构图

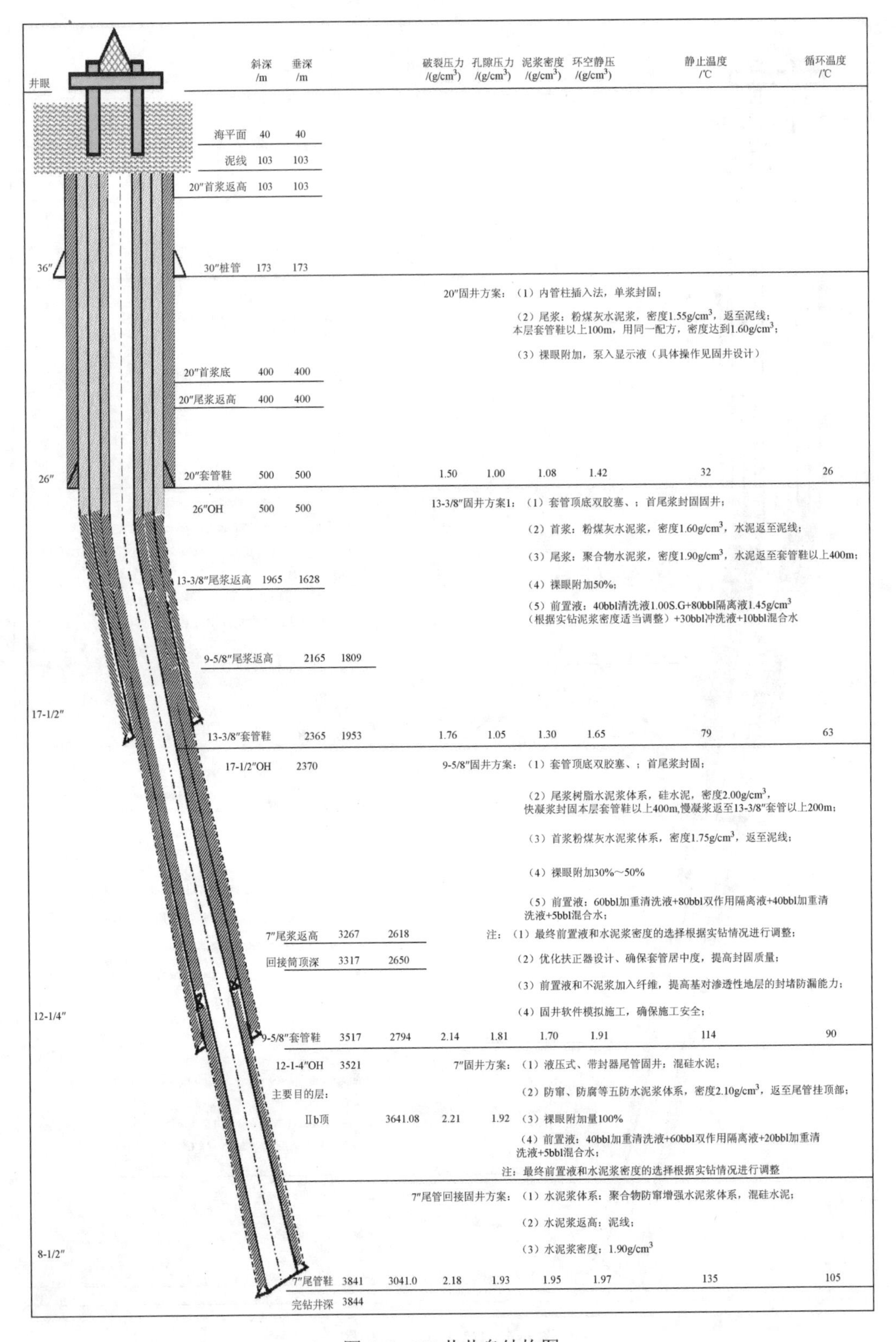

图 6-5　H4 井井身结构图

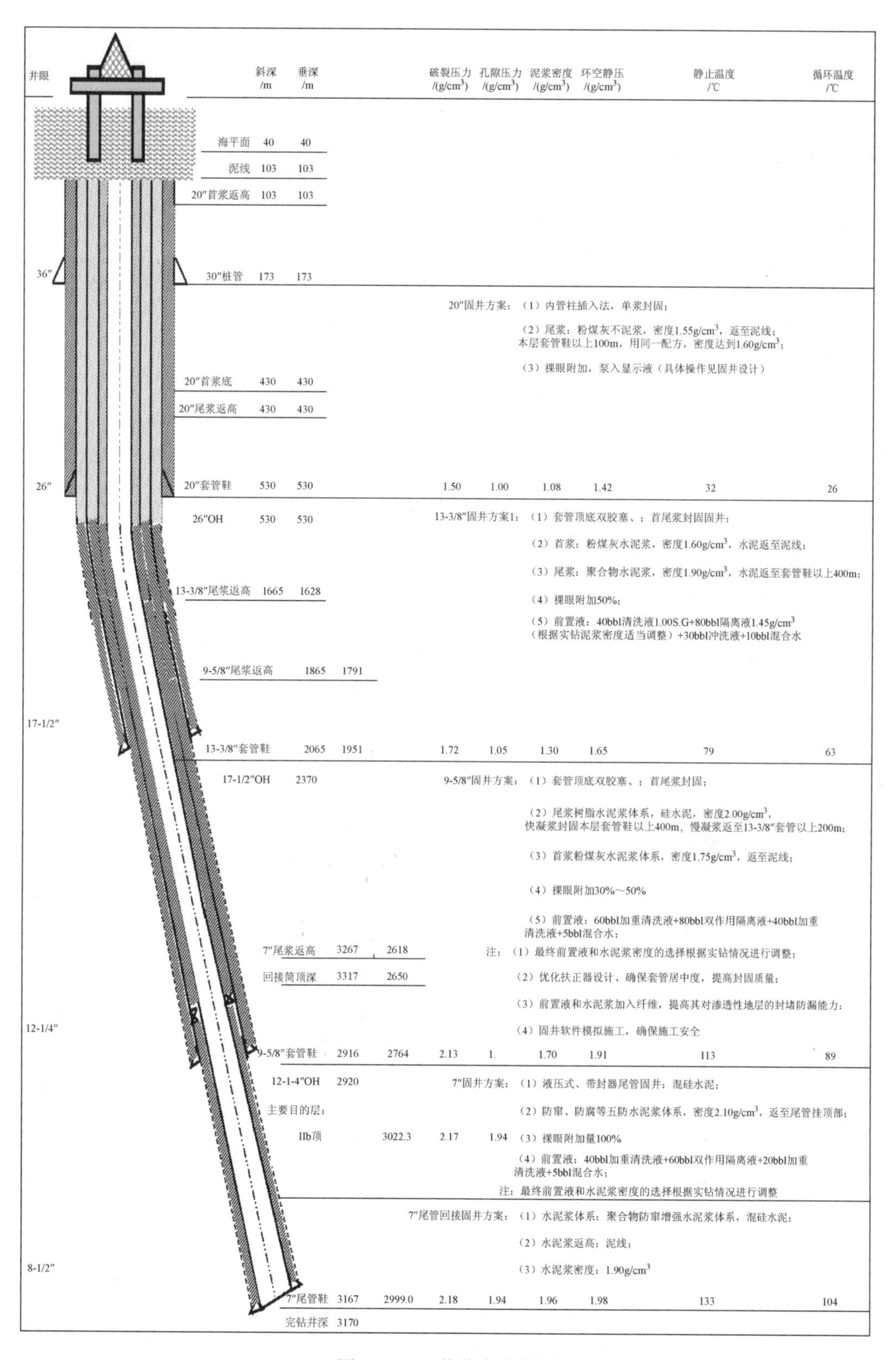

图6-6　H5井井身结构图

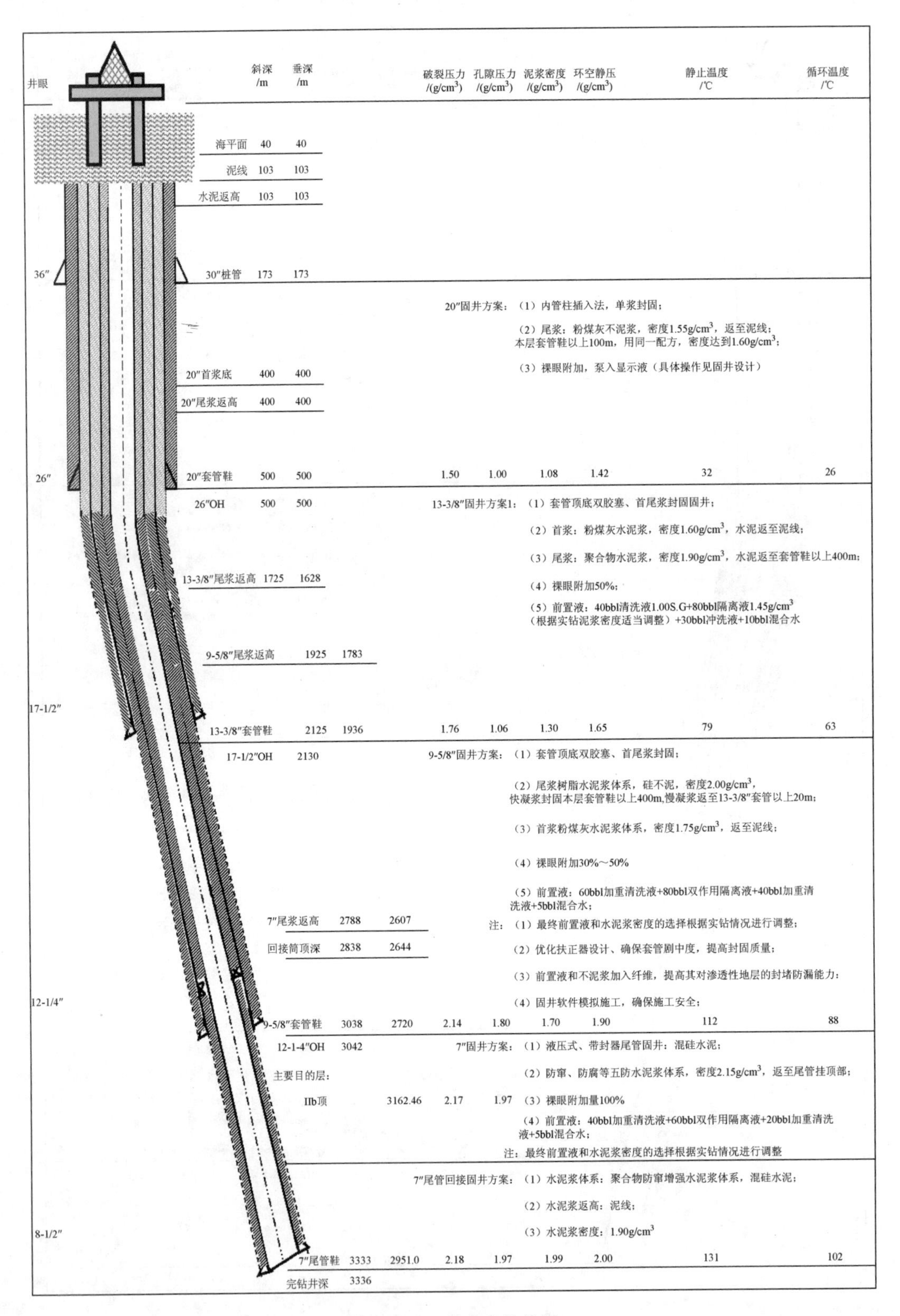

图 6-7　H6 井井身结构图

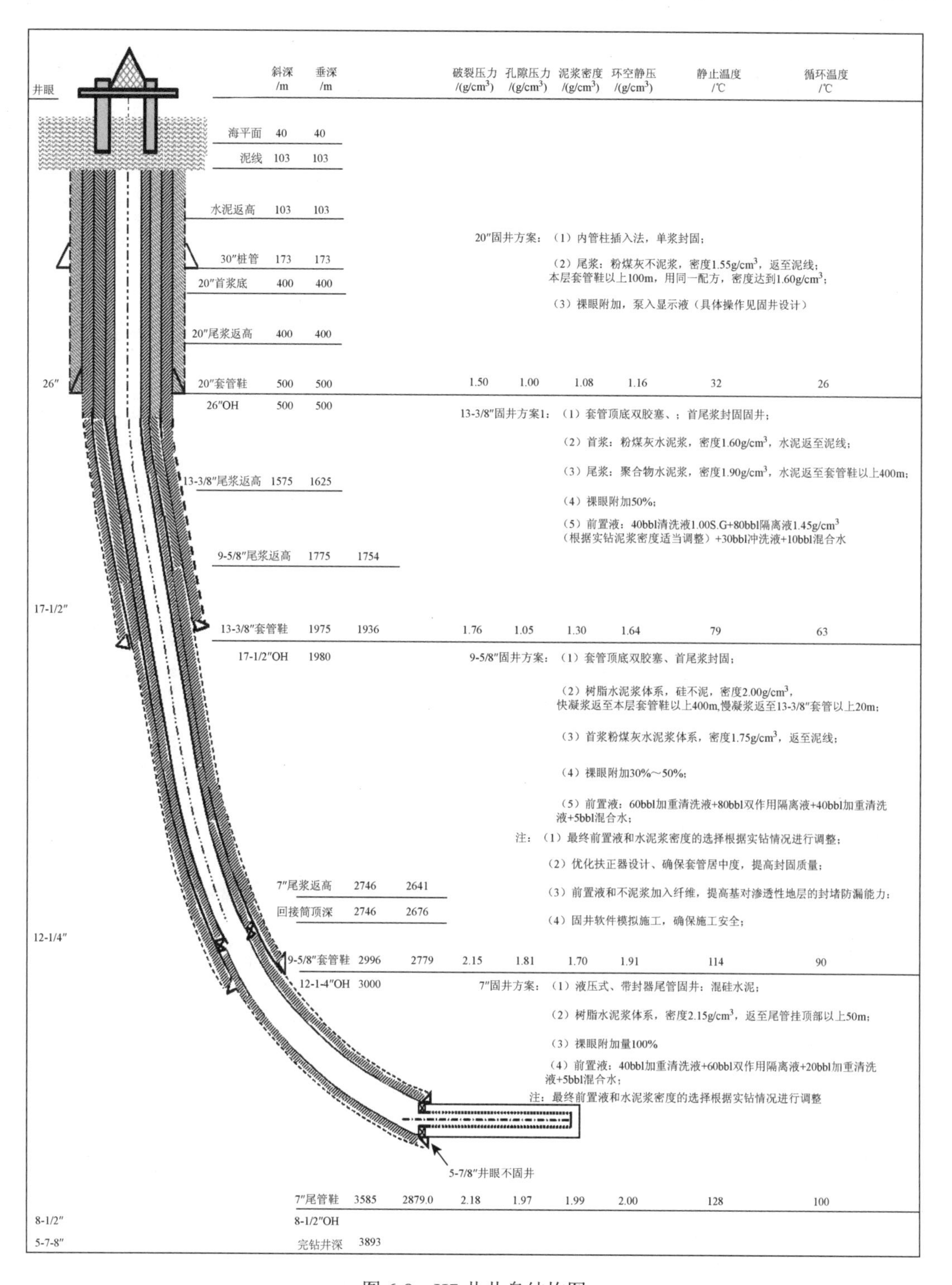

图 6-8　H7 井井身结构图

6.3.2　水泥浆设计

1. 水泥浆体系

水泥将设计参数见表 6-5。

表 6-5　水泥浆体系数据表

套管层次	设计密度/（g/cm^3）	造浆率/（cuft/sk）	混合水/（gal/sk）	水泥型号	水泥浆配方
20″	1.55	4.343	22.27	SD/G	SD″G″ + 68%PC-P63 + 15%PC-BT3A + 45%PC-BT3B + 4%PC-G80S + 0.5%PC-X60L + 0.5%PC-41L + 0.45%PC-A97L + 11.4%PC-A96L + 16%AJH + 2%PC-B10 + 186.45%F/W
13-3/8″	1.6	3.897	18.642	SD/G	SD″G″ + 0.5%PC-X60L + 0.5%PC-F41L + 5%PC-G80S + 60%PC-P63 + 20%PC-BT3A + 40%PC-BT3B + 3%PC-G80S + 152.95%F/W
	1.9	1.164	5.42	SD/G	SD″G″ + 0.5%PC-X60L + 0.8%PC-F41L + 4%PC-G80L + 6%MicroBlock + 0.35%PC-H21L + 2%PC-B10 + 160%F/W
9-5/8″	1.75	2.934	13.436	SD/G	SD″G″ + 0.7%PC-X60L + 0.8%PC-F41L + 5%PC-G80S + 0.5%PC-H21L + 2%PC-B20 + 50%PC-P63 + 12%PC-BT3A + 36%PC-BT3B + 109.77%F/W
	2	1.708	7.877	SD/G	SD″G″ + 33%PC-C81 + 0.4%PC-X60L + 0.4%PC-X62L + 1%PC-F44S + 4%PC-G80L + 6%MICRO-BLOCK + 0.75%PC-H40L + 1.5%PC-B20 + 25%PC-D20 + 48.78%F/W
7″	2.15	2.067	10.59	SD/G	SD″G″ + 33%PC-C81 + 0.4%PC-X60L + 0.4%PC-X62L + 1%PC-F44S + 4%PC-G80L + 6%MICRO-BLOCK + 4%PC-B83L + 0.75%PC-H40L + 1.8%PC-B20 + 60%PC-D20 + 48.78%F/W
7″回接（F1～F6 井）	1.9	1.164	5.422	SD/G	SD″G″ + 33%PC-C81 + 0.4%PC-X60L + 0.8%PC-F44S + 4%PC-G80L + 2%PC-B20 + 1.35%PC-H40L + 160%F/W
		1.216	6.236	SD/G	SD″G″ + 33%PC-C81 + 0.54%PC-X60L + 0.54%PC-X62L + 0.818%PC-SH1 + 0.8%PC-F44S + 4%PC-G80L + 2.73%PC-B83 + 6.91%MicroBlock + 10%PC-D20 + 0.545%PC-H40L + 51.82%F/W
7″回接（F7H 井）	2.15	2.065	10.426	SD/G	SD″G″ + 33%PC-C81 + 0.4%PC-X60L + 0.8%PC-F44S + 4%PC-G80L + 2%PC-B20 + 60%PC-D20 + 1.35%PC-H40L + 160%F/W
		2.016	10.336	SD/G	SD″G″ + 33%PC-C81 + 0.54%PC-X60L + 0.54%PC-X62L + 0.818%PC-SH1 + 0.8%PC-F44S + 4%PC-G80L + 2.73%PC-B83 + 6.91%MicroBlock + 80%PC-D20 + 0.545%PC-H40L + 51.82%F/W

注：现场固井水泥浆试验配方将根据地层温度、压力及泥浆密度等情况作相应的调整，以最终提交的试验报告为准。

2. 水泥浆性能要求

水泥浆性能参数见表 6-6。

表 6-6　水泥浆性能数据表

套管层次	设计密度/（g/cm^3）	稠化时间（h:min）	可泵时间（h:min）	自由水/%	30min 失水量/mL	抗压强度	流变性
20″	1.55	＞4:10	＞3:40	＜1	≤200	＞3.5MPa/8h	良好
13-3/8″	1.6	＞6:40	＞6:10	＜1	≤200	＞7MPa/24h	良好
	1.9	＞3:40	＞3:10	＜1	≤100	＞14MPa/24h	良好

续表

套管层次	设计密度/（g/cm³）	稠化时间（h:min）	可泵时间（h:min）	自由水/%	30min 失水量/mL	抗压强度	流变性
9-5/8″	1.75	＞5:30	＞5:00	＜0.2	≤150	＞7MPa/24h	良好
	2	＞3:30	＞3:00	0	≤40	＞14MPa/24h	良好
7″	2.1	＞3:20	＞3:00	0	≤40	＞14MPa/24h	良好
7″回接（F1～F6）	1.9	＞3:00	＞3:30	0	≤40	＞14MPa/24h	良好
7″回接（F7H）	2.15	＞3:00	＞3:30	0	≤40	＞14MPa/24h	良好

6.3.3　前置液设计

固井前置液参数见表6-7。

表6-7　固井前置液数据表

固井层次	清洗液/隔离液组成	用量/bbl	环空填充/m
20″	海水循环通后，直接固井	20	
13-3/8″	清洗液：PC-W21L + PC-X60L + F/W@1.03g/cm³	40	69
	隔离液：PC-X60L + PC-S23S + PC-W21L + BARITE + F/W@1.45g/cm³	60	104
9-5/8″	钻井水 + 混合水	10 + 10	34
	清洗液：PC-W21L + PC-G80L + PC-D20 + F/W@1.75g/cm³ F7h 井使用油基加重清洗液	60	294
	隔离液：PC-X60L + PC-S23S + PC-W21L + BARITE + PC-B60 + F/W@1.85g/cm³ F7h 井使用油基双作用隔离液	80	392
	清洗液：PC-W21L + PC-G80L + PC-D20 + F/W@1.85g/cm³ F7h 井使用油基加重清洗液	40	196
7″	混合水	5	25
	清洗液：PC-W21L + PC-S23S + PC-D20 + F/W@1.95～2.0g/cm³	40	249
	隔离液：PC-X60L + PC-S23S + PC-W21L + BARITE + PC-D20 + F/W@2.0～2.05g/cm³ F7h 井使用油基双作用隔离液	60	375
	清洗液：PC-W21L + PC-S23S + PC-D20 + F/W@1.95～2.0g/cm³ F7h 井使用油基加重清洗液	20	125
7″回接	混合水	5	31
	清洗液：PC-W21L + PC-G80L + PC-D20 + F/W@1.70g/cm³ F7h 井使用油基加重清洗液@2.00g/cm³	60	790

注：环空填充段长计算未包括裸眼附加量，实际前置液密度将根据实钻泥浆比重进行调整。

6.3.4　固井计算（以 H1 井为例）

固井计算数据见表 6-8。

表 6-8　H1 井固井计算数据表

项目	20″		13-3/8″		9-5/8″		7″	7″回接
	首浆	尾浆	首浆	尾浆	首浆	尾浆	尾浆	尾浆
套管鞋深/m	515		2245		3346		3585	3146
固井方法/m	内管法		套管双胶塞		套管双胶塞		单塞	回接固井
水泥返高/m	103	415	103	1845	103	2045	3096	103
封固段长/m	312	100	1742	400	1942	1301	442	3131
管内水泥塞/m	8		25		25		36	36
裸眼附加量/%	100	100	50	50	50	50	100	0
钻头直径/mm	660.4		444.5		311.15		212.73	
水泥浆体积/bbl	554	178	732	160	398	266	61	258
干水泥量/t	30	12	49	33	35	39	7	53
粉煤灰水泥量/t	69	28	98		69			
混硅水泥量/t						51	9	61
混合水量/bbl	380	118	511	97	264	162	42	157
替浆量/bbl	43		1072		753		289	372

注：替浆量已包括后置液量，仅供参考

6.3.5　固井时效（以 H1 井为例）

固井时效数据见表 6-9。

表 6-9　H1 井固井时效数据表

套管尺寸/in	泵注顺序	泵送排量/bpm	泵入量/bbl	单项时间/min	施工时间/min	备注
20″	管线试压	3	10	13	240	海水循环通后直接固井
	首浆	4	554	138		
	中间浆	4	0	0		

续表

固井层次/in	泵注顺序	泵送排量/bpm	泵入量/bbl	单项时间/min	施工时间/min	备注
	尾浆	4	178	45		
20″	替浆	5	43	9	240	海水循环通后直接固井
	卸压，查回流			5		
	起钻，清洗钻具			30		
	管线试压	3	10	13		
	清洗液	5	40	8		
	隔离液	5	60	12		
	钻井水	5	10	2		
	混合水	5	10	2		
	投底塞			5		
13-3/8″	压胶塞	4	20	5	275	循环钻井液至少一周，推荐泵速12～14bpm
	首浆	8	732	92		
	尾浆	5	160	32		
	投顶塞			5		
	压胶塞	4	20	5		
	替浆	12	1072	89		
	卸压，查回流			5		
	管线试压	3	10	13		
	清洗液	5	40	8		
	隔离液	5	80	16		
9-5/8″	清洗液	5	20	4		循环钻井液至少一周，推荐泵速10～14bpm
	混合水	5	5	1		
	投底塞			5		
	压胶塞	4	20	5		
	首浆	7	398	57		
	尾浆	5	266	53		
	投顶塞			5		
9-5/8″	压胶塞	4	20	5	261	循环钻井液至少一周，推荐泵速10～14bpm
	替浆	9	753	84		
	卸压，查回流			5		
	管线试压	3	10	13		
	清洗液	3	30	10		
7″	隔离液	3	60	20	236	循环钻井液至少两周，推荐泵速5～8bpm
	清洗液	3	15	5		
	混合水	3	3	1		

续表

固井层次/in	泵注顺序	泵送排量/bpm	泵入量/bbl	单项时间/min	施工时间/min	备注
7″	首浆	4	0	0	236	循环钻井液至少两周，推荐泵速 5～8bpm
	尾浆	4	61	15		
	投小胶塞，注后置液	2	10	5		
	替浆（快替）	3	239	80		
	替浆（慢替）	2	50	25		
	碰压，查回流			5		
	拆甩水泥头			15		
回接	循环清洗钻具	10	416	42	256	循环钻井液至少两周，推荐泵速 5～8bpm
	管线试压	3	10	13		
	清洗液	3	30	10		
	隔离液	3	60	20		
	清洗液	3	15	5		
	混合水	3	3	1		
	尾浆	4	43	11		
	投胶塞，注后置液	2	10	5		
	替浆	2	372	186		
	碰压，查回流			5		

6.4　技术措施

6.4.1　20″套管

1. 封固目的

（1）确保套管鞋封固质量。

（2）满足安装井口 BOP 的需要。

2. 作业难点

（1）采用内管柱插入固井，如果插入头和浮鞋插入孔不配套或不密封，可能造成循环短路、水泥浆上返至套管内，环空水泥浆返高不够。

（2）水泥浆量大施工时间长；必须泵注足够量水泥浆，保证后续作业顺利进行；固井如果中断，容易出现复杂情况。

（3）易漏（一方面表层地层疏松，固井易漏；另一方面表层批钻，邻井间易发生窜漏）。

（4）裸眼附加量难预测，水泥返高过高影响后续弃置，过低会造成 30″桩管下沉。

3. 扶正器设计

（1）计划安装 5 个刚性扶正器，保证套管鞋附近井段的居中度。

4. 技术措施

（1）基地在浮鞋生产好以后，检查浮鞋插入孔尺寸是否和插入头配套；

（2）现场检查好插入头工具的密封，下完内管柱后，先循环冲洗套管鞋，停泵，缓慢插入内管柱，给套管灌满海水，检查密封情况。

（3）要求尾浆 8h 水泥浆抗压强度大于 500psi（3.5MPa），以确保水泥浆快速起强度。

（4）采用跳打法，有效防止表层批钻，井间窜漏，表层钻井顺序为 H7、H5、H1、H3、H2、H6、H4。

（5）内管柱插入法，单级固井。设计采用粉煤灰水泥浆，密度 1.55g/cm^3，返至泥线，套管鞋以上 100m 用同一配方，密度达到 1.60g/cm^3；现场工程师根据实际情况，确定井口平台和泥线的实际距离，固井前先泵入 10～20bbl 显示液，再泵入一定量的（井口平台和泥线的环空容积 + 替浆量）海水，然后注入水泥浆，见前置液返出后开始替浆，以确保水泥浆返高至泥线，以 H1 井为例，图 6-9 所示进行说明：

（6）根据先固开发井水泥实际返高，调整后固开发井的裸眼附加量。

（7）首浆中加入堵漏纤维。

（8）降低水泥浆流动摩阻。

（9）通过固井软件模拟计算固井施工参数，优化固井施工方案，确保施工安全和固井质量。

（10）防替空措施：内管柱留 50m 水泥塞；加强与监督及平台队长沟通，确定好下入内管柱是普通钻杆还是加重钻杆，准确确定替浆量，准确确定地面管线容积。

（11）提前做好固井准备工作，固井施工过程要连续。

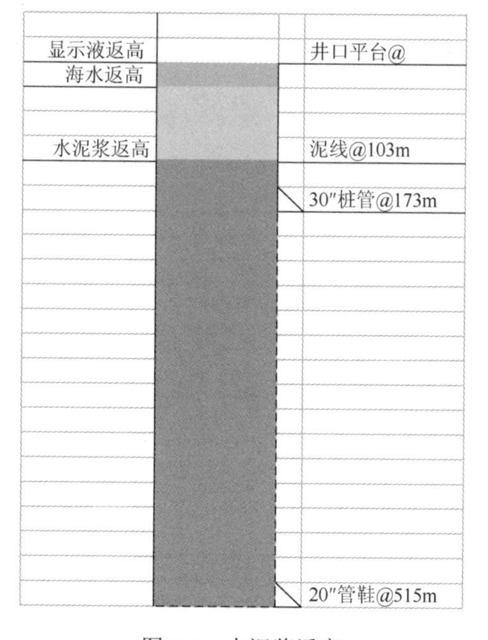

图 6-9　水泥浆返高

H1～H7 井 20″表层套管固井软件模拟结果见表 6-10、表 6-11、图 6-10。

表 6-10　固井软件模拟最大静压及 ECD 结果

井号	H1	H2	H3	H4	H5	H6	H7
环空最大静压	1.461	1.446	1.462	1.446	1.463	1.446	1.446
井底最大 ECD	1.461	1.446	1.462	1.446	1.463	1.446	1.446

注：以 F1 井为例进行软件模拟。

表 6-11　H1 井 20″套管固井压稳数据

No	测深/m	垂深/m	流体名称	密度/(g/cm^3)	环空静压/(g/cm^3)	环空动压/(g/cm^3)	压稳提示
1	98	98	钻井液	1.000	1.030	1.030	正常
2	205	205			1.301	1.301	正常
3	305	305	1：领浆	1.550	1.383	1.383	正常
4	405	405			1.424	1.424	正常
5	415	415	2：尾浆		1.427	1.427	正常
6	515	515			1.461	1.461	正常

注：管内总静压力为 527.2psi，环空总静压力为 1066.1psi，
环空与管内静压力差为 539.0psi。

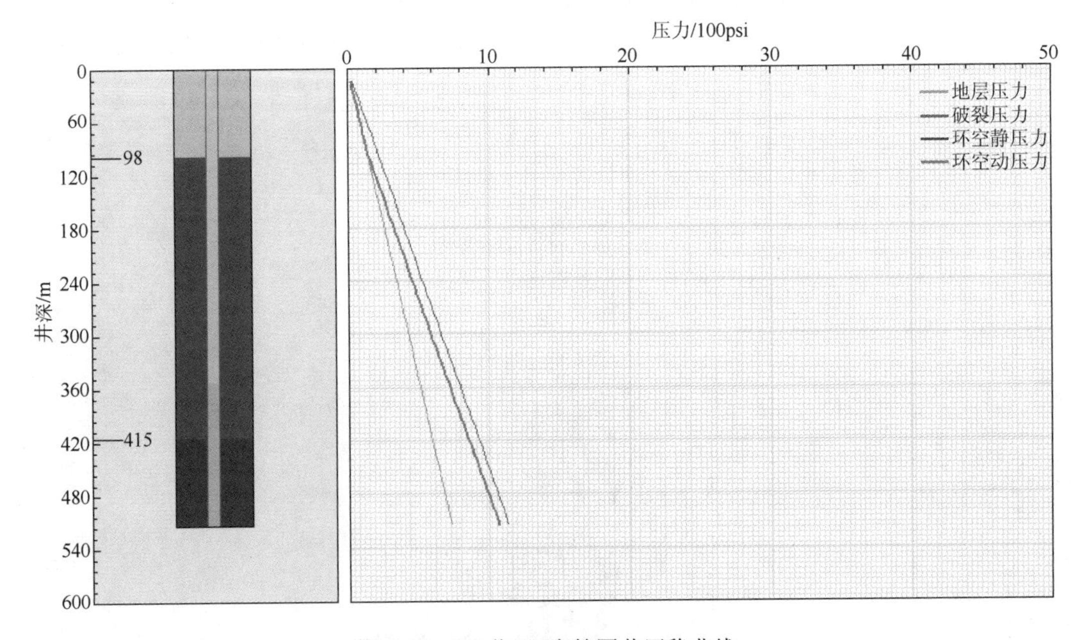

图 6-10　H1 井 20″套管固井压稳曲线

6.4.2　13-3/8″套管

1. 封固目的

（1）封固套管鞋，以满足套管试压和后续钻井作业。
（2）封固浅部气藏。

2. 作业难点

（1）封固段长。
（2）作业量大，作业时间长，对固井设备的要求高。
（3）易压漏上层套管鞋。
（4）长封固段，套管居中困难。
（5）替浆量不到位，套管内水泥塞过长或替空套管鞋，套管鞋固井质量不好。
（6）该井段穿越前期开发的浅部气藏，固井防窜。

3. 扶正器设计

以下套管软件模拟为指导，合理进行扶正器设计，在保证套管居中度的情况下，同时保证套管能够顺利下到位，如图 6-11、图 6-12。

以 F4 井为例：设计套管鞋以上 300m，气层以及气层以下 100m，套管重叠段加树脂刚性扶正器。

扶正器间距：套管鞋附近两根套管加一个，气层位置一根套管加一个，套管重叠段加三个。

总共加 31 个螺旋形刚性扶正器。

4. 技术措施

（1）套管顶、底双胶塞固井。首浆采用粉煤灰水泥浆体系，水泥浆密度为 1.60g/cm^3，

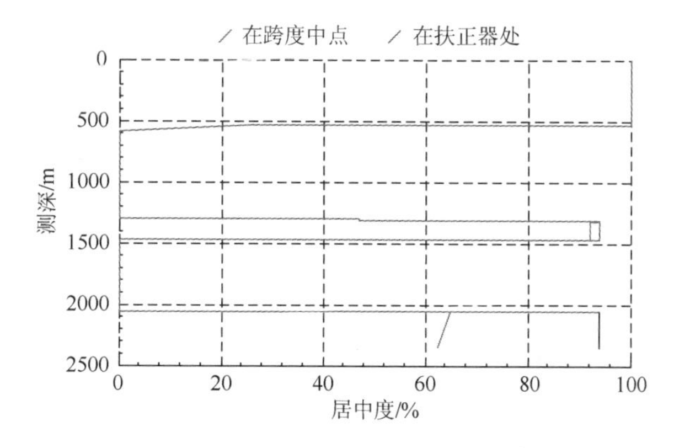

图 6-11　H4 井 13-3/8″加放扶正器后套管居中度

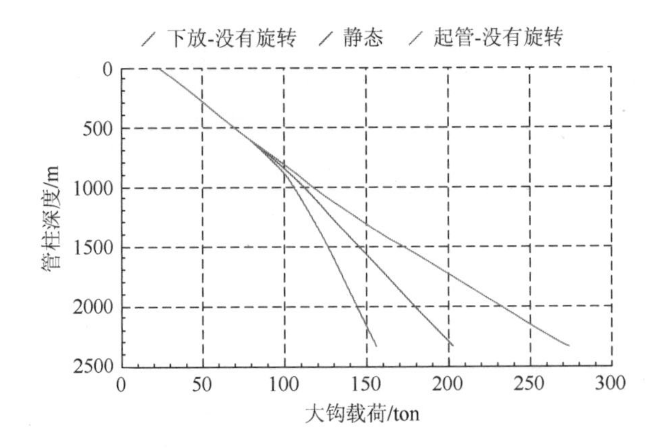

图 6-12　H4 井 13-3/8″加放扶正器后下套管摩阻校核

首浆裸眼附加量 50%；首浆返至泥线；尾浆采用聚合物水泥浆体系，水泥浆密度为 1.90g/cm^3，尾浆裸眼附加量 50%；尾浆返至套管鞋以上 400m。根据现场钻进情况调整附加量。

（2）根据前期已固调整井实际水泥返高调整后期调整井裸眼附加量。

（3）提前做好固井准备工作，固井施工过程要连续，做好相关风险分析和应急预案。

（4）项目启动前对设备进行全面检修，维保，以确保满足长时间施工要求；每次固井前都要对设备工作情况进行评价。

（5）基地选派技能过关，经验丰富的两个主操上平台参加作业，并加派一名机械师上平台支持作业，保证固井作业顺利进行。

（6）在易漏段加入堵漏纤维。

（7）降低水泥浆流动摩阻。

（8）用固井软件模拟，确定合理的顶替排量，在保证不漏的前提下尽量高速顶替。

（9）固井顶替期间，见前置液返出后打开井口翼阀。

（10）检查胶塞组的规格和性能与水泥头和套管是否配合；严格按照水泥头操作程序投放套管胶塞；如遇胶塞释放无指示销显示，须及时向作业者汇报，然后采取相应措施，防止替空套管；如果顶替达到设计的最大替量仍未见碰压，建议立即停泵，不要多替。

（11）严格按照标准检查套管附件。

H1～H7 井 13-3/8″套管固井软件模拟结果见表 6-12、表 6-13、图 6-13。

表 6-12　固井软件模拟最大静压及 ECD 结果

井号	H1	H2	H3	H4	H4	H6	H7
环空最大静压	1.591	1.627	1.625	1.612	1.626	1.622	1.63
井底最大 ECD	1.61	1.648	1.638	1.636	1.647	1.645	1.65

注：以 F1 井为例进行软件模拟。

表 6-13　H1 井 13-3/8″套管固井压稳数据表

No	测深/m	垂深/m	流体名称	密度/(g/cm³)	环空静压/(g/cm³)	环空动压/(g/cm³)	压稳提示
1	29	29	2：隔离液	1.400	1.400	1.400	正常
2	202	202	3：冲洗液	1.00	1.057	1.058	正常
3	405	405			1.329	1.337	正常
4	605	605			1.419	1.430	正常
5	805	799			1.462	4.175	正常
6	1005	968			1.485	1.500	正常
7	1205	1125	1：领净浆	1.600	1.501	1.517	正常
8	1405	1281			1.513	1.530	正常
9	1605	1438			1.523	1.541	正常
10	1805	1595			1.530	1.549	正常
11	1850	1630			1.532	1.551	正常
12	2055	1791	2：尾浆	1.900	1.565	1.584	正常
13	2245	1940			1.591	1.610	正常

注：管内总静压力为 3577.8psi，环空总静压力为 4391.5psi，
环空与管内静压力差为 813.7psi。

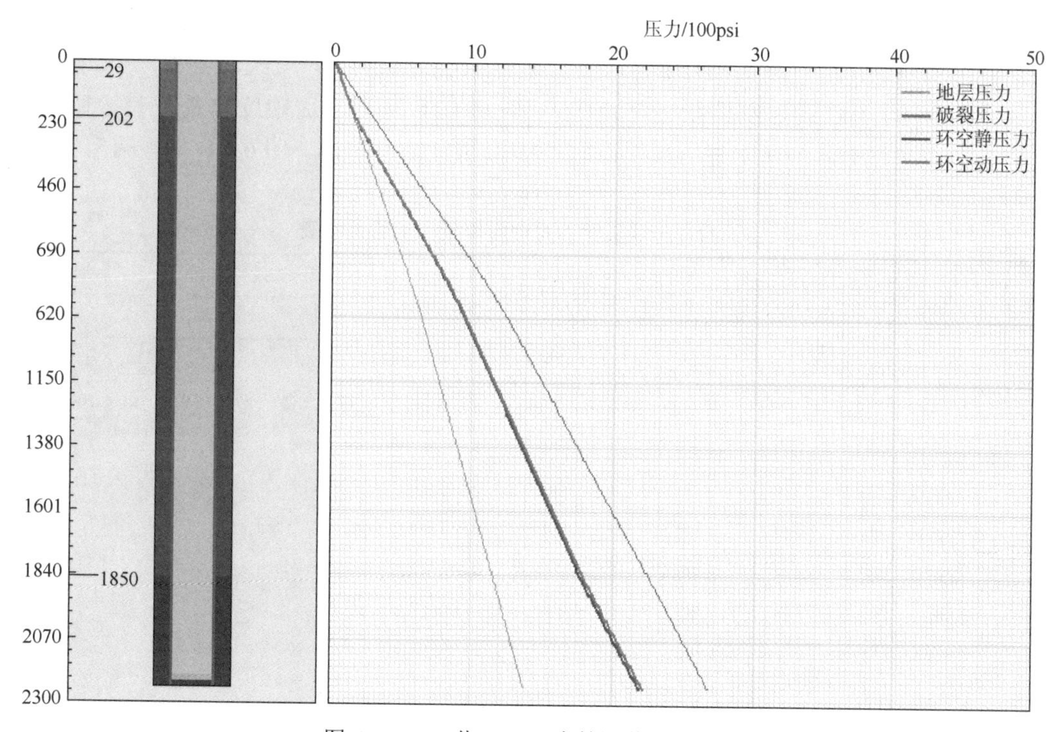

图 6-13　H1 井 13-3/8″套管固井压稳曲线

6.4.3　9-5/8″套管

1. 封固目的

保证套管鞋处、上层套管鞋封固质量，满足下部钻开高压层的需要。

2. 作业难点

（1）本井段封固压力过度带，压力系数变化较大，孔隙压力系数从 1.05 上升至 1.8～1.81；预测上层套管鞋处承压当量约为 1.90，在已钻 DF1 区块探井中，距离开发井 13-3/8″套管下深（2070m）最接近的是 DF7 井，套管鞋处承压当量为 1.90（未破）。

（2）本层套管固井重点防漏和压稳。

（3）长封固段，固井顶底温差大。

（4）定向井，套管居中困难。

（5）高密度泥饼较难清洗。

（6）高密度泥浆顶替效率差，易出现混浆，影响固井质量。

（7）地层孔隙压力预测不准，作业时根据实际井况调整。

3. 扶正器设计

以下套管软件模拟为指导，合理进行扶正器设计，在保证套管居中度的情况下，同时保证套管能够顺利下到位。以 H4 井为例，进行扶正器加放设计：设计裸眼段和套管重叠段加树脂螺旋刚性扶正器。

扶正器间距：裸眼段两根套管加一个，套管重叠段加四个，一根套管加一个。

总共加 50 个螺旋形刚性扶正器。H1～H7 井加扶正器后居中度以及下套管情况见表 6-12，现场根据实际情况进行校核。软件模拟结果见表 6-14、图 6-14、图 6-15。

表 6-14　加扶正器后居中度以及下套管情况表

井号	深度区间/m	扶正器数/个	居中度/%		扶正器上的侧向力/ton	大钩载荷/ton		
			扶正器	跨度中点		下放	静止	上提
H1	2195.0～2245.0	4	82.2	76.8/78.4	0.129/0.575	175.282	216.019	266.08
	2245.0～3348.0	46	90.5	6.4/78.4	0.129/1.072			
H2	1990.0～2040.0	4	82.2	79.1/80.0	0.303/0.546	191.108	214.784	241.285
	2040.0～2937.0	38	90.5	41.8/80.0	0.546/0.621			
H3	1946.0～1996.0	4	82.2	78.5/79.6	0.357/0.410	180.841	205.306	233.51
	1996.0～2835.0	35	90.5	33.0/79.5	0.410/0.732			
H4	2294.0～2344.0	4	82.2	76.3/78.1	0.000/0.626	168.97	216.007	275.895
	2344.0～3520.0	48	90.5	0.0/78.0	0.000/1.169			
H5	2003.0～2053.0	4	82.2	78.5/79.6	0.357/0.703	186.588	212.611	242.619
	2053.0～2952.0	37	90.5	33.0/79.6	0.703/0.732			
H6	2078.0～2128.0	4	82.2	77.8/79.1	0.208/0.464	177.765	210.641	249.977
	2128.0～3034.0	38	90.5	22.5/79.1	0.208/0.866			
H7	1928.0～1978.0	4	82.2	80.5/81.0	0.164/0.296	199.123	214.896	231.843
	1978.0～3000.0	42	90.5	0.0/88.6	0.029/1.513			

注：以 F4 井为例进行软件模拟。

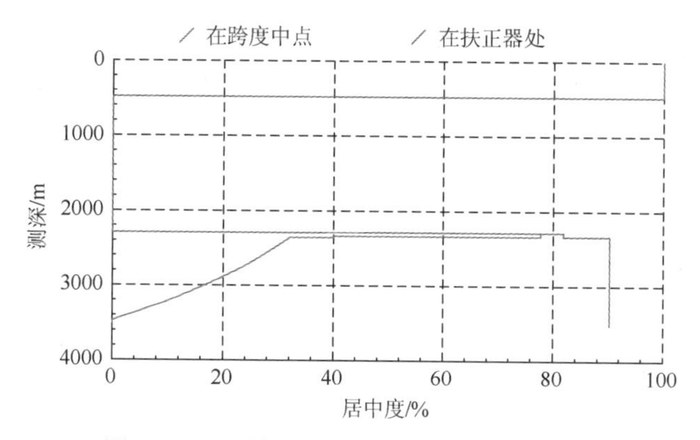

图 6-14　H4 井 9-5/8″加扶正器后套管居中度

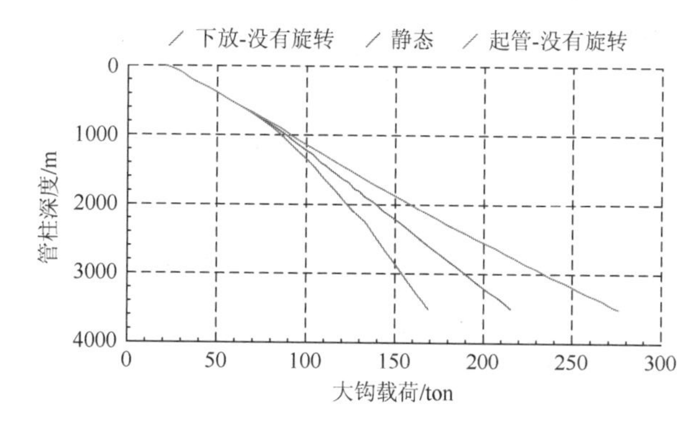

图 6-15　H4 井 9-5/8″加扶正器后下套管摩阻校核

4. 技术措施

（1）套管双胶塞固井，首尾浆封固，首浆采用粉煤灰水泥浆体系，设计水泥浆密度为 1.75g/cm^3，返至泥线；尾浆采用树脂双凝水泥浆体系设计水泥浆密度为 2.00g/cm^3；返至 13-3/8″套管鞋以上 200m；裸眼附加 30%（根据探井电测实际水泥返高确定），现场根据实际情况调整附加量。

（2）根据前期已固调整井实际水泥返高调整后期调整井裸眼附加。

（3）在水泥浆常规试验的基础上，要求化验室完成水泥浆和泥浆的相容性试验、泥饼清洗实验等。

（4）固井设计时，采用顶替流体密度大于被顶替流体密度的正密度差顶替方法，提高顶替效率。

推荐密度设计为：钻井液密度＜前置液密度＜水泥浆密度。

（5）为了提高顶替效率，调配 20m^3 优质泥浆，固井前泵入井内，现场工程师密切关注泥浆性能（期望泥浆性能：屈服值 7～10Pa，漏斗黏度 40～50mPa·s，塑性黏度 20～30mPa·s）。

（6）为了提高顶替效率，使顶替流体的塑性黏度、动切应力大于被顶替流体的塑性黏度、动切应力。推荐流变参数设计为：钻井液塑性黏度＜前置液塑性黏度＜水泥浆塑性黏度；钻井液动切力＜前置液动切力＜水泥浆动切力。

对于紊流冲洗液，密度可按第（2）条要求设计，但流变性能可以不按此方法设计。

（7）优化前置液设计：①增加冲洗液用量，利用冲洗液的“化学稀释”和“低速紊流”特性于降低环空钻井液的边壁黏结力，使水泥浆在较小的边界剪切应力下就能够驱替井壁钻井液，提高顶替效率。②采用高黏度高切力的隔离液，提高壁面剪切应力，强力牵引携带钻井液，防止混浆窜槽。③在前置液中加入堵漏纤维。

（8）优化顶替措施，宜控替浆中途少变速。在满足井底安全循环当量密度 ECD 前提下，尽量采用高速顶替。

（9）12-1/4″裸眼段压力变化较大，必须按照“压稳、平衡（不漏、不窜）”的设计原则，用固井软件模拟计算固井施工参数，优化固井施工方案，确保施工安全和固井质量。

（10）固井前要求充分循环至气测值小于 3%。

（11）9-5/8″套管内留至少 3 根套管长度的水泥塞，避免混浆顶替至 9-5/8″套管鞋外环空，确保套管鞋段的封固质量。

（12）防止固井漏失，根据实际情况设计隔离液和水泥浆中分别添加纤维堵漏，提高其对渗透性地层的封堵防漏能力。严格控制水泥浆上返速度（原则上不能超过钻井期间钻铤处的环空返速），录井密切配合监测井下压力变化及井口返出情况，若发现井漏或返出不正常，应立即降低排量顶替。

（13）降低水泥浆流动摩阻。

（14）现场配备高温高压便携式稠化仪，用于复查水泥浆，混合水大、小样，以满足施工安全及质量作业要求。

（15）固井顶替时，要控制好顶替泵速，泵速变化要平缓，切忌泵速提升或下降过快，防止压力激动压漏地层；最高顶替排量不能超过固井前循环泥浆的最大排量。

（16）水泥浆顶替到位循环完毕后，环空浆柱压稳系数大于 1，实际施工以现场实际数据校核为准。

（17）现场根据单井实际情况，对浆柱结构进行合理调整。

（18）每次固井前必须进行压稳校核。

（19）严格按照标准检查套管附件。

（20）由于 H7 井该井段采用油基泥浆钻进，所以前置液采用油基加重清洗液和油基加重隔离液。

H1～H7 井 9-5/8″套管固井压稳数据校核见表 6-15。其中 H1 井 9-5/8″套管鞋压稳曲线见图 6-16。

表 6-13　压稳数据校核表

项目	井号						
	H1	H2	H3	H4	H5	H6	H7
泥浆密度/(g/cm^3)	1.7						
地层压力/MPa	1.75						
压稳系数	1.036	1.027	1.013	1.029	1.013	1.018	1.036

注：以 H1 井为例进行压稳校。

体积	流体名称	测深/m	垂深/m	孔隙压力系数	流体密度/(g/cm^3)	段长/m	地层压力/MPa	浆柱静压/MPa	失重后静压/MPa	加压值/MPa	压稳系数K值（要求＞1）	加压后压稳系数K值
	首浆顶深	103.0	103.0		1.70	88		1.47	1.47			
	首浆顶深	2045.0	1783.0		1.75	1680		28.81	28.81			
	13-3/8″套管鞋	2045.0	1938.0		2.00	258		5.06	5.06		1.036	1.036
	快凝浆浆顶部	3185.0	2676		2.00	738.0		14.48	14.48			
	9-5/8″浮顶深箍	3560.0	2970		2.00							
	9-5/8″套管鞋	3585.0	2988	1.75	2.00	312.0	51.296	6.12	3.31	0.00		
	12-1/4″井深	3588.0			2.00							
							套管鞋以上压力合计	55.94	53.13			
							井底静压合计					
											9-5/8″套管鞋当量	1.908
							13-3/8″套管鞋以上静压	35.33			13-3/8″套管鞋当量	1.859

图 6-16　H1 井 9-5/8″套管鞋压稳曲线

H1～H7 井 9-5/8″套管固井软件模拟结果见表 6-16、表 6-17、图 6-17。

表 6-16　模拟计算的环空最大静压及最大 ECD

井号	H1	H2	H3	H4	H5	H6	H7
环空最大静压	1.842	1.842	1.838	1.837	1.839	1.838	1.835
井底最大 ECD	1.875	1.876	1.87	1.863	1.878	1.872	1.866

注：以 F1 井为例进行软件模拟。

表 6-17　H1 井 9-5/8″套管固井压稳数据

No	测深/m	垂深/m	流体名称	密度/(g/cm^3)	环空静压/(g/cm^3)	环空动压/(g/cm^3)	压稳提示
1	73	73	3：冲洗液	1.750	1.750	1.754	正常
2	376	376			1.750	1.781	正常
3	676	676			1.750	1.784	正常
4	976	945			1.748	1.784	正常
5	1276	1180			1.748	1.787	正常
6	1576	1415			1.749	1.789	正常
7	1876	1650			1.749	1.790	正常
8	2020	1763			1.749	1.791	正常
9	2326	2003			1.779	1.818	正常
10	2626	2238			1.821	1.856	正常
11	2926	2473	2：尾浆	2.000	1.821	1.856	正常
12	3226	2708			1.837	1.870	正常
13	3346	2802			1.842	1.875	正常

注：管内总静压力为 6703.1psi，环空总静压力为 7346.4psi，
环空与管内静压力差为 643.3psi。

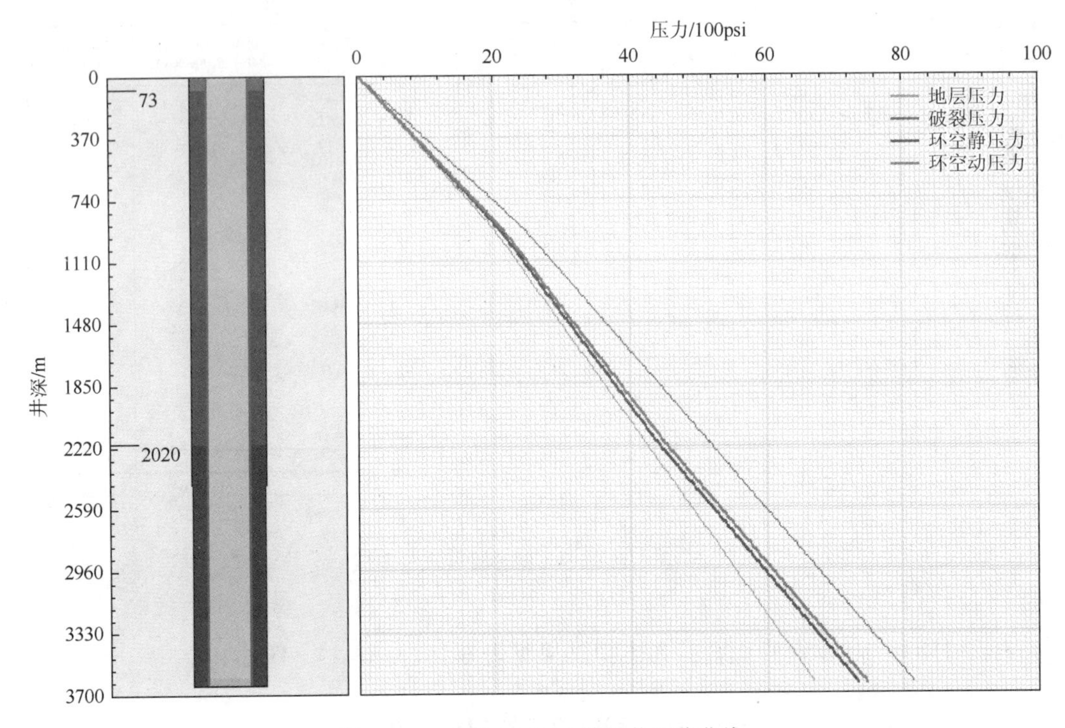

图 6-17　H1 井 9-5/8″套管固井压稳曲线

6.4.4　定向井（H1～H6）7″尾管

1. 封固目的

（1）封固裸眼及套管重叠段，满足下部钻开高压层的需要。

（2）防止漏失。

（3）保证固井作业的施工安全。

（4）作业程序及作业难点。

2. 作业程序

送尾管到位循环干净后，按照尾管工程师指令循环以及坐挂尾管挂，坐挂并倒开送入工具后，继续泥浆循环两周—泵入前置液—泵注预配好在批混罐的水泥浆—投钻杆胶塞—压胶塞—顶替碰压—坐封封隔器—上提中心管，起钻 2 柱—正循环出尾管挂顶部多余的水泥浆，循环候凝至尾管顶部水泥浆初凝—起钻候凝 24h 以上，钻管内水泥塞、电测固井质量。

3. 作业难点

（1）环空间隙小（套管重叠段间隙最大 19.49mm，最小 5.4mm；裸眼环空：19.05mm）水泥环薄、量较少，水泥浆易污染，影响封固质量。

（2）套管不居中，形成偏心环空，造成顶替效率低。

（3）高密度钻井液泥饼清除难，要求前置液清洗效果及水泥浆防窜性能优良，对水泥浆体系的稳定性提出更严格的要求。

（4）钻杆小胶塞不能充分清刮钻杆内水泥浆，尾管胶塞不能充分清刮尾管内水泥浆，造成尾管内残留水泥浆挂壁现象。

（5）替浆量不到位，套管内水泥塞过长或替空套管鞋，套管鞋固井质量不好。

（6）尾管送入困难。

4. 扶正器设计

（1）重点确保关键隔层段套管的居中。

（2）9-5/8″套管鞋以上套管重叠段，连续三根套管加装三个刚性扶正器，悬挂器以下三根套管分别加装刚性扶正器，保证尾管挂居中，提高坐挂成功率。

（3）使用树脂刚性扶正器。

（4）下套管前通井时，根据电测井径情况，对不规则井段进行划眼，确保井尾管能顺利下到位。

（5）使用下套管分析软件进行摩阻计算，确保扶正器加量足够并且满足套管顺利下到位的要求。

以 H4 井为例合理进行扶正器设计：考虑到定向井裸眼段较短，封固质量要求高，所以固井扶正器设计按照裸眼段一根套管加一个树脂刚性扶正器，套管重叠段两根套管加一个螺旋形刚性扶正器，设计共加放 37 个，H1～H6 井加扶正器后居中度以及下套管情况见表 6-18，现场根据实际情况进行校核。软件模拟结果见表 6-18、图 6-18、图 6-19。

表 6-18　加扶正器后居中度以及下套管情况表

井号	深度区间/m	扶正器数/个	居中度/%		扶正器上的侧向力/ton	大钩载荷/ton		
			扶正器	跨度中点		下放	静止	上提
H1	3148.0～3348.0	8	73.4	0.0/63.8	0.000/0.679			
	3348.0～3591.1	21	75.1	59.0/63.8	0.334/0.361	95.986	113.975	135.908
H2	2737.0～2937.0	9	73.4	0.0/0.0	0.086/0.393			
	2937.0～3186.0	21	75.1	65.8/66.4	0.209/0.209	104.902	115.915	128.193
H3	2635.0～2835.0	8	73.4	0.0/66.9	0.000/0.354			
	2835.0～3152.4	27	75.1	62.1/67.5	0.179/0.309	108.627	117.8	127.914
H4	3320.0～3520.0	8	73.4	0.0/0.0	0.301/0.464			
	3520.0～3845.0	28	75.1	0.0/58.7	0.251/0.393	94.378	116.131	143.622

续表

井号	深度区间/m	扶正器数/个	居中度/%		扶正器上的侧向力/ton	大钩载荷/ton		
			扶正器	跨度中点		下放	静止	上提
H5	2752.1～2952.1	8	73.4	0.0/0.0	0.357/0.703			
	2952.1～3186.6	20	75.1	0.0/64.7	0.246/0.301	101.925	113.984	127.804
H6	2834.0～3034.0	8	73.4	0.0/0.0	0.277/0.549			
	3034.0～3314.0	24	75.1	0.0/63.5	0.270/0.383	98.928	114.628	133.359

注：以 F4 进为例进行软件模拟。

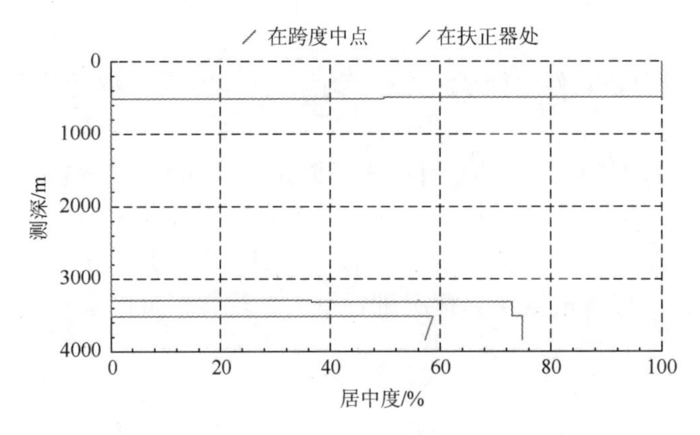

图 6-18　H4 井 7″加扶正器后套管居中度

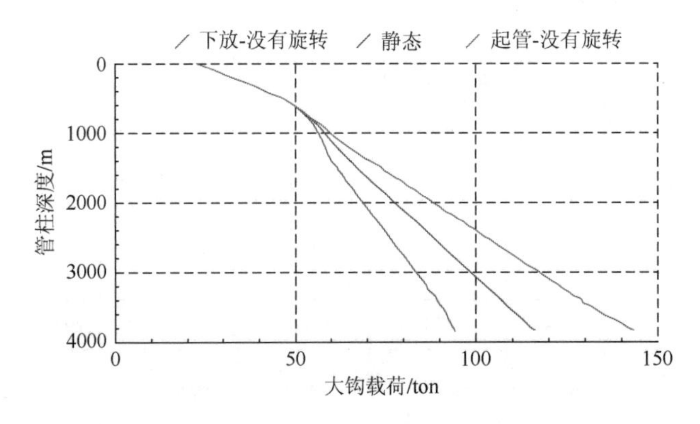

图 6-19　H4 井 7″加扶正器后下套管摩阻校核

5. 技术措施

（1）尾管单胶塞固井，选择带封隔器的液压式尾管悬挂器，设计尾管重叠段长 200m。

（2）设计采用树脂水泥浆体系，通过其特有的机理有效防止气窜的发生，水泥浆密度

2.10～2.15g/cm^3，水泥浆返至回接筒以上 50m，固井碰压、放回流后，坐封封隔器（或加压后坐封封隔器），上提送入工具，循环候凝至水泥浆终凝（如固井过程发生井漏则起钻 2 柱保留尾管顶部水泥塞约 50m）。鉴于尾管封固井段较短，建议裸眼附加至少 100%，以确保裸眼及套管重叠段的水泥封固段质量。

（3）在水泥浆常规试验的基础上，特别要求化验室完成水泥浆温度敏、密度敏、静胶凝强度发展、混合水老化、沉降稳定性、相容性、停泵安全等特殊试验。要求水泥浆配方按循环温度±5℃复查稠化时间，以确保水泥浆性能的稳定，保证施工安全。

（4）水泥浆尽量采用批混方式，保证密度均匀。

（5）采用加重清洗液与高效双作用隔离液的前置液设计，能有效地清洗高密度泥浆泥饼，以达到相对理想的泥浆清洗效果，优化设计前置液性能和用量，满足前置液与地层紊流接触≥10min。

（6）前置液必须具有良好的流变性。

（7）采用隔离液和水泥浆分别添加纤维堵漏，提高其对渗透性漏失地层的封堵防漏能力。

（8）现场配备高温高压便携式稠化仪，用于复查水泥浆，混合水大、小样，以满足施工安全及质量作业要求。

（9）7″尾管固井必须按照“压稳、防漏、防窜、保护油气层”的指导思想，用固井软件模拟计算固井施工参数和优化施工方案，确保固井施工安全和质量。

（10）若在钻进过程中有漏失现象，完钻通井时采用泥浆堵漏，减少下套管和固井施工井漏风险。

（11）下套管前处理好井眼，保证下套管作业顺利。

（12）固井前，要求充分循环至气测值小于 3%。

（13）固井前充分循环钻井液，循环结束后泵入优质钻井液，提高顶替效率。

（14）在确保不漏的前提下，水泥浆出管鞋前尽量快替。

（15）降低水泥浆流动摩阻。

（16）固井结束后，水泥浆候凝 24h 以上才能进行电测作业。电测固井质量前，不要刮管和替换井筒内泥浆，尤其不能对套管进行试压作业。

（17）水泥浆顶替到位循环完毕后，环空浆柱压稳系数大于 1，实际施工以现场实际数据校核为准。

H1～H6 井 7″尾管固井软件模拟结果见表 6-19、表 6-20、图 6-20。

表 6-19　模拟计算的环空最大静压及最大 ECD

项目	井号					
	H1	H2	H3	H4	H5	H6
最大环空静压	1.974	1.965	1.972	1.975	1.98	1.953
井底最大 ECD	1.986	1.977	1.983	1.991	1.987	1.962

注：以 F1 井为例进行软件模拟。

表 6-20　H1 井 7″尾管固井压稳数据

No	测深/m	垂深/m	流体名称	密度/(g/cm^3)	环空静压/(g/cm^3)	环空动压/(g/cm^3)	压稳提示
1	303	303	钻井液	1.950	1.950	1.953	正常
2	603	603			1.950	1.953	正常
3	903	886			1.948	1.952	正常
4	1203	1123			1.948	1.952	正常
5	1503	1358			1.948	1.952	正常
6	1803	1593			1.949	1.952	正常
7	2103	1828			1949	1.953	正常
8	2403	2063			1.949	1.953	正常
9	2412	2070			1.949	1.953	正常
10	2594	2213	1.：冲洗液		1.949	1.953	正常
11	2903	2455	2：隔离液	2.000	1.954	1.958	正常
12	2958	2498			1.955	1.959	正常
13	3080	2593	3：冲洗液	1.950	1.955	1.959	正常
14	3383	2831	1：水泥浆	2.100	1.967	1.975	正常
15	3583	2988			1.974	1.986	正常

注：管内总静压力为 8157.9psi，环空总静压力为 8393.9psi，
环空与管内静压力差为 236.1psi。

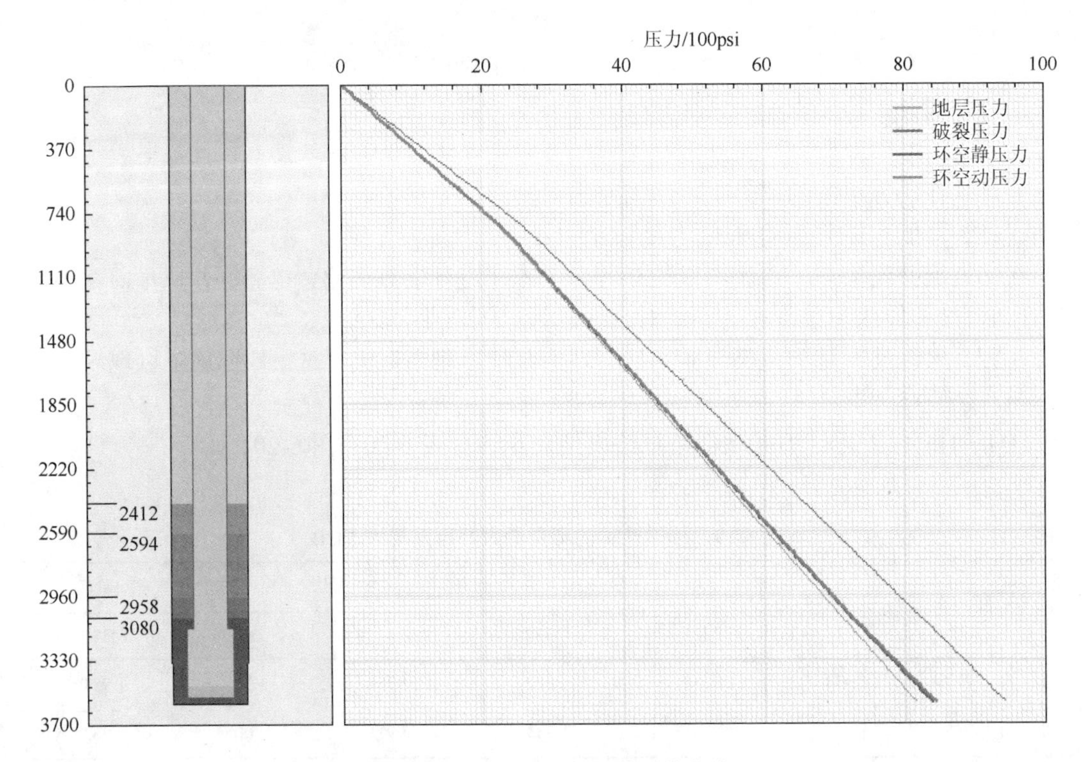

图 6-20　H1 井 7″尾管固井压稳曲线

6.4.5　水平井（H1）7″尾管

1. 封固目的

（1）回接 7″尾管至井口并用水泥浆封固环空，满足生产需要。
（2）防止气窜、保护产层。

2. 作业难点

（1）不同于定向井是本井段采用油基泥浆钻进，井壁清洗困难。
（2）水平井由于套管偏心，造成固井顶替效率低。

3. 技术措施

（1）采用油基加重清洗液。
（2）以下套管软件模拟为指导，尽可能多的加树脂刚性扶正器，最好每根套管加 1 个。
（3）在满足井眼安全的前提下，以固井软件模拟为指导，前置液出管鞋后保证大排量顶替，保证清洗效果。
（4）扶正器设计：H1 井全封固段一根套管加一个树脂刚性扶正器，共 54 个；H7 井加扶正器后居中度以及下套管情况见表 6-21、图 6-21、图 6-22，现场根据实际情况进行校核。

表 6-21　加扶正器后居中度以及下套管情况表

井号	深度区间/m	扶正器数/个	居中度/%		扶正器上的侧向力/ton	大钩载荷/ton		
			扶正器	跨度中点		下放	静止	上提
H7	2766.0～2966.0	17	73.4	57.4/71.4	0.158/0.375	98.863	108.91	119.587
	2966.0～3390.0	37	75.1	49.2/57.4	0.131/0.579			

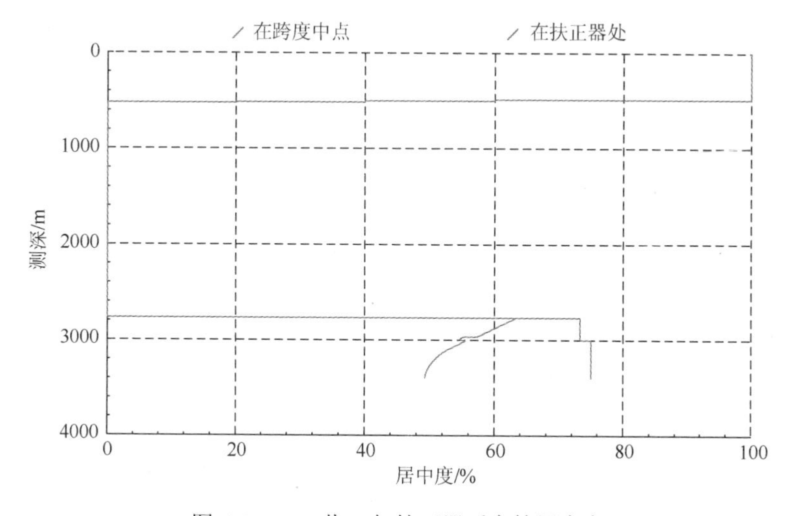

图 6-21　H7 井 7″加扶正器后套管居中度

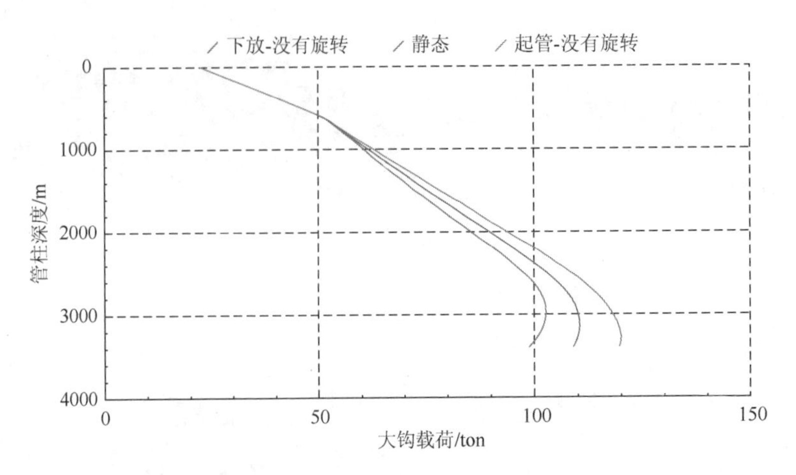

图 6-22　H7 井 7″加扶正器后下套管摩阻校核

H7 井 7″尾管固井压稳软件模拟结果见表 6-22 和图 6-23。

表 6-22　H7 井 7″尾管固井压稳数据

No	测深/m	垂深/m	流体名称	密度/(g/cm^3)	环空静压/(g/cm^3)	环空动压/(g/cm^3)	压稳提示
1	305	305	钻井液	1.990	1.990	2.000	正常
2	605	605			1.990	1.999	正常
3	905	900			1.990	1.999	正常
4	1205	1194			1.990	1.999	正常
5	1505	1489			1.990	2.000	正常
6	1805	1784			1.990	2.000	正常
7	2068	2042			1.990	2.000	正常
8	2250	2221	1：冲洗液	2.000	1.991	2.000	正常
9	2555	2497	2：隔离液	2.050	1.997	2.006	正常
10	2614	2545			1.997	2.007	正常
11	2735	263.5	3：冲洗液	2.000	1997	2.007	正常
12	3045	2804	1：水泥浆	2.150	2.005	2.021	正常
13	3345	2872			2.007	2.028	正常
14	3385	2879			2.008	2.032	正常

注：管内总静压力为 8146.9psi，环空总静压力为 8239.4psi，
环空与管内静压力差为 92.5psi。

6.4.6　定向井（H1～H6）7″尾管回接固井

1. 封固目的

（1）回接 7″尾管至井口并用水泥浆封固环空，满足生产需要。

（2）防止气窜、保护产层。

2. 作业难点

（1）确保回接段封固质量。

（2）水泥石凝固后体积收缩，造成微间隙。

（3）套管居中困难。

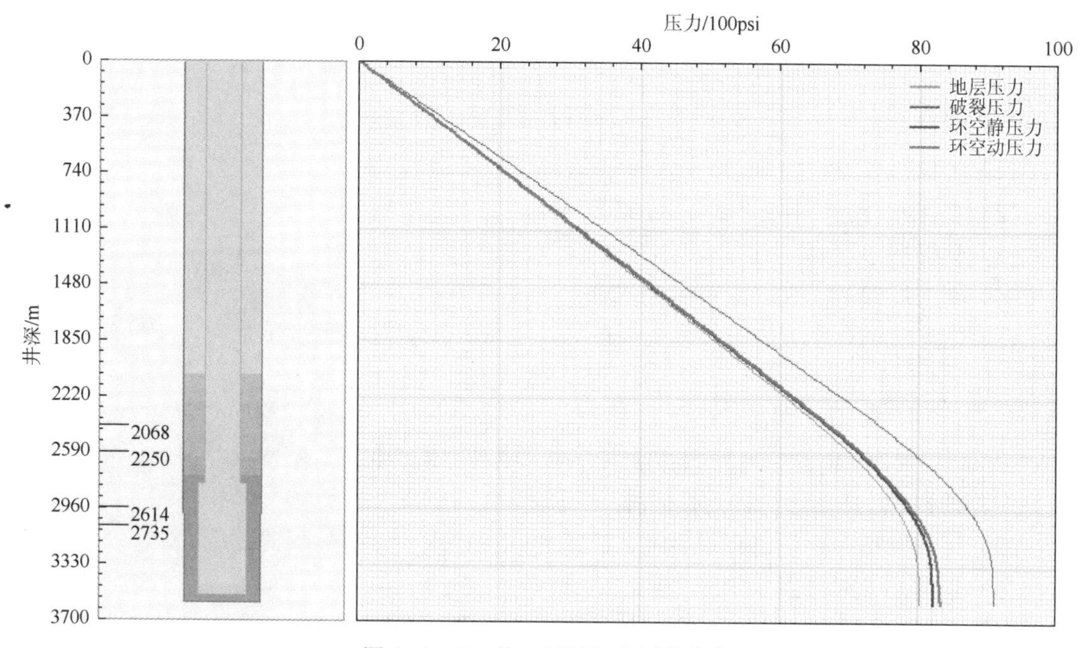

图 6-23　H7 井 7″尾管固井压稳曲线

（4）高密度泥浆泥饼清洗困难。

（5）生产后期存在应力破坏和高温破坏，造成井口套管环空带压。

3. 技术措施

（1）H1～H6 井回接顺序：电测完尾管固井质量合格，尾管试压合格后置换尾管挂顶部钻井液为 1.70g/cm^3，然后进行回接固井。

（2）尾管回接固井，选择耐高温、高压的回接插入头，带封隔器。

（3）根据实钻泥浆密度确定合适的置换密度。

（4）采用套管回接固井预应力技术。

（5）多加树脂刚性扶正器，全回接井段建议每两根套管加一个树脂刚性扶正器。

（6）底部 100m 采用自修复水泥浆体系，上部采用微膨胀水泥浆体系，水泥浆密度 1.90g/cm^3，返至泥线。

（7）使用泥饼清刮塞。

（8）多注入清洗液，冲洗干净套管壁，提高水泥环与套管壁之间的胶结质量。

（9）顶替时采用大排量紊流顶替，提高冲洗效果。

（10）憋压候凝，憋压值 500psi 左右。

6.4.7　水平井（H7）7″尾管回接固井

1. 封固目的

（1）回接 7″尾管至井口并用水泥浆封固环空，满足生产需要。
（2）防止气窜、保护产层。

2. 作业难点

（1）确保回接段封固质量。
（2）水泥石凝固后体积收缩，造成微间隙。
（3）套管居中困难。
（4）高密度油基泥浆，泥饼清洗困难。
（5）生产后期存在应力破坏和高温破坏，造成井口套管环空带压。

3. 技术措施

（1）回接顺序：电测完尾管固井质量合格，尾管试压合格后，不置换井内高比重泥浆，钻完 5-7/8″水平段，然后进行回接固井。
（2）尾管回接固井，选择耐高温、高压的回接插入头，带封隔器。
（3）采用套管回接固井预应力技术。
（4）多加树脂刚性扶正器，全回接井段建议每两根套管加一个树脂刚性扶正器。
（5）底部 100m 采用自修复水泥浆体系，上部采用微膨胀水泥浆体系，水泥浆密度 2.15g/cm^3，返至泥线。
（6）使用泥饼清刮塞。
（7）使用油基加重清洗液，多注入清洗液，冲洗干净套管壁，提高水泥环与套管壁之间的胶结质量。
（8）顶替时采用大排量紊流顶替，提高冲洗效果。
（9）井口环空加压候凝。

6.5　固井物资计划清单

固井物资计划清单如表 6-23 所示。

表 6-18　固井工具及套管附件表

序号	工具及套管附件名称	单位	数量	规格型号	备注
1	5×20″钻杆扶正器	个	2	—	—
2	20″浮鞋插入头	个	2	—	钻完井部
3	20″套管循环头	个	1	20″ER×XT57	—

续表

序号	工具及套管附件名称	单位	数量	规格型号	备注
4	20″套管循环头	个	1	20″ER×1502	—
5	13-3/8″顶、底胶塞组	套	8	68＃，PDC 可钻，防转	备用 1 套
6	13-3/8″浮箍	个	8	68＃，N-80，BTC，PDC 可钻，	备用 1 套
7	13-3/8″浮鞋	个	8	68＃，N-80，BTC，PDC 可钻	备用 1 套
9	13-3/8″套管循环头	个	1	13-3/8″BTC 公扣×XT57	—
10	13-3/8″套管循环头	个	1	13-3/8″BTC 公扣×1502	—
11	13-3/8″卡盘式水泥头	套	2	—	备用 1 套
12	9-5/8″卡盘式水泥头	套	2	—	备用 1 套
13	9-5/8″顶、底胶塞组	套	8	53.5＃，PDC 可钻，防转	备用 1 套
14	9-5/8″浮箍	个	8	3SB53.5#，Q125	备用 1 套
15	9-5/8″浮鞋	个	8	3SB，53.5#，Q125	备用 1 套
16	9-5/8″树脂刚性扶正器	个	360	—	—
17	9-5/8″套管循环头	个	1	9-5/8″3SB 公扣×XT57	—
18	9-5/8″套管循环头	个	1	9-5/8″3SB 公扣×1502	—
19	7″尾管悬挂系统	套	8	—	备用 1 套
20	7″尾管回接系统	套	8	—	备用 1 套
21	7″循环头	个	1	7″blue 公扣×XT57	—
22	7″循环头	个	1	7″blue 公扣×1502	待加工
23	7″树脂刚性扶正器	个	415	—	—
24	100 桶批混罐及配套管线	套	1	—	—
25	120 桶批混罐及配套管线	套	1	—	—
26	30 方混合水柜及配套管线	套	2	—	—
27	套管丝扣胶	盒	66	—	—
28	便携式高温高压水泥浆稠化仪	套	1	—	—
29	2″高压软管	条	10	—	—
30	13-3/8″RTTS 封隔器	套	1	配 6-1/8″风暴阀	—
31	9-5/8″RTTS 封隔器	套	1	配 6-1/8″风暴阀	—

6.6 固井 HSE 管理

6.6.1 固井 HSE 目标

（1）作业人员人身伤害事故为零；

（2）设备责任事故为零；

（3）违章作业责任事故为零；

（4）环保污染事故为零。

6.6.2　主要风险

（1）高温高压作业；
（2）人员伤害事故；
（3）化工材料健康危害；
（4）化工材料环境污染。

6.6.3　HSE 要求

1. 作业启动会（技术、安全交底）

（1）项目启动前，邀请参加过高温高压作业的专家对全体作业人员进行健康安全环保意识和 HTHP 井工作技能培训；
（2）作业人员持证上岗率 100%，关键岗位人员必须参加过井控培训；
（3）严格执行甲方高温高压井作业管理规定，如试压等高危作业，必须执行作业许可制度，作业前要确定危险区域并做好隔离，通知无关人员远离危险区域；
（4）作业前，执行严格的作业安全交底会制度；
（5）固井作业前，做好 JSA 风险分析，落实好责任分工；
（6）熟悉作业现场，包括作业位置、周围环境、潜在的危险等；
（7）强化高温高压井作业人员的健康安全与环境保护意识；
（8）了解所使用的设备和工具的安全操作方法，钻井作业中保持固井设备处于良好工作状态，平台备件充足，应急设备处于可用工作状态；
（9）基地和平台强化对平台固井设备的管理力度；
（10）基地强化对后勤保障制度的管理；
（11）懂得自我防护措施及应急措施。

2. 人员组织与职责

（1）带队工程师是现场作业质量、安全生产的第一负责人，负责制定现场应急方案并组织实施；负责现场作业的安全和环保的监督；
（2）带队工程师负责对操作工程师的监督、考核，必要时协助操作工程师工作；
（3）带队工程师负责三项安全管理工具在作业现场的实施；
（4）带队工程师负责与顾客和其他合作单位的沟通交流，及时收集现场信息，与基地保持良好的联系；
（5）带队工程师负责现场各种作业事故不合格项的初步汇报、原因分析和处理及预防方案制定；
（6）固井主操负责现场设备的日常维保；
（7）机械师负责现场设备的工作能力评估以及应急情况的处理。

3. 现场应急管理

（1）作业现场发生的事故、事件，按事业部《事故、事件管理程序》进行报告和处理；重大事故、事件须在 1h 内进行报告。

（2）报告程序参见《作业应急管理流程图》（图 6-24）、《XXXX 基地应急联络电话》。

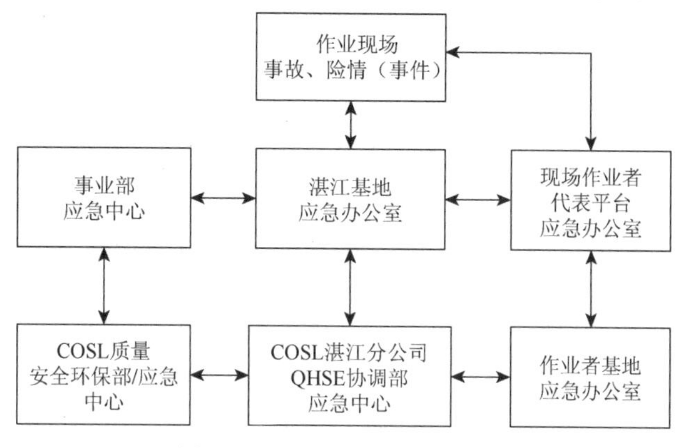

图 6-24　作业应急管理流程图

6.6.4　风险措施控制

（1）带队工程师负责协调每天的日常工作，现场作业须按照《固井作业危险源辨识、风险分析及控制》（表 6-24）指定人员进行检查，经确认后方可施工。

（2）固井作业中的高压泵送工作，操作人员按照基地《高压作业安全管理规定》严格执行。

（3）固井作业过程中，可能因为作业时间长固井设备负荷大产生高温引发火灾。在工作现场要加强巡查，配备足够适合的灭火器械。一旦发生火警，严格按照《平台火灾应急程序》进行紧急关断和灭火。

（4）施工现场工作人员，在开始工作前，要进行 JSA 分析（表 6-25），穿戴好个人防护装备才能工作，避免职业伤害。在夏季工作，要防止人员中暑。

（5）保护海洋生态和陆地环境，严格遵守公司对作业现场环境保护的相关规定，严禁随意倾倒垃圾和油污。

表 6-24　固井作业危险源辨识及控制措施

危险源	危害简短描述	危险等级	控制措施/直接负责人
低压管线脱落	快速接头易脱落，造成水泥浆流失，作业中断	一般危险	所有连接用铁丝加固，保证不会松脱
设备故障	受海上气候变化影响，而导致固井电器设备受潮，短路，不能工作	一般危险	方案一：作业前，对所有参与作业的电器设备提前进行防水处理 方案二：作业过程中如出现电器设备故障，马上召集电器师，会同固井作业人员联合检查、诊断，采取行之有效的方法，力争在较短的时间内将受潮的电器设备修复

续表

危险源	危害简短描述	危险等级	控制措施/直接负责人
信息沟通	沟通信息不清易造成误操作或耽误施工时间、固井失败	一般危险	作业前配备足够的对讲机，给对讲机充足电，对好频道
泵送、试压作业	高压液体刺漏和爆漏 设备运转产生噪声 设备高速运转对人身碰伤	中度危险	对高压作业的安全保护（安全阀、安全链），撤离无关人员，进行必要的安全警示标志，高压区域的隔离，预留安全通道，高压作业时广播通知，保持通信畅通。工作人员戴齐安全用品，试压操作要平稳，避免压力激动。发现漏失应泄压检查，不允许带压整改
高压管线（汇）接头	泄漏/由壬处脱开/伤人	中度危险	检查连接扣、更换密封，由壬未打牢，装好安全绳链，避免误操作高压作业
柴油机燃油箱	燃油箱漏油，火灾和爆炸	一般危险	及时发现、整改燃油箱漏油，泵仓严禁动火，保持通风
批混罐吊装，管线连接；柴油机风扇、燃油箱	钢丝绳断裂或钢丝绳未戴牢起吊事故；管线未固定伤人；柴油机风扇伤人；燃油箱漏油	中度危险	起吊前检查、戴牢钢丝绳，专业人员指挥，提高防范意识，在相对安全的位置停留 固定好连接管线 设备运转时切勿靠近柴油机皮带轮、风扇，运转前检查柴油机防护罩是否牢固 及时检查、整改燃油箱漏油
离心泵电机运转	电器设备漏电；运动部件伤人	一般危险	配备防爆接线盒、开关盒和电机，作业前进行绝缘、接地检查，运动部件有防护罩
固井混合水配制	吸入粉尘，接触腐蚀性和毒性添加剂，滑倒，搬运重物损伤	稍有危险	穿戴劳保用品（工服、工鞋，戴安全帽、手套、防护眼镜、口罩等），平稳操作，尽快清水清洗或找大夫处理，减少撒漏，注意行走，穿防滑工鞋，不要提、搬过重物体
钻台或井口平台上安装和拆卸固井设备和工具	吊装设备、管汇的摇摆碰撞、高空坠物、高空作业时碰撞和坠地、人员落水	中度危险	使用合格吊索吊具，专人指挥，专人观望 工作人员须注意周围的不安全因素，在相对安全的位置停留 高空作业时检查安全带是否正确系牢 在海上井口平台作业须穿好救生衣
组装浮箍、浮鞋	滑倒、链钳脱开及高空坠落	中度危险	按平台有关吊装规定作业，关注工作环境的不安全因素
固井缓冲罐检查	粉尘和空气缺氧 工作灯不防爆、漏电	稍有危险	入罐前要充分通风，在灰罐内工作时要有人在入口处守望，戴齐安全保护用具（工鞋、工帽、工衣、手套、口罩、护目镜等）。使用防爆工作灯，检查电缆绝缘
搬运化学添加剂	灼伤皮肤或眼睛，吸入粉尘，接触腐蚀性和毒性添加剂、滑倒，搬运重物	一般危险	穿戴好劳保用品（工服、工鞋，戴安全帽、手套、防护眼镜、口罩等） 平稳操作，减少撒漏，注意行走，穿防滑工鞋，不要过度疲劳提、搬过重物体 不小心接触后尽快清水清洗或找大夫处理
配制水泥浆	吸入粉尘、烧伤皮肤	一般危险	佩戴口罩/胶手套/护目镜；避免直接接触水泥浆，即便是工衣被糊上水泥也要尽快更换
滑倒和空中坠落	钻台、甲板工作或上下楼梯，人员摔伤	稍有危险	穿防滑工作鞋，吊装工具平稳、牢固 减少外加剂的滴、洒，提高防范意识，注意地面，上下楼梯行动要稳、不要求快

表 6-25　固井 JSA 风险分析

潜在的风险	相应的风险因素	控制方法及补救措施
1.20″固井水泥返高不够，套管发生偏斜或下沉	地层破裂压力预测不准确，浆柱设计当量偏高，固井施工发生井漏	根据邻井固井经验，优化浆柱设计，防止固井中途发生漏失
	附加量设计不足，水泥未返至泥线，30″、20″套管及裸眼环空无水泥封固	结合邻井固井经验，调整裸眼水泥浆附加量
	水泥未完全凝固前进行下步作业，套管易发生偏斜	控制套管下放速度，控制好注替速度，预防压力激动压漏地层
		防偏斜，根据地面水泥浆凝固情况再决定下步作业进度
13-3/8″套管固井施工井漏失返，套管环空带压	破裂压力较低	根据地层破裂压力/泥浆密度及气层压力情况，调整浆柱设计，保证固井全过程“三压稳”
	水泥浆漏失，未返至气层顶部	封固段加密加放扶正器，确保关键层位套管居中度，避免套管偏心，提高水泥环厚度
	水泥浆失重后未能压稳	设计低双速顶替，控制循环排量及压力，预防固井施工发生井漏
9-5/8″套管固井高压或常压系数气层互窜，管鞋未封固好，需补救挤水泥	固井施工发生井漏失返；水泥未上返至套管重叠段	根据地层破裂压力/泥浆密度及平衡气层压力情况，调整浆柱设计，保证固井全过程“三压稳”，必要时采取憋压候凝技术措施
	水泥失重期间气侵，高低压气、水层互窜，封固质量差	优化双凝防窜水泥浆体系配方温度设计，控制失水小于 40mL 及自由液、缩短过渡时间、安全缩短稠化时间、提高水泥浆早期强度
		软件模拟，封固段加密安放扶正器，确保套管居中度
		增加前置液量，提高地层清洗效果
		设计低双速顶替，防止压漏地层
		应用固井软件模拟并校核调整固井全过程的防窜压稳等技术措施，确保高低压力系数气组封固质量
		做好复杂井况下井漏失返，补救挤水泥作业准备
7″尾管固井发生井漏，水泥封固质量不好	地层压力安全窗口偏低	根据地层破裂压力及泥浆密度，调整设计浆柱结构至施工安全不漏为准则
	浆柱结构不合理	控制套管下放速度，防止下放太快压漏地层，定期中途循环，减小泥浆流动摩阻
	环空间隙小，摩阻大，替浆速度过快	水泥浆添加堵漏材料并控制顶替速度
		若因涌漏等复杂情况下实施固井，水泥一般难以返至套管重叠段，先采取“穿鞋带帽”应急固井方案，等电测确认环空水泥返高后，再确定是从尾管顶部或套管射孔、下入 RTTS 封隔器或 7″桥塞进行补救挤水泥作业
		如果钻井发生漏失，下套管前先堵漏，固井作业时，通过降低排量等措施减少漏失量
水泥头胶塞释放不正常	水泥头挡销不能正常退出	现必须场按《钻杆水泥头维护与操作程序》实施，认真保养好水泥头，标明档销转动方向及圈数，看胶塞指示器变化
	胶塞破损	认真检查胶塞有无破损，顶、底胶塞是否装反。安装胶塞时要求钻井监督到场确认
固井后，检查发现有回流	浮鞋及浮箍浮阀失灵	下套管前，注意检查浮箍、浮鞋的状态，确保工作正常才能入井
	浮阀在下套管时损坏或被杂物卡住不能复位	如果回流不止，重复注入回流量 2～3 次并复查是否有回流。若还有回流，即憋压候凝至尾浆终凝再泄压查回流

续表

潜在的风险	相应的风险因素	控制方法及补救措施
按设计替浆量顶替，胶塞未碰压	顶替量不足	通井弃井，做好泥浆泵维护、泵效试验
	管线泄漏	替浆前，注意提醒井队和录井清零，顶替时开灌注泵
		顶替过程中加强管线巡查，发现问题及时处理
		严禁顶替量超过 1/2 鞋塞容积、严禁胶塞释放后顶替未碰压时循环出水泥浆
回接固井	高比重泥浆泥饼清洗困难，造成双层套管间胶结质量差	固井前，多注入清洗液
		建议全井段刮管
	长井段封固，套管居中困难，顶替效率低	多加树脂刚性扶正器
		利用软件模拟，全程高速紊流顶替

主要参考文献

白家祉，苏义脑. 1990. 井斜控制理论与实践. 北京：石油工业出版社.

常森. 2005. 硅粉生产技术评说. 有机硅材料，19（5）：21-23.

陈彬，刘良华. 2012. 挤水泥作业设计及软件开发. 长江大学学报（自然科学版），9（3）：81-82.

陈惠苏，孙伟. 2010. 多元水泥基系统的性能预测及优化设计. 硅酸盐学报，29（2）：97-102.

陈乐亮. 1994. 水平井钻井的降摩阻问题综述. 钻采工艺，（1）：6-10.

陈雷，王其春，桑来玉. 2008. 利用赤铁矿粉研究紧密堆积超高密度水泥浆体系. 黑鲁石油学会钻井新技术研讨会论文集.

陈磊，张土乔，吕谋，等. 2003. 遗传算法优化管网神经元网络模型. 中国给水排水，19（5）：5-7.

陈蕾，胡冠昱，戴娟，等. 2009. 铁矿石粉末设备研究分析. 矿山机械，37（7）89-92.

陈荣升，叶青. 2002. 掺纳米二氧化硅与掺硅粉的水泥硬化浆体的性能比较混凝土. 混凝土（1）：7-10.

陈生琯. 1990. 水平井钻井技术. 北京：机械工业出版社.

陈帅. 2012. 如何使用工具对非常规油气藏水平井减摩降扭. 中国石油大学胜利学院学报，26（2）：21-23.

崔琪琳，刘于祥，孙鹏. 2006. 套管扶正器位移检测系统下位机设计. 中国仪器仪表，（2）：72-74.

戴清，韩其为，胡健，等. 2009. 泥沙颗粒级配曲线的方程拟合及应用. 人民黄河，31（10）：69-70.

董强，窦宏恩，鄢爱民. 2004. 挤水泥技术在委内瑞拉 Caracoles 油田的应用. 天然气工业，24（10）：59-61.

杜江. 1999. 提高水泥环第二界面胶结质量的固井技术. 石油钻探技术，27（1）：35-36.

冯定，王永平，赵志超，等. 1998. 套管固井质量问题及对策分析. 产地石油天然气学报，（3）：74-77.

冯克满，朱江林，王同友，等. 2010. 颗粒级配技术的超高密度水泥浆体系研究. 长江大学学报（自然科学版），7（2）：54-57.

高德利. 1995. 钻柱力学若干基本问题的研究. 石油大学学报（自然科学版），19（1）：24-35.

官鹏，胡松启. 2009. 丙烯酸酯类接枝型高吸油树脂的性能研究. 中国胶粘剂，18（10）：33-36.

郭英，裴蕾. 2005. 高吸油性树脂的合威及研究. 中国科技信息，22：22.

韩志勇，王德新. 1999. 套管可通过的最大井眼曲率的确定方法. 石油钻探技术，（2）：15-17.

韩志勇. 1993. 井眼内钻柱摩阻的三维和两维模型的研究. 石油大学学报（自然科学版），17（A00）：44-49.

何世明，郭小阳，徐璧华，等. 1997. 水平井下套管摩阻分析计算. 西南石油学院学报，19（2）：29-34.

胡景荣. 2001. 再论大斜度定向井的井眼净化问题. 钻采工艺，24（2）：22-24.

胡静，陈静，周素芹. 2006. 吸油材料的研究与应用. 科技与经济，22：96-97.

黄柏宗. 2001. 紧密堆积理论优化的固井材料和工艺体系. 钻井液与完井液，18（6）：1-8.

黄柏宗. 2007. 紧密堆积理论的微观机理及模型设计. 石油钻探技术，35（1）：5-12.

黄健. 2005. 水凝胶理论及表面强化交联应用研究. 浙江：浙江大学博士学位论文.

黄骏廉. 孙媛，黄敏宇. 2012. 一种制备高吸油性树脂的方法. CNl324876A，2001212205.

雷海军，翟广阳. 2007. 吸油膨胀橡胶浅析. 中国塑料橡胶，（10）.

黎勤，陈子辉，王晗阳. 2003. 弓形弹簧套管扶正器质量可靠性分析. 钻采工艺，（3）：64-66.

李克向，倪荣富. 1990. 钻井手册（甲方）. 北京：石油工业出版社.

李坤，徐孝思，黄柏宗. 2012. 紧密堆积优化水泥基体系的优势与应用. 钻井液与完井液，19（1）：1-6.

李黔，陈忠实. 1993. 大斜度井下套管摩阻计算. 天然气工业，（5）：50-54.

李永和，卜震山，郭洪峰. 1999. 一种固井方法及其固井工具. CN99113343. 9. 1999-10-14.

李芸芸，舒武炳，蔺福强. 2008. 高吸油树脂性能与再生的研究. 化学推进剂与高分子材料，6（1）：56-58.
李在胜，崔军，薄和秋. 2001. 提高固井质量技术. 西部探矿工程，13（3）：57-59.
李早元，郭小阳，杨远光. 2004. 改善油井水泥石塑性及室内评价方法研究. 天然气工业，24（2）：55-58.
李子丰，李敬元，孔凡君. 1993. 钻柱拉力-扭矩模型述评. 石油机械，（8）：43-46.
李子丰，李敬元，马兴瑞，等. 1999. 油气井杆管柱动力学基本方程及应用. 石油学报，20（3）：87-90.
廖华林，丁岗. 2002. 大位移井套管柱摩阻模型的建立及其应用. 石油大学学报（自然科学版），26（1）：29-31.
蔺海兰，廖建和，廖双泉. 2003. 新型天然橡胶吸油树脂的研制及其性能研究. 东华大学学报，29（5）：91-94.
蔺海兰，张桂梅，廖双泉. 2005. 高吸油性树脂的研究进展. 热带农业科学，25（2）：78-82.
刘崇建，黄柏宗，徐同台，等. 2001. 油气井注水泥理论与应用. 北京：石油工业出版社.
刘崇建，刘孝良，刘乃震，等. 2003. 提高小井眼水泥浆顶替效率的研究. 天然气工业，23（2）46-49.
刘瑞文. 2010. 现代完井技术. 北京：石油工业出版社.
刘颖. 2009. 高吸油树脂的研究及应用进展. 化学与生物工程，26（9）：8-10.
刘永红. 1999. 神经网络理论的发展与前沿问题. 信息与控制，28（1）：31-44.
刘仲华. 1993. 挤水泥的对位注挤连续作业法. 钻采工艺，16（4）：83-85.
罗宇维，张光超，刘云华，等. 2011. 海洋高温高压气井固井防气窜水泥浆研究. 西南石油大学学报，23（6）：18-20.
马善洲，韩志勇. 1996. 水平井钻柱摩阻力和摩阻力矩的计算. 石油大学学报（自然科学版），（6）：24-28.
米贵东，朱江林，赵军，等. 2013. 高密度水泥浆的硬化浆体结构对其流变性能的影响. 硅酸盐学报，41（4）：80-84.
缪明富，马卫，郭建平，等. 1999. 油井水泥外加剂现状与发展. 钻采工艺，22（3）：66-72.
莫林利，赵秀绍. 2010. 提高级配指标计算精度方法研究. 华东交通大学学报，27（6）：66-70.
倪丽琴，王洁. 2009. 丙烯酸酯系高吸油树脂的合成. 合成树脂及靶料，26（2）：8-10.
聂臻. 2011. 水泥环密封失效机理研究及应用. 北京：中国地质大学博士学位论文.
庞岁社，邹文选，朱君虎. 1998. 高效洗井液体系 GX-1 研究与应用. 油田化学，（4）：317-321.
齐奉忠，杨成颉，刘子帅. 2013. 提高复杂油气井固井质量技术研究——保证水泥环长期密封性的技术措施. 石油科技论坛，32（1）：21-22.
齐奉忠，庄晓谦，唐纯静. 2006. CemCRETE 水泥浆固井技术概述. 钻井液与完井液，23（6）：71-73.
桑来玉，丁士东，赵艳，等. 2000. 油井水泥膨胀剂室内检测与评价. 石油钻探技术，28（3）：24-26.
桑来玉. 2004. 硅粉对水泥石强度发展影响规律. 钻井液与完井液，21（6）：41-43.
桑原秀行，数马廉二. 1995. 吸油材料. CNll011927A，1995204226.
孙清德. 2001. 国外高温高压固井新技术. 钻井液与完井液，18（5）：8-12.
唐俊才，李传汤，闵乐泉，等. 1979. 对霍奇公式的初步意见. 西南石油学院学报，（2）：49-58.
田文玉. 1998. 硅粉的研究及应用现状. 重庆交通学院学报（自然科学版），17（2）：102-109.
万伟，陈大钧，田洪波，等. 2008. 二元磁铁矿粒级级配对高密度水泥浆性能的影响. 钻井液与完井液，25（2）：46-47.
万伟，岳志华，陈馥，等. 2008. 高密度水泥浆中赤铁矿粒级级配对水泥浆性能的影响. 天然气勘探与开发，31（1）：48-51.
汪海阁，郝明惠，杨丽平. 2000. 高温高压钻井液 P-ρ-T 特性及其对井眼压力系统的影响及其对井眼压力系统的影响. 石油钻采工艺，22（1）：17-21.
汪汉花，高莉莉. 2010. 固井水泥石力学性能研究现状浅析. 西部探矿工程，22（4）：70-74.
王建军，张绍槐. 1997. 套管弯曲强度与极限转角研究. 西安石油学院学报，12（1）：24-26.

王洁，商平. 2009. 有机膨澜土改性高吸油树脂的制备与性能研究. 中国塑料，11（23）：148-52.
王强，曹爱丽，王苹. 2003. 遇油膨胀橡胶的制备及性能研究. 高分子材料科学与工程，19（2）：206-208.
王强，曹爱丽，易会安. 2005. 淀粉-（甲基）丙烯酸酯接枝共聚物. 包含该共聚物的吸油膨胀橡胶及井油封隔器. CNl990515. 20051230.
王强，曹爱丽. 2008. 吸水膨胀组合物、吸水膨胀材料和吸水膨胀封隔器. CN200610141781. 1，20080402.
王志刚，廖长平，李勇，等. 2010. 塔里木油田挤水泥的对策. 西部探矿工程，22（7）：70-72.
王志辉，农兰平. 2009. 苯乙烯-甲基丙烯酸酯三元共聚高吸油树脂的合成与性能研究. 化工新型材料，37（4）：73-75.
王治国，徐璧华，张峻巍. 2010. 扶正器在固井作业中的影响. 内蒙古石油化工，36（10）：62-63.
文寨军，王旭芳，王晶，等. 油井水泥 GB 10238—2005.
吴宇雄，周尽花，刘洋. 2009. 丙烯酸酯系高吸油树脂的合成及性能. 精细石油化工，26（1）：41-45.
谢晓虹，李春萍. 2006. 甲基丙烯酸酯高吸油性树脂的合成与性能. 内蒙古石油化工，11：13-15.
徐璧华，刘汝国，刘威，等. 2008. 超高密度水泥浆加重剂粒径和加量优化模型. 西南石油大学学报（自然科学版），30（6）：131-134.
徐同台. 1998. 油气田地层特征与钻井液技术. 北京：石油工业出版社.
徐同台，洪培云，潘世奎. 1999. 水平井钻井液与完井液. 北京：石油工业出版社.
许树谦，苏洪生，柳健，等. 2005. 泥浆触变性对顶替效率的影响. 西部探矿工程，17（1）：74-75.
鄢捷年. 2003. 钻井液工艺学. 东营：石油大学出版社，2003.
严海兵，张成金，冷永红. 2009. 精铁矿粉加重水泥浆体系研究与应用. 钻井液与完井液，26（6）：43-46.
杨启贞. 2000. 在水平井、大位移井中选用合适的套管扶正器. 石油钻采工艺，（4）：37-39.
杨志强，林建龙. 1995. 膨胀水泥中硅粉的作用及改性机理. 硅酸盐通报，（3）：55-59.
姚晓，邓敏，唐明述. 1999. DB 型油井水泥膨胀剂的研究. 油田化学，16（2）：109-112.
叶先邮，张卫英，李晓. 2003. 高吸油性树脂研究进展. 合成树脂及塑料，20（6）：166-69.
张德润，张旭. 2002. 固井液设计及应用. 北京：石油工业出版社.
张东海，李广续，邵晓伟. 2000. 中原油田深层高压油气井挤水泥技术. 钻采工艺，23（1）：74-77.
张虎林，苏凯勋. 1997. 单双弓形弹簧片套管扶正器性能对比. 中国海上油气（工程），9（5）：46-48.
张建群，孙学增，赵俊平. 1989. 定向井中摩擦阻力模式及其应用的初步研究. 大庆石油学院学报，（4）：23-28.
张峻巍，徐璧华，王治国. 2010. 加重材料粒度对高密度水泥浆性能的影响. 内蒙古石油化工，（36）7：47-49.
张文华，胡国清，桑路，等. 2001. 钻进扭矩与摩阻分析及减扭措施. 石油钻探技术，29（4）：22-24.
张武辇. 1997. 西江 24-3-A14 井创多项世界世录. 石油钻采工艺，（6）：15.
张兴国，许树谦，陈若铭. 2005. 紊流顶替和接触时间对顶替效率的影响. 西部探矿工程，17（2）：74-76.
赵俊平，苏义脑. 1993. 钻具组合能力模式及其分析. 石油钻采工艺，15（5）：1-6.
赵晓光，何小荣，陈丙珍. 1994. 神经元网络用于建立油品质量模型的研究. 石油炼制，9：9-13.
赵旭亮. 2011. 刚性井下工具通过能力分析. 石油机械，（10）：66-68.
郑志刚，杨红丽. 2009. 提高水平井固井质量的几点认识. 内蒙古石油化工，（23）：52-53.
钟福海，王合林，费中明，等. 2008. 水泥浆加重剂 Micromax 在缅甸 Pyay 油田的应用. 石油钻采工艺，31（1）：47-50.
周成. 1998. 膨胀剂 SEP-Ⅱ在油井水泥中的应用研究. 钻采工艺，（3）：65-67.
周美华，陆晶晶. 2003. 新型天然橡胶吸油树脂的研制及其性能研究. 东华大学学报，29（5）：91-94.
周群贵，戴云信，刘建强. 2005. 微乳聚合制备高吸油性树 KitEJl. 邵阳学院学报（自然科学版），2（2）：101-106.
周仕明，魏娜，陈玉辉. 2007. 紧密堆积水泥浆体系的堆积率计算. 石油钻探技术，35（4）：46-49.

周守为，张钧. 2002. 大位移井钻井技术及其在渤海油田的应用. 北京：石油工业出版社.
朱江林，许明标，张滨海. 2007. 高压深层井段地层岩性对固井质量影响研究. 石油钻探技术，35（2）：42-44.
朱江林，许明标，刘刚，等. 2007. 海洋深水表层固井壁面剪切及胶结强度室内试验研究. 石油钻探技术，35（3）：46-48.
朱江林，许明标，赵景芳，等. 2007. 固井质量评价常用的测井方法. 国外测井技术，22（5）：47-50.
朱江林，石礼岗，方国伟，等. 2011. 一种海洋深水超低温早强剂的研究. 长江大学学报（自然科学版），8（5）：86-88.
朱江林，陈良，黄磊，等. 2012. 防腐蚀的非渗透性胶乳聚合物水泥浆研究. 科技信息，2012（7）：89-90.
朱江林，石礼岗，冯克满. 等. 2012. 一种物理模拟冲洗液冲洗效率的评价方法. 钻井液与完井液，29（1）：73-74.
邹建龙，谭文礼，林恩平，等. 2001. 国内外油井水泥降滤失剂研究进展. 油田化学，17（1）：85-89.
Agathe R，Partha G，Tu H L. 2009. Swellable cOm-positions and methods and devices for controlling them. US2009 / 0139710，2009064.
Alawad M N J. 1997. A laboratory study of factoes affecting primary cement sheath strength. King Saud University，9（1）：113-128
Babu D R 1996. Effect of Mud Behavior on Static Pressure During Deep Well Drilling. SPE Drilling&Completion 1996，6.
Beirute M，Cheung R. 1990. A scale-down laboratory test procedure for tailoring to specific well conditions：the selection of cement recipes to control formation fluids migration after cementing. SPE 19522，1990.
Dilip K D，William S B. 2009. Downwell system with swellable packer element and composition for same. US2009 / 0205816，20090820.
Ezzat A M，Jennings S S，Al-Abdulgader K A. 2000. Application of Very Heavy Mud and Cement in a Wildcat. SPE 62802.
Gonzalo V，Aiskely B，Alicia C，2005. A Methodology to Evaluate the Gas Migra-tion in Cement Slurries.SPE94901.2005.
Goodwin K J，Crook R J. 1998. Cement Sheath Stress Failure. SPE Drilling Engineering，7（4）：291-296.
Goodwin K J. 1997. Oilwell/gaswell cement-sheath evaluation. SPE 39290，1997
Gray K E. 2007. Finite Elements Studies of New-Wellbore Region During Cement Operation：Part 1. SPE106998，2007.
Gray K E. Finite element studies of near-wellbore region during cementing operations：Part 1，SPE：106998.
Guo Y H，Guo J Y，Zhao X L，et al. 2005. Research and Application Technology of Polycarboxylates High Performance Water-Rdcing Admixture. Beijing：Chian Mechine Press.
Gustafson E J，Butterfield W S，Williamson P. 2009. Downwell system with differentially swellable packer. US2009 / 025817，20090820.
He X J，Sangesland S，Halsey G W. 1991. An integrated three-dimensional wellstring analysis program. SPE22316，1991.
John M T，Miller E C，Sabins F L，et al. 1980. Sutton.Study of Factosr Causing Annular Gas Flow Following Primary Cementing.SPE8257，1980.
Kinzel H，Calderoni A. 1995. Field test of a downhole-activated centralizer to reduce casing drag. SPE Drilling & Completion，10（02）：112-114.
Kutasov I M. 1988. Empirical correlation determines downhole mud density. Oil&Gas Journal，16.
Le Roy-Delage S. 2000. New Cement System for Durable Zontal Isolation. SPE 59132，the 2000 IADC/SPE Drilling Conference held in New orleans，Louisana：23-25.

Maidla E E，Wojtanowicz A K. 1990. Laboratory study of borehole friction factor with a dynamic-filtration apparatus. SPE Drilling Engineering，5（3）：247-255.

Mata F，Diaz C，Villa H. 2006. Ultralight Weight and Gas Migration Slurries：An Excellent Solution for Gas Wells. SPE102220.

Mirhaj A，Kaarstad E，Aadnoy B S. 2010. Minimizing friction in shallow horizontal wells. SPE135812，2010.

Peter E J 1991. Oilmud：A Microcomputer Program for Predicting Oil-Based Mud Densities and Static Pressure .SPE Drilling Engineering，3.

Ravi K，et al. 2002. Improve the Economics of Oil and Gas Wells by Reducing the Risk of Cement Failure. SPE 74497.

Robert L O. 2009. Vented packer element for downwell pack—ing system. US2009 / 020004，20090813.

Rogers J，Dillenbeck L，Eid N. 2004. Transition time of cement slurries，definitions and misconceptions，related to annular fluid migration. SPE 90829.

Samir H B，Ahmed F M，Mohamed M E. 2009. Properties and morphologies of elastomer blends modified with EPDM-g-poly 2-dimethylamino ethyl methacrylate. Journal of Applied Polymer Science，114（4）：2547-2554.

Thiercelin M J，Dargaud B，Baret J F，et al. 1998. Cement design based on cement mechanical response.Sps Drilling and Completion，13（4）：266-273.

Wang H G，Hao M H，Yang L P. 2002. The P-ρ-T（Pressure-Density-Temperature）Behavior of HPHT Drilling Fluid and ITS Effect on Wellbore Pressure Calculation. Oil Drilling & Production Technology 22（1）：17-21.

Wang Q，Cao A L，Yi H A. 2009. Starch--（meth）acidlate graft copolyraer，oil～swellable material and oil—and water—swellable material comprising the same. and sealing articles and packers prepared from said sweUable material. US2009 / 01315663，2009521.

Wu J，孙志刚. 1992. 用于现场简化的水平井摩阻和扭矩计算. 钻井工艺情报，（4）：1-12.

Zhu H J，Qu J S，Liu A P，et al. 2010. A New Method to Evaluate the Gas Migration for Cement Slurries，Society of Petroleum Engineers. SPE 131052，2010.

Zinkham R E，Goodwin R J. 1962. Burst Resistance of Pipe Cemented into the Earth. SPE291.1962.

附录　莺琼盆地常用固井水泥浆体系材料

莺琼盆地固井常用水泥浆体系材料列表

序号	材料代码	材料名称	材料类别	适用条件/℃	推荐加量/%
1	PC-P62	低密度减轻剂	减轻剂	3～210	—
2	PC-P30	低密度减轻剂	减轻剂	16～210	—
3	PC-P70L	水玻璃	减轻剂	＜90	0.5～8
4	PC-F41L	分散剂	分散剂	＞16	1～3
5	PC-H21L	缓凝剂	缓凝剂	30～100	0.5～1.5
6	PC-H100L	高温缓凝剂	缓凝剂	＜120	0.6～1.5
7	PC-H40L	高温缓凝剂	缓凝剂	＞120	0.5～6
8	PC-H63L	高温缓凝剂	缓凝剂	＞120	1～8
9	PC-G81L	抗温抗盐降失水剂	降失水剂	＜200	4～8
10	PC-G80L	液体降失水剂	降失水剂	＜200	3～6
11	PC-G86L	降失水剂	降失水剂	16～120	3～7.5
12	PC-X66L	乳胶消泡剂	消泡剂	—	0.2～2
13	PC-GS12L	防窜增强剂	增强剂	16～210	4～10
14	PC-GS13L	纳米防窜剂	防窜剂	16～210	1～3
15	PC-GR6	抗高温防气窜剂	增强剂	≤150	5～20
16	PC-BT3	增强剂	增强剂	26～150	10～60
17	PC-A95S（AJH）	粉煤灰激活剂	早强剂	＜45	0～6
18	PC-A90S	早强剂	早强剂	＜40	1～3
19	PC-A96L	低温早强剂	早强剂	＜45	0～6
20	PC-A97L	低温早强剂	早强剂	＜45	0～6
21	PC-B10	高温膨胀剂	膨胀剂	≤110	0～4
22	PC-B20	高温膨胀剂	膨胀剂	＞110	0～4
23	PC-B62S	堵漏颗粒	膨胀剂	＜150	0.4～0.7
24	PC-D10（250）	250 目	加重剂	30～260	---
25	PC-D20（1200）	1200 目	加重剂	30～260	----
26	PC-S23S	隔离液	隔离液	26～150	1～5
27	PC-W21L	冲洗液	冲洗液	30～100	10～35